"上海建工杯"
第十四届全国大学生结构设计竞赛
作品集锦

主　编　宋晓冰　金伟良　陈思佳

武汉理工大学出版社

·武　汉·

图书在版编目（CIP）数据

"上海建工杯"第十四届全国大学生结构设计竞赛作品集锦/宋晓冰,金伟良,陈思佳主编.—武汉:武汉理工大学出版社,2024.1

ISBN 978-7-5629-6968-6

Ⅰ.①上…　Ⅱ.①宋…　②金…　③陈…　Ⅲ.①建筑结构—结构设计—作品集—中国—现代　Ⅳ.①TU318

中国国家版本馆 CIP 数据核字(2023)第 240458 号

"Shanghai Jiangong Bei" Di-shisi Jie Quanguo Daxuesheng Jiegou Sheji Jingsai Zuopin Jijin

"上海建工杯"第十四届全国大学生结构设计竞赛作品集锦

项目负责人:王利永(027-87290908)　　责任编辑:黄玲玲

责 任 校 对:张明华　　　　　　　　　版面设计:博壹臻远

出 版 发 行:武汉理工大学出版社

网　　　　址:http://www.wutp.com.cn

地　　　　址:武汉市洪山区珞狮路 122 号

邮　　　　编:430070

印　　 刷　 者:湖北金港彩印有限公司

发　　 行　 者:各地新华书店

开　　　　本:787mm×1092mm　1/16

印　　　　张:19.75

插　　　　页:1

字　　　　数:421 千字

版　　　　次:2024 年 1 月第 1 版

印　　　　次:2024 年 1 月第 1 次印刷

定　　　　价:98.00 元

前　言

　　"上海建工杯"第十四届全国大学生结构设计竞赛由中国高等教育学会工程教育专业委员会、高等学校土木工程学科专业指导委员会、中国土木工程学会教育工作委员会和教育部科学技术委员会环境与土木水利学部共同主办，由上海交通大学承办和命题。经分区赛选拔，共有来自 111 所院校的 112 支参赛队伍同台竞技。

　　赛题以承受竖向静力和移动荷载的桥梁结构为对象，在以下方面体现赛题编制的创新性：

　　（1）赛题信息组成方面：在赛题中包含已知信息和未知信息两部分。已知信息主要说明赛题涉及的结构类型、荷载形式和加载装置等必要信息；未知信息为赛题中的部分关键尺寸要求、荷载具体数值等信息。

　　（2）未知信息的确定时间和确定方式方面：现场模型制作前由来自不同高校的参赛学生现场随机抽签确定，全程由公证机关现场监督。

　　（3）竞赛方式方面：赛题公布后，各参赛学校指导教师针对赛题中提供的基本信息，组织学生进行系列针对性训练，包括确定结构体系、构件设计、节点设计和模型制作技法等相关训练。竞赛现场未知信息公布后，参赛学生需要安排一定时间独立确定模型的最终结构体系、杆件截面和节点构造，并形成图纸，然后开展模型制作。初步计划最终模型图纸确定时间为 4 小时，模型制作时间为 12 小时。

　　以上竞赛方式具有以下优点：

　　（1）引入赛题未知数，赋予赛题更多的灵活性，同时考查学生现场设计分析能力，增加队员协调合作、临场反应等综合能力的考核，强调对学生专业能力的全面考查。

　　（2）公平公正，所有参赛队在相同起跑线。

　　（3）如果分区选拔赛采用全国赛赛题，多样化的赛题参数可以在一定程度上避免由于相互借鉴导致的决赛阶段结构体系趋同。

　　"上海建工杯"第十四届全国大学生结构设计竞赛通过随机抽取方式固定设计参数，选手现场设计制作分析的创新形式和赛题的灵活性受到大赛专家评委以及广大参赛师生的高度肯定。

本书详细介绍了本届竞赛的组织机构、竞赛细则、参赛高校以及竞赛活动实录，汇集了全部参赛作品，分别从设计思路、结构选型以及计算分析等方面进行详细阐述，并针对作品特点做了简要点评。本书可为高等院校土木工程和建筑设计专业以及感兴趣的不同学科的广大师生提供借鉴，可作为高校结构设计类创新案例教学实例。

编者

2023 年 8 月

目　　录

第一部分　竞赛介绍

1 通　知

1.1　关于组织 2021 年第十四届全国大学生结构设计竞赛的通知

各省（市、自治区）竞赛秘书处：

2021 年是"十四五"规划开局之年，也是贯彻落实全国大学生结构设计竞赛秘书处工作会议内容年，现将正式启动第十四届全国大学生结构设计竞赛和各省（市、自治区）分区赛组织工作。经全国大学生结构设计竞赛秘书处（简称全国竞赛秘书处）与承办高校上海交通大学竞赛秘书处（简称承办高校秘书处）共同商定，通知如下，请遵照执行。

1. 第十四届全国大学生结构设计竞赛定于 2021 年 10 月 13 日至 17 日在上海交通大学（闵行校区）举行。

2. 按《全国大学生结构设计竞赛实施细则与指导性意见》规定，请各省（市、自治区）竞赛秘书处于 2021 年 4 月至 7 月上旬组织完成各省（市、自治区）分区赛任务，并于 2021 年 7 月 15 日前将本赛区参赛高校总数、队数、获奖数和正式获奖名单公布并上报全国竞赛秘书处。

3. 赛题是组织竞赛的重要组成部分，经多次商讨修改完善，计划 2021 年 1 月上旬在全国竞赛网站发布第十四届全国大学生结构设计竞赛题目。建议倡导各省（市、自治区）竞赛秘书处或承办省赛高校自主命题组织分区赛，其目的是使更多高校参与赛题的研发，为申请承办全国竞赛和各省（市、自治区）分区赛打基础和作准备。

4. 全国竞赛秘书处 2021 年 3 月上旬赴上海交通大学商讨和落实全国竞赛各项组织工作。

5. 全国竞赛秘书处 2021 年 7 月 20 日前依据计算公式，确定各省（市、自治区）参加全国竞赛名额，并通知各省（市、自治区）竞赛秘书处。

6. 各省（市、自治区）竞赛秘书处根据全国竞赛秘书处给定的名额，按分区赛成绩排序，确定参加全国竞赛参赛高校，并于 2021 年 7 月 31 日前将相关信息和表格提交全国竞赛秘书处。

7. 全国竞赛秘书处汇总、审核和公布参加全国竞赛高校名单，计划于 2021 年 8 月上旬提交承办高校秘书处。

8. 2021 年 8 月中旬承办高校秘书处起草《关于举办第十四届全国大学生结构设计

竞赛的通知》，具体说明参赛高校、队员、指导教师、领队、相关资料、报到时间和参赛经费，组织报名和住宿联系落实等事项，并及时提交全国竞赛秘书处审核后正式发文公布。

9. 2021年首次实行全国竞赛和省（市、自治区）分区赛网络化管理，提高管理时效性。各省（市、自治区）竞赛秘书处应认真负责落实和及时通知本赛区参赛高校做好网站报名、提交理论方案等，并关注后续全国竞赛网站发布的相关通知等文件。

10. 为进一步科学规范、公平公正、高效有序组织分区赛，各省（市、自治区）竞赛秘书处应结合本赛区特点和实际情况，进一步落实和完善竞赛组织机构；修改和制定竞赛相关管理文件与通知；撰写分区赛年度工作总结等，并于2021年8月下旬提交全国竞赛秘书处备案、存档与汇编。

11. 根据竞赛时间安排，请各省（市、自治区）竞赛秘书处着手制定分区赛工作实施方案，并将举办分区赛时间、通知和赛题及时在各省（市、自治区）分区赛网站公布，以便全国竞赛秘书处巡查、备案和存档。

12. 为做好《全国大学生结构设计竞赛通讯》编写工作，各省（市、自治区）竞赛秘书处应积极组织参赛高校师生撰写和提交通讯稿件，并于2021年9月30日前在全国竞赛网站《我要投稿》栏目上传或以电子版形式提交全国竞赛秘书处丁元新老师。

13. 为进一步提升大学生结构设计竞赛组织管理和教师指导成效，全国竞赛秘书处计划年底组织首次全国大学生结构设计竞赛经验交流分享、专家学术报告、赛题分析研讨、教师赛事指导培训等。

14. 为便于分区赛和全国竞赛交流，如有不明之处，请各参赛高校及时与各省（市、自治区）竞赛秘书处、承办高校秘书处和全国竞赛秘书处联系与咨询。

15. 为确保参赛高校师生健康和安全，承办高校和各参赛高校应按照上级和所在地市县及所在学校疫情防控措施规定执行，如戴口罩、测体温和竞赛场所通风、消毒等。

全国大学生结构设计竞赛委员会秘书处

2021年1月1日

1.2 关于举办"上海建工杯"第十四届全国大学生结构设计竞赛的通知

各省（市、自治区）竞赛秘书处、各参赛高校：

经全国大学生结构设计竞赛委员会秘书处和上海交通大学竞赛组委会共同研究决定，"上海建工杯"第十四届全国大学生结构设计竞赛将于 2021 年 10 月 13 日至 17 日在上海交通大学（闵行校区）举办。现将竞赛有关事项具体通知如下：

1. 参赛高校

按照《全国大学生结构设计竞赛章程》和《全国大学生结构设计竞赛实施细则与指导性意见》的规定，2021 年全国赛继续分各省（市、自治区）分区赛与全国竞赛两个阶段进行。由各省（市、自治区）竞赛秘书处组织分区赛和数据上报，经全国竞赛秘书处汇总、统计与公式计算，在分区赛选优基础上正式确定"上海建工杯"第十四届全国大学生结构设计竞赛共有 111 所高校 112 队参赛，详见已发《关于公布第十四届全国大学生结构设计竞赛参赛高校的通知》（结设竞函〔2021〕03 号）。

2. 参赛队伍

凡参赛高校只允许申报 1 支队伍参赛，每队由 3 名全日制在校本科或专科生、1～2 名指导教师（3 人及 3 人以上署指导组）和 1 名领队组成；承办全国竞赛高校可申报 2 支队伍参赛。

3. 报名时间与住宿

凡具有参赛资格的高校自通知之日起至 2021 年 9 月 30 日 24 时止，务必按时准确填报参赛高校报名表并发送到指定邮箱，逾期未提交报名表的高校视为自动放弃。

关于参赛高校住宿具体联系、落实与确定等事宜，另见 8 月下旬通知。

4. 参赛费

参赛高校应按时交纳参赛费，合计每队 1500 元人民币（由 3 名队员+1 名指导老师+1 名领队或指导老师等 5 人组成参赛队）；各高校参赛师生往返差旅交通费和住宿费均由各参赛高校自行承担。各高校参赛费缴纳仅接受电汇，请于 2021 年 9 月 30 日 24 时前汇款完毕，以便组委会开具发票。

5. 理论方案

为进一步规范理论方案，方便赛后撰写与汇编出版全国大学生结构设计竞赛创新成果集，本届竞赛统一提供和填报全国大学生结构竞赛理论计算书模板（详见《关于公布2021 年第十四届全国大学生结构设计竞赛题目的通知（结设竞函〔2021〕02 号）》之模板），请各高校参赛队伍严格按照模板中统一的字体和格式撰写自己的理论计算方案。理论计算方案分为备赛过程总结和现场计算两部分。其中备赛过程总结可提前完成，现场计算需于 2021 年 10 月 15 日所有赛题参数确定后在模型制作现场完成。理论计算方案的提交时间为 2021 年 10 月 15 日下午 17：00 至 18：00 之间。提交方法为在模型制作场内通过 U 盘提交，提交电子版格式为 word 版和 pdf 版。

6. 宣传资料

为宣传和展现各参赛高校实力与风采，请各参赛高校按照通知内容与要求于 2021 年 9 月 30 日 24 时前将参赛队相关宣传资料发送到指定邮箱。

7. 竞赛日程

第十四届全国大学生结构设计竞赛于 2021 年 10 月 13 日至 17 日在上海交通大学（闵行校区）举行。

8. 赛题补充说明

为使赛题更为科学规范、公平、公正、公开和进一步完善，在原赛题、赛题补充说明（1）的基础上，现发布"赛题补充说明（2）"。

9. 重要时间节点与提交相关材料

2021 年 9 月 30 日 24 时前，提交参赛高校报名表、缴纳参赛费和相关宣传资料等。

2021 年 10 月 15 日 17：00 至 18：00 提交理论计算方案（word 和 pdf 电子版）和模型效果图（pdf 电子版）。第二级加载的加载方案、固定模型所需螺钉数量以及模型名称与以上理论方案一并提交（提交表格由组委会统一提供）。

2021 年 10 月 13 日至 17 日，各参赛高校师生应按时报到，务必参加现场理论计算、模型制作、加载测试、开幕式、赛前说明会、领队会和闭幕式等，自觉遵守各项规定，对于提前离会没有参加颁奖会的高校不予颁发奖牌。

特别提醒：各参赛高校应积极主动配合竞赛组委会，按时保质保量提交参赛队相关材料（如，报名表、宣传和视频资料、参赛费和理论方案等），这将作为评定全国竞赛优秀组织奖条件之一。如各高校参赛队未能按规定时间提交相关材料，并影响大赛正常组织工作如期实施，造成后果，责任自负，特此告知。

10. 疫情防控要求

根据当前疫情形势和属地管理以及上级有关部门疫情防控总体要求，本届全国结构设计竞赛暂按原计划进行。考虑到比赛举办之前仍存在较多不确定性，为确保参赛高校师生安全和身体健康，全国大学生结构设计竞赛组委会将于 9 月中下旬发布关于办赛形式和高校参赛方式以及疫情防控具体要求等事宜的补充通知，敬请及时关注。

各参赛高校师生在校内组织参赛集训时，应按照本校疫情防控要求，切实做好模型制作现场通风、降温、消杀、监测体温和安全等措施。

全国大学生结构设计竞赛委员会秘书处
2021 年 8 月 15 日

2 赛题 "变参数桥梁结构模型设计与制作"

2.1 命题背景

从小桥流水,到跨越大江大河的生命线工程,桥梁与人们的生活密切相关。桥梁的结构形式多变,从"架梁为桥"的简支梁桥和连续梁桥,到"长虹卧波"的拱桥,到有"钢铁琴弦"之称的斜拉桥,再到享有"跨度之王"美称的悬索桥,伴随着人类科技发展,桥梁的建造和设计不断挑战极限。回顾中国桥梁的历史,我们曾遥遥领先于世界,却也曾远远落后于他人,虽然充满了坎坷和波折,但是工程师们却从未停下脚步。今天的中国大地上,仅公路桥梁就已超过 80 万座,高铁桥梁总长达 1 万余千米,它们跨越高山大川,连通城镇村庄,共同构成了中国的"桥梁博物馆"。

本届赛题以承受竖向静荷载和移动荷载的桥梁结构为对象,通过在赛题中加入部分待定参数,赋予赛题更多的灵活性,同时增加现场设计环节,强调对未来卓越工程师综合能力的全面要求。分区赛如采用本套赛题,可在分区赛赛题中对部分或全部待定参数进行调整和删减,适当降低赛题难度。

2.2 模型要求

2.2.1 模型概述

要求在比赛现场设计制作一座桥梁,承受分散作用的竖向集中静荷载以及桥面移动荷载。在确保模型安全的前提下,还需要对模型的变形进行控制。模型轴测示意图见图 1-1。

2.2.2 模型的边界条件

模型加载装置平面图及立面图如图 1-2 所示。

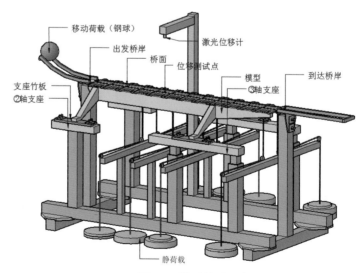

图 1-1 模型轴测示意图

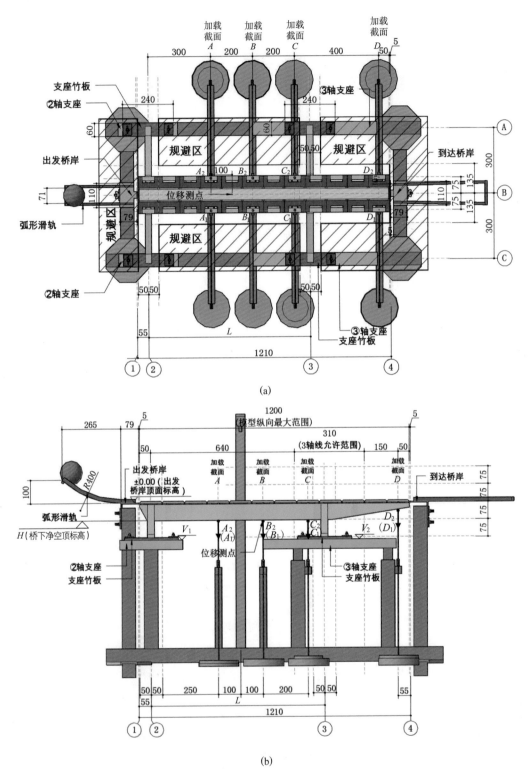

图 1-2　加载装置平面图及立面图（单位：mm）

(a) 加载装置平面图；(b) 加载装置立面图

（图中各加载点砝码数量和支座标高以比赛现场确定的参数为准，此图仅为示意）

2.2.2.1 桥岸

（1）如图 1-2 所示，桥梁模型的两端分别连接出发桥岸和到达桥岸。作为移动荷载的铅球从出发桥岸滚动上桥，从到达桥岸离开桥面。定义出发桥岸内侧立面为轴线①，到达桥岸的内侧立面为轴线④，两个桥岸的平面投影均以轴线Ⓑ为对称轴。轴线①与轴线④之间的间距为 1210mm。

（2）出发桥岸和到达桥岸宽度均为 79mm，长度均为 110mm，由 4mm 厚钢板弯折而成，顶面标高为±0.00。

（3）在出发桥岸设置如图 1-3（a）所示的弧形滑轨。滑轨的外侧圆弧半径为 400mm，由两根截面为 15mm×10mm 的弧形钢棒组成，钢棒之间的净距间距为 71mm。

（4）到达桥岸设置如图 1-4（a）所示的梯形导轨，用于停留铅球。

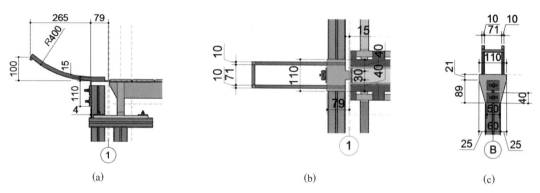

(a)　　　　　　　　　(b)　　　　　　　　　(c)

图 1-3　出发桥岸详图

(a) 正立面图；(b) 俯视图；(c) 侧立面图

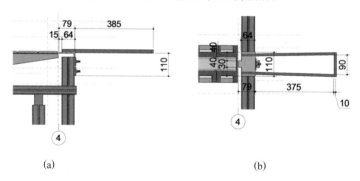

(a)　　　　　　　　　(b)

图 1-4　到达桥岸详图

(a) 正立面图；(b) 俯视图

2.2.2.2 ②轴支座

（1）如图 1-2 所示，在轴线①的右侧 55mm 处设置轴线②。允许在轴线②的左右两侧各 50mm 范围内设置桥梁支撑结构，实现模型与②轴支座之间的连接。

（2）②轴支座为 60mm×60mm 截面铝型材，长 280mm。

（3）两个②轴支座对称布置在Ⓑ轴线的两侧，纵轴分别位于Ⓐ轴和Ⓒ轴，相距 600

mm。两个②轴支座中心的平面位置分别位于横向轴线②轴和纵向轴线Ⓐ轴、Ⓒ轴的交点，两个②轴支座具有相同的顶面标高（$V_1 = -160$mm）。

2.2.2.3 ③轴支座

（1）如图1-2（b）所示，在轴线②、④之间设置轴线③。轴线③与轴线②的距离为 L，L 的取值范围为640～950mm，其具体数值由各参赛队自主确定。允许在轴线③的左右两侧各50mm范围内设置桥梁支撑结构，实现模型与③轴支座之间的连接。

（2）如图1-2（a）所示，两个③轴支座对称布置在Ⓑ轴线的两侧，纵向轴线分别位于Ⓐ轴和Ⓑ轴，相距600mm。两个支座具有相同的顶面标高 V_2，标高 V_2 为待定参数，取值范围为 -160～140mm，按照75mm阶梯随机取值。待定参数的确定方式详见2.5.2条。

2.2.2.4 模型与支座的连接

（1）模型固定在支座竹板上。支座竹板通过T形螺栓、钢垫片及手拧螺帽与支座连接，如图1-5（a）所示。

（2）如图1-5（b）所示，支座竹板外轮廓尺寸为：长240mm，宽60mm，厚10mm。在支座竹板的两端开有宽15mm、长40mm的凹槽，利用T形螺栓将支座竹板固定于②轴、③轴支座顶面。在竹板表面标记有日字线，模型仅可与日字线内区域［图1-5（b）中的阴影区域］接触。

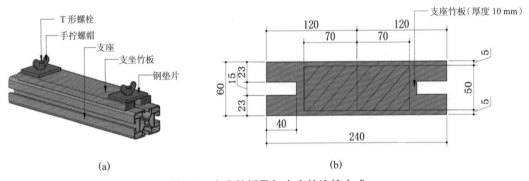

(a)   (b)

图1-5 支座竹板及与支座的连接方式

(a) 支座竹板与支座的连接方式；(b) 支座竹板详图

（3）模型安装时，应使支座竹板对称轴线与相应位置的定位轴线重合。

（4）可使用自攻螺钉将模型固定在支座竹板上，也可以选择不使用自攻螺钉，仅将模型放置在支座竹板上。除钻自攻螺钉外，不允许对支座竹板进行其他任何形式的加工。每使用一个螺钉相当于增加1g模型质量。

2.2.2.5 规避区

模型设计时，需要考虑的尺寸限制条件包括：

（1）如图1-2（a）所示的4个阴影区域为规避区，各规避区均为竖向无限延伸的棱柱体，不允许桥梁结构构件进入规避区。

（2）如图 1-2（b）所示，为保证桥下通航要求，对桥下净空顶部标高 H 的最小值 H_{min} 进行规定，H_{min} 为待定参数，其取值范围为 $-150 \sim -50$ mm，按照 50 mm 阶梯随机取值。

注：对桥下净空要求不适用于图 1-2 所示②轴线两侧 50 mm 范围及③轴线两侧 50 mm 范围。

（3）对桥上部空间不做尺寸限制。

2.2.3 荷载的施加方式

2.2.3.1 竖向静荷载

（1）竖向静荷载的平面悬挂位置如图 1-2（a）所示，共有 A、B、C、D 四个加载截面。在 A、B、C、D 四个加载截面分别设置一对加载点：A_1 和 A_2、B_1 和 B_2、C_1 和 C_2、D_1 和 D_2，每对加载点的平面投影位置对称布置在⑧轴线两侧，距离⑧轴线的距离均为 75 mm。

（2）以上 8 个静荷载加载点的竖向位置均需位于各自所在截面的桥面标高以下。

（3）竖向静荷载的施加方法：采用统一配发的尼龙绳在加载点绑扎绳套，采用挂钩从加载点上引垂直线，并通过转向滑轮装置将加载线引到加载点两侧，采用在挂盘上（挂盘质量约 500 g）放置砝码的方式施加竖向荷载。

（4）8 个竖向静荷载加载点悬挂砝码质量 G_{A1}、G_{A2}、G_{B1}、G_{B2}、G_{C1}、G_{C2}、G_{D1} 和 G_{D2} 为待定参数，取值范围为 $40 \sim 130$ N（取 10 N 的倍数），各加载点荷载不重复。

（5）砝码规格为 5 kg、2 kg、1 kg 各若干块。考虑到需要进行如下文 2.2.3.4 条所述的竖向静荷载移动操作，移动后的最大单点荷载可能达到 300 N，为了降低砝码的叠放高度，避免砝码散落危险，选用薄型开口秤砣，5 kg 砝码厚度 30 mm，2 kg、1 kg 砝码厚度 12 mm。

（6）连接竖向加载点的模型结构应具备足够的刚度，禁止竖向加载点在施加竖向荷载过程中产生大位移，从而改变荷载传力模式。

2.2.3.2 移动荷载

移动荷载为 50 N 铅球（直径为 111 mm）。移动荷载的施加方法：由参赛队员手持铅球，放置在出发桥岸的滑轨上（初始标高任意选择），释放铅球，铅球沿桥岸弧形滑轨加速移动后上桥，滚动过桥。在满足加载要求的前提下，铅球登上到达桥岸则移动荷载加载成功。

2.2.3.3 桥面板

（1）桥面板的平面尺寸为 1200 mm×170 mm，由组委会提供。如图 1-6、图 1-7 所示，桥面板主体由粘在亚麻布上的 12 块桐木板（外框尺寸 170 mm×99.6 mm×6 mm）组成。

（2）为了防止铅球滚偏，在桥面板的上表面沿纵轴线方向平行粘贴了两列桐木条，每列 12 根，单根桐木条的截面尺寸为 6 mm×6 mm，两列桐木条之间的净距为 51 mm。对桐木板和桐木条相邻的端面做倒角处理，使桥面板具有自由的纵向弯折变形能力。桥面板详图如图 1-6 所示。

（3）为了减少对桥梁承重结构布置的影响，在每块桥面桐木板的两端设置了豁口，豁口尺寸及位置详见图 1-6（a）。

（4）桥面板的平面位置安装如图 1-2（a）所示，桥面板纵轴线与Ⓑ轴线重合。桥面板只是放置在桥梁结构上，不得对桥面板做任何形式的处理。桥面板顶面的初始标高（未施加外力情况下）可以自行确定。桥面板的质量约为 330g。

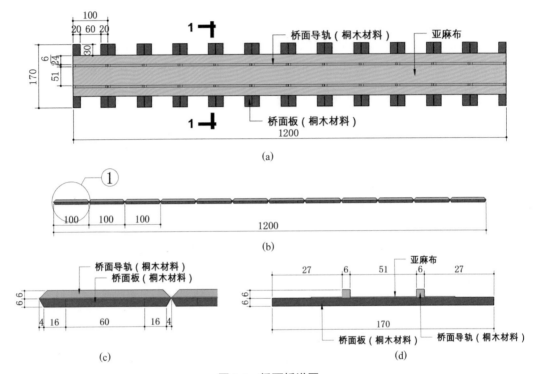

图 1-6　桥面板详图

(a) 桥面板俯视图；(b) 桥面板正视图；(c) ①局部图；(d) 1—1 剖面图

图 1-7　桥面板照片

2.2.3.4　荷载的施加顺序

（1）第一级加载，8 个加载点分别悬挂各自的待定荷载。

（2）第二级加载，共分为两个步骤：

①步骤一，保持 C 加载截面的 C_1、C_2 加载点静载不变，从其左侧加载点（A_1、A_2、

B_1、B_2）或右侧加载点（D_1、D_2）中任选一个加载点，将该加载点的所有砝码转移至另一侧的任一加载点上（移出和移入砝码的加载点由参赛队自主确定）。

②步骤二，将第一步移入荷载点上的所有砝码，全部转移至该加载点的Ⓑ轴对称点，或者移至第一步移出荷载点的Ⓑ轴对称点上。例如：第一步选择了 C 加载截面右侧的 D_1 加载点，将作用其上的所有砝码转移到 C 加载截面左侧的 A_1 加载点（移入点可以在 A_1、A_2、B_1 和 B_2 之间选择）；第二步将此时作用在 A_1 上的所有砝码移动到 A_2 加载点上（移入点可以在 A_2、D_2 之间选择）。

③第三级加载，保持上一级静载作用，施加移动荷载。

加载装置轴测示意如图 1-8 所示。

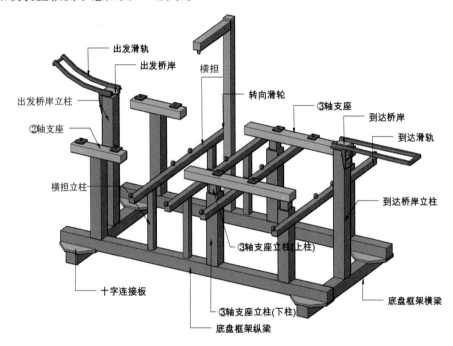

图 1-8　加载装置轴测示意图

2.3　加载装置

2.3.1　加载装置组成

加载装置如图 1-2、图 1-9 所示。组成加载装置的主要构件为铝型材，通过角铝和 T 形螺栓进行连接。其他附件包括转向滑轮、十字连接板、出发滑轨、到达滑轨、砝码托盘、桥面板等。

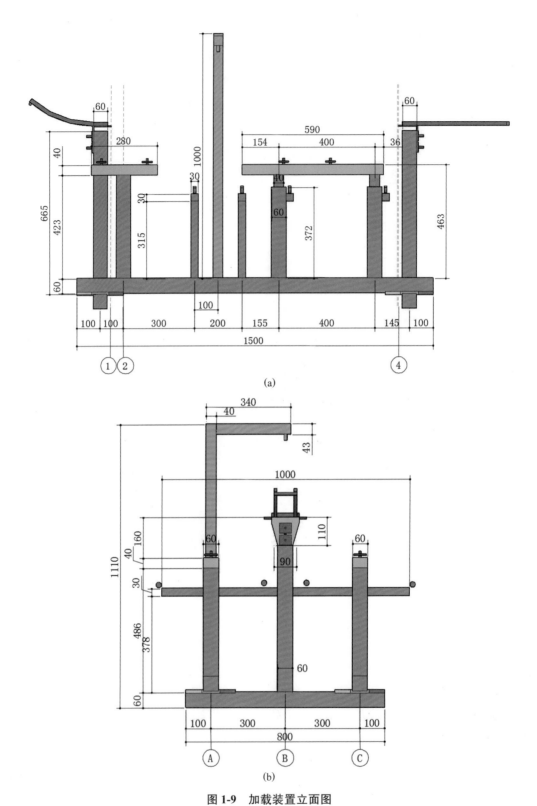

(a)

(b)

图 1-9 加载装置立面图

(a) 加载装置正立面图；(b) 加载装置侧立面图

2.3.2 特殊节点构造

除了采用角铝进行构件连接外，加载装置中涉及的其他节点构造如下：

（1）底盘框架节点：底盘框架由四根 60 mm×60 mm 重型铝型材组成。为增大底盘刚度，四根铝型材之间两两通过图 1-10（a）所示十字连接板连接，形成矩形底盘框架。

（2）③轴支座立柱抽拉节点：如图 1-2 所示，每个③轴支座有两根立柱支撑，每根立柱由上柱和下柱组成。上柱与下柱之间的连接示意如图 1-10（b）所示。拧松紧定螺栓，通过抽拉上柱实现对支座顶面标高的调整，调整到位后拧紧紧定螺栓。

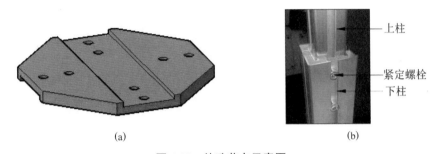

(a)　　　　　　　　　　　　　(b)

图 1-10　特殊节点示意图

(a) 十字连接板；(b) 上、下柱连接节点

2.4 现场模型设计、制作时间及场地环境

（1）定义开始现场模型设计与制作的日期为第一比赛日，竞赛报道、开幕式、答疑等环节在第一比赛日之前完成。

（2）现场模型设计与制作的总时间为 16.5 小时，包括第一比赛日 13.5 小时（8：30~22：00）和第二比赛日 3 小时（8：00~11：00）。

（3）第一比赛日 8：30~22：00，参赛学生不出竞赛场地，指导教师须离场。参赛学生不可携带手机等通信设备入场，竞赛现场断网（布置网络屏蔽器）。

（4）赛场内设置独立休息区，在休息区内，提供茶点，并在第一比赛日为每位参赛学生提供午餐和晚餐。

2.5 待定参数的确定

2.5.1 待定参数汇总

本赛题中所有待定参数汇总详见表 1-1。

表 1-1　赛题中的独立待定参数及取值范围

参数名称	代号	取值范围	附注
③轴支座顶面标高	V_2	$-160 \sim 140$ mm	75 mm 阶梯取值
桥下净空顶标高最小值	H_{min}	$-150 \sim -50$ mm	50 mm 阶梯取值
竖向加载点相关荷载	G_{A1}	$40 \sim 130$ N（取 10 N 的倍数）	各加载点荷载不重复
	G_{A2}		
	G_{B1}		
	G_{B2}		
	G_{C1}		
	G_{C2}		
	G_{D1}		
	G_{D2}		

2.5.2　待定参数的确定方式

待定参数的确定时间为第一比赛日开始现场设计制作模型之前，上午 8：00～8：30。

采用在比赛现场随机抽签的形式，确定一组表 1-1 所列待定参数。这组待定参数将作为所有参赛队的共同参数。抽签过程全程由公证机构进行监督公证。

2.6　模型设计与理论方案

2.6.1　模型设计

待定参数确定后，各参赛队现场利用自带电脑和有限元软件进行模型设计计算。比赛现场断网，提供 220V 电源，指导教师须离场。

2.6.2　理论方案

理论方案内容需包括备赛过程总结和现场设计计算两部分。

备赛过程总结主要从理论、试验和计算等方面说明参赛队是如何为最终比赛进行准备的；现场计算部分需包括计算模型描述、主要计算参数、计算结果。计算结果需从强度、刚度和稳定等方面进行评价。各队还需提供一张可以清楚表示模型结构体系的轴测图（不包括桥面板和加载装置部分）。

以上理论方案需分别以电子版 pdf 格式和 word 格式提交，模型轴测图需以电子版 pdf 格式提交，提交介质为 U 盘，提交时间为第一比赛日 18：00 前。

第二级加载的方案以及固定模型所需螺钉数量与以上理论方案一并提交。

2.7　模型制作要求

（1）模型制作材料由组委会统一提供，现场制作。各参赛队使用的材料仅限于组委会提供的材料。

（2）模型采用竹材制作，竹材规格及发放量如表1-2所示，竹材参考力学指标见表1-3。组委会对现场发放的竹材仅从规格上负责，若竹材规格不满足表1-3的规定（如出现负公差），各参赛队可提出更换。

表1-2　竹材规格及用量上限

竹材规格		竹材名称	每队发放量
竹皮	1250 mm×430 mm×0.20(+0.05) mm	集成竹片（单层）	3张
	1250 mm×430 mm×0.35(+0.05) mm	集成竹片（双层）	3张
	1250 mm×430 mm×0.50(+0.05) mm	集成竹片（双层）	3张
竹杆件	930 mm×6 mm×1.0(+0.5) mm	集成竹材	20根
	930 mm×3 mm×3.0(+0.5) mm	集成竹材	20根
	930 mm×2 mm×2.0(+0.5) mm	集成竹材	20根

注：竹材规格括号内数字仅为材料厚度误差限，通常为正公差。

表1-3　竹材参考力学指标

密度	顺纹抗拉强度	抗压强度	弹性模量
0.8 g/cm^3	60 MPa	30 MPa	6 GPa

（3）为每队提供502胶水（30g装）8瓶，用于结构构件之间的连接。

（4）为每队提供长度为200mm高强尼龙绳（2mm粗）8段，绑扎在竖向加载点上（绑扎方式自定），用于模型和导线挂钩之间的连接。高强尼龙绳不得兼作结构构件。每个竖向加载点需用红笔标识出，作为挂点中心，据此得出水平两侧各5mm、共10mm的挂点区域。绑扎于模型上的高强尼龙绳只能设置在此区域中，且在加载过程中，不得滑出此区域。尼龙绳的绑扎需要在模型提交前完成，尼龙绳质量计入模型自重。

（5）为每队提供3张A3大小的3mm厚卡纸作为模型拼装时的定位辅助材料，该材料不得用于模型本身。

（6）模型制作期间，统一提供美工刀、剪刀、水口钳、磨砂纸、尺子（钢尺、丁字尺、三角板）、镊子、滴管、打孔器等常规制作工具。各参赛队可携带入场的物品包括：笔记本电脑（每队一台），小型电子秤（一台，自带电源）。其他模型制作工具或物品不得私自携带入场。

（7）模型制作现场提供五台加载装置，仅供各参赛队用于比照模型尺寸，不得长时间占用加载装置进行模型拼装。为保证各参赛队公平使用，各队每次使用时间控制在60s以内。

（8）模型制作过程中，参赛队员应注意对模型部件、半成品等进行有效保护，期间发生的模型损坏，各参赛队自行负责，并不得因此要求延长制作时间。

（9）现场提供打印服务（每队最多提供5张A3纸）。

2.8　模型提交

提交模型时由工作人员对模型称重，得到 M_{Ai}（精度 0.1g）。将安装模型使用的自攻螺钉总数量折算成模型质量 M_{Bi}（单位：g），模型总质量 $M_i = M_{Ai} + M_{Bi}$。

2.9　模型预安装及尺寸检查

2.9.1　模型预安装

在候场期间进行模型预安装。模型预拼装时为各队提供用于加载测试的桥面板和支座竹板。

参赛队员将模型与支座竹板（每队四块）连接，并将连接好竹板后的模型固定在如图 1-11 所示的检测装置上。安装时提供手枪钻、直尺、铅笔等辅助工具。安装完成后，需铺设桥面板。以上安装时间为 20 分钟。

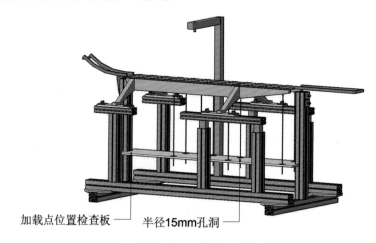

图 1-11　辅助安装装置示意

2.9.2　模型尺寸检查

预安装完成后，进行几何外观尺寸检测和加载点位置检查。

（1）几何外观尺寸检测：检测内容包括模型长度、桥下净空要求、规避区要求等。

（2）加载点位置检查：模型下方设置如图 1-11 所示的木板，木板上有 8 个以加载点垂足为圆心、半径为 15mm 的圆孔。每个加载点上利用 S 形钩挂上带有尼龙绳的 100g 物体，尼龙绳直径为 2mm。若 8 根自然下垂的尼龙绳，在绳子停止摆动后，可以同时穿过圆孔，但都不与圆孔接触，则检测合格。若尼龙绳与圆孔边缘接触，则视为检测不合格。

（3）以上模型安装操作和尺寸检查由各队自行完成，赛会人员负责监督和记录。如在此过程中出现模型损坏，不得对模型进行修补。安装完毕后，不得再触碰模型。

2.10 加载测试过程

2.10.1 模型安装到加载台上

模型安装及尺寸检查合格后，连同支座竹板一起从检查装置上拆下模型，等待入场指令。

得到入场指令后，参赛队员迅速将模型运进场内，安装在加载装置上。在模型竖向加载点的尼龙绳吊点处挂上加载绳，在加载绳末端挂上加载挂盘，每个挂盘及加载绳的质量之和约为500g。赛场内安装时间不得超过3分钟。以上模型安装过程由各队自行完成，赛会人员负责监督和记录。

2.10.2 模型陈述

由一个参赛队员陈述，时间控制在1分钟以内。评委进行提问，参赛队员回答，时间控制在2分钟以内。

2.10.3 模型挠度的测量及模型刚度要求

（1）位移测量点位于桥面A、B加载截面中间位置的Ⓑ轴处［图1-2（a）］。采用激光位移计进行位移测量。在位移测量点粘贴50mm×50mm的铝片（厚度0.5mm）作为激光标靶。

（2）激光位移计位于测量点正上方，注意不要在激光线上或附近布置有可能妨碍位移测试的构件。如由于结构构件布置不当妨碍了位移测量，等同于位移超标。

（3）模型安装完成后，将激光位移计光标对准标靶中点，位移测量装置归零，位移量从此时开始计数。

（4）为了保证桥梁具有足够的刚度，要求在第一级荷载作用下位移测试点的最大允许挠度限值［w］为±10mm。挠度数值的读取时间为第一级加载施加后读秒阶段的最后时刻。

2.10.4 具体加载步骤

准备完毕，参赛选手举手示意，开始计时。分三级进行加载，加载由参赛队员完成。整个加载过程需在360s内完成。在整个加载过程中禁止牵挂砝码的钢丝绳与模型构件接触。

（1）第一级荷载：按照2.2.3.1条所述进行第一级静载加载。加载由参赛队员进行，加载完成须举手示意，计时10s，结构未失效，则加载成功，赛会人员读取挠度值后进行后继加载。

（2）第二级荷载：按照2.2.3.4（2）条所述先后进行两步荷载转移。加载由参赛队员进行，每一步加载完成均须举手示意，计时10s，模型未失效，则加载成功，进行后继加载。

（3）第三级荷载：按照2.2.3.2条所述施加移动荷载。模型未失效，且铅球成功登上到达桥岸，则加载成功。每参赛队有2次机会。

2.11 判定标准

2.11.1 模型违规标准

出现以下 10 种情况之一，判定违规，取消比赛资格：

（1）不满足模型与支座竹板接触范围的相关要求。

（2）不满足模型不得进入规避区的相关规定。

（3）不满足桥下净空要求的相关规定。

（4）不满足竖向加载点位置的相关规定。

（5）发生经评委认定的关于竖向加载点处发生大位移的情况。

（6）不满足模型材料使用的相关要求。

（7）发生经评委认定的关于尼龙绳兼作结构构件的情况。

（8）不满足不得将模型制作辅助材料用于模型本身的相关要求。

（9）不满足模型制作工具的相关规定。

（10）发生经评委认定的实物模型与设计图纸（包括效果图）明显不符的情况。

2.11.2 加载失效判定标准

加载过程中出现以下 7 种情况之一，判定加载失效，则终止加载，本级（或本步）加载及以后级别加载成绩为零：

（1）第一级加载发生结构倒塌。

（2）第二级加载（第一步或第二步）发生结构倒塌。

（3）第三级加载发生结构倒塌，或者两次第三级加载铅球均未登上到达桥岸。

（4）发生模型与除铅球之外的加载装置（包括钢丝绳）直接接触。

（5）发生绳套滑出标识区域的情况。

（6）加载过程中出现处于加载状态的砝码落地现象。

（7）评委认定不能继续加载的其他情况。

2.11.3 加载测试停止标准

出现以下两种情况之一，即可判定加载结束。

（1）加载时间超出 2.10.4 条关于整个加载过程需在 360 s 内完成的规定。

（2）满足 2.11.2 条关于加载失效的标准。

2.12 评分标准

2.12.1 总分构成

结构评分按总分 100 分计算，其中包括：

（1）理论方案分值：5 分

（2）模型结构与制作质量分值：10分

（3）现场陈述与答辩分值：5分

（4）加载表现分值：80分

（5）违规罚分

2.12.2 评分细则

（1）理论方案分：满分5分

第 i 队的理论方案得分 A_i 由专家根据计算内容的科学性、完整性、准确性和图文表达的清晰性与规范性等进行评分；理论方案不得出现参赛学校的标识，否则为零分。

（2）模型体系与工艺分：满分10分

第 i 队的模型体系与工艺得分 B_i 由专家根据模型体系（结构的合理性、创新性、实用性等）与制作工艺（制作质量、美观性等）进行评分，其中模型体系与制作工艺各占5分。如发现实物模型与设计图纸（包括模型效果图）出现明显差异，经评委认定，可取消该队的参赛资格。

（3）现场表现分：满分5分

第 i 队的现场表现得分 C_i 由专家根据队员现场陈述和回答评委提问的综合表现（内容表述、逻辑思维、创新点和回答等）进行评分，满分5分。

（4）加载表现分：满分80分

第一级加载得分系数：

$$k_{1i} = \begin{cases} \min\left(1, \dfrac{M_{\min}}{M_i}\right), 该级加载成功 \\ \\ 0, 该级加载失败 \end{cases}$$

其中，$\min(x, y)$ 函数取 x、y 中的较小值，M_i 为某参赛队模型的质量；$M_{\min}$ 为所有通过三级加载的模型中的质量最小值，若所有队伍均未通过第三级或第二级加载，则 $M_{\min}$ 取通过加载级别（或加载步）最多的所有模型中的质量最小值。

第二级第一步加载得分系数：

$$k_{2\text{-}1i} = \begin{cases} \min\left[1, \dfrac{M_{\min}}{M_i} \times \left(\dfrac{G_{2\text{-}1i}}{G_{2\text{-}1\max}}\right)^{1/n}\right], 该步加载成功 \\ \\ 0, 该步加载失败 \end{cases}$$

第二级第二步加载得分系数：

$$k_{2\text{-}2i} = \begin{cases} \min\left[1, \dfrac{M_{\min}}{M_i} \times \left(\dfrac{G_{2\text{-}2i}}{G_{2\text{-}2\max}}\right)^{1/n}\right], 该步加载成功 \\ \\ 0, 该步加载失败 \end{cases}$$

其中，$G_{2\text{-}1i}$ 为某队第二级第一步转移的砝码质量，$G_{2\text{-}1\max}$ 为通过第二级第一步加载的所有队伍中该步转移的砝码质量最大值，$G_{2\text{-}2i}$ 为某队第二级第二步转移的砝码质量，$G_{2\text{-}2\max}$ 为通过第二级第二步加载的所有队伍中该步转移的砝码质量最大值。n 为调整系数，取 2。

第三级加载得分系数：

$$k_{3i} = \begin{cases} \min\left[1, \dfrac{M_{\min}}{M_i} \times \left(\dfrac{G_{2-2i}}{G_{2-2\max}}\right)^{1/n}\right], \text{该级加载成功} \\ 0, \text{该级加载失败} \end{cases}$$

第 i 队的加载表现得分 D_i

$$D_i = 30k_{1i} + 15(k_{2-1i} + k_{2-2i}) + 20k_{3i}$$

（5）罚分标准

出现以下情况进行罚分，所罚分数累计计算，总罚分记为 F_i。

①候场安装时间超过 2.9.1 条所示的 20 分钟安装限制，每超过 1 分钟，罚 1 分，不足 1 分钟按照 1 分钟计算。

②模型场内安装时间超过 2.10.1 条所示的 3 分钟安装限制，每超过 1 分钟，罚 2 分，不足 1 分钟按照 1 分钟计算。

③第一级加载过程中，如位移测试点测得的位移超过 2.10.3 所述最大允许挠度限值，罚 20 分。

2.12.3 总分计算公式

第 i 队总分计算公式为：

$$S_i = A_i + B_i + C_i + D_i - F_i$$

3 竞赛组织

3.1 第十四届全国大学生结构设计竞赛组织机构

指导单位：中国高等教育学会工程教育专业委员会

　　　　　教育部高等学校土木工程专业教学指导分委员会

　　　　　中国土木工程学会教育工作委员会

　　　　　教育部科学技术委员会环境与土木水利学部

主办单位：全国大学生结构设计竞赛委员会

承办单位：上海交通大学

冠名单位：上海建工集团股份有限公司

支持单位：北京迈达斯有限公司

　　　　　北京筑信达工程咨询有限公司

　　　　　杭州邦博科技有限公司

3.2 全国大学生结构设计竞赛委员会

主　任：吴朝晖　浙江大学校长

副主任：邹晓东　中国高等教育学会工程教育专业委员会理事长

　　　　李国强　高等学校土木工程学科专业指导委员会主任

　　　　袁　驷　中国土木工程学会教育工作委员会主任

　　　　陈云敏　教育部科学技术委员会环境与土木水利学部常务副主任

委　员：（按姓氏笔画排序）

　　　　王文格　湖南大学

　　　　孙伟锋　东南大学

　　　　孙宏斌　太原理工大学

　　　　张凤宝　天津大学

　　　　张维平　大连理工大学

　　　　李　正　华南理工大学

　　　　李正良　重庆大学

陆国栋　中国高等教育学会工程教育专业委员会

沈　毅　哈尔滨工业大学

金伟良　浙江大学

罗尧治　浙江大学

胡大伟　长安大学

黄一如　同济大学

秘　书　处：浙江大学

秘　书　长：陆国栋　中国高等教育学会工程教育专业委员会秘书长（兼）

副秘书长：毛一平、丁元新　浙江大学

秘　　　书：魏志渊、姜秀英　浙江大学

4 竞赛流程

竞赛流程见表1-4。

表1-4　竞赛流程

日　　期	时　　间	内　　容	地点(具体另行通知)
10月13日 (星期三)	12:00—20:00	报到	上海交通大学 (闵行校区)
10月14日 (星期四)	08:00—12:00	报到	上海交通大学 (闵行校区)
	12:00—13:30	午餐	
	14:00—15:00	开幕式、合影	
	15:00—16:00	赛题说明会	
	16:15—17:15	领队会	
	17:15—19:00	晚餐	
	19:00—21:00	学术报告	
10月15日 (星期五)	08:00—08:30	未知参数抽签	上海交通大学 (闵行校区)
	08:30—22:00	现场理论计算与模型制作	
	11:00—13:00	午餐(学生分时就餐)	
	17:00—18:00	提交理论计算书	
	17:00—19:00	晚餐(学生分时就餐)	
10月16日 (星期六)	08:00—11:00	现场模型制作	上海交通大学 (闵行校区)
	11:00—15:00	模型提交、尺寸检查及 称重、拍照	
	12:00—17:00	午餐、自由活动	
	17:00—18:00	晚餐	
	18:00—22:00	现场模型加载比赛	

日　　期	时　　间	内　　容	地点(具体另行通知)
10月17日 （星期日）	08：00—12：00	现场模型加载比赛	上海交通大学 （闵行校区）
	12：00—13：00	午餐	
	13：00—15：00	现场模型加载比赛	
	15：00—16：30	竞赛活动（另定）	
	16：30—18：00	闭幕式暨颁奖会	
	18：00—19：00	晚餐	
10月18日 （星期一）	全天	离会	

说明：根据竞赛实际情况，日程安排或场地如有变动，以竞赛组委会当日最新通知为准。

第二部分　作品集锦

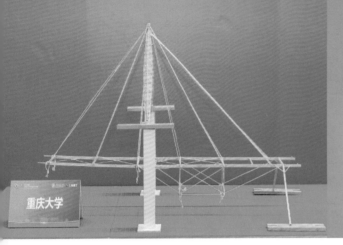

1 重庆大学

作品名称	云帆		
参赛队员	王 震	李欣荣	张 宏
指导教师	聂诗东	黄国庆	白久林

1.1 设计思路

赛题不仅要求参赛队伍能够在给定的时间内完成符合赛题要求尺寸模型的制作,还同时要求参赛队伍能够对现场随机给出的荷载进行针对性的设计。根据赛题对于结构尺寸、荷载形式、结构强度刚度及稳定性要求等条件,结合材料试验和计算分析结果,通过全面对比多种可行方案的优劣,最终确定了我们队的结构方案为"叶子"斜拉方案。

1.2 结构选型

在最终方案确定前,我们选用了三种体系方案,分别是斜拉张弦梁(体系1)、"抬轿子"斜拉(体系2)、"叶子"斜拉(体系3)方案。表2-1中列出了不同体系的优缺点对比。通过全面对比,我们最终选择体系3作为本次比赛的结构体系。

表 2-1 体系 1、2、3 优缺点对比

体系对比	体系 1	体系 2	体系 3
优点	结构的强度足够,桥面自身就具有一定的刚度,传力较为直接,体系稳定性好	结构强度足够,充分利用了材料的抗拉特性,结构压杆少,不易发生失稳	结构的强度足够,桥面刚度好,结构的传力很直接,结构能够适应各个工况下荷载要求,制作简便,结构美观
缺点	体系不适应所有的支座高度,结构对净空有一定的要求,材料强度有较多的剩余,结构跨中的强度不够	结构的刚度不够,不能适应桥下净空小的情况,抬结构的拉杆容易发生折断,结构的制作难度较大	结构的稳定性难保证,节点多,塔体的变形影响整个结构的稳定

体系 1、2、3 模型如图 2-1 所示。

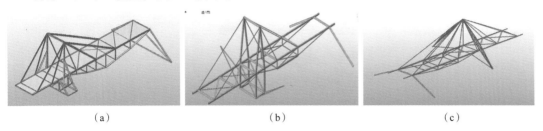

（a）　　　　　　　　　　（b）　　　　　　　　　　（c）

图 2-1　体系 1、2、3 模型图

（a）体系 1；（b）体系 2；（c）体系 3

1.3　计算分析

本结构采用 MIDAS Civil 进行结构建模及分析，计算分析结果如图 2-2 至图 2-4 所示。

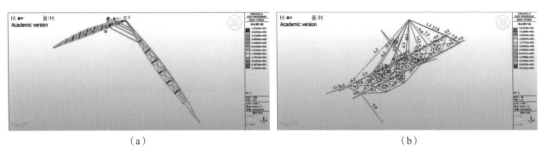

（a）　　　　　　　　　　　　　　　　（b）

图 2-2　三级荷载作用下塔体、主梁应力图

（a）塔体；（b）主梁

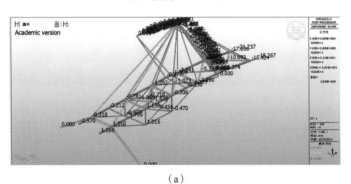

（a）

（b）

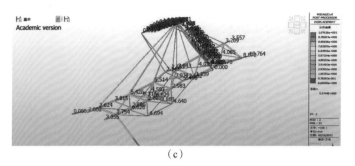

（c）

图 2-3　一、二、三级荷载作用下变形图

（a）一级荷载；（b）二级荷载；（c）三级荷载

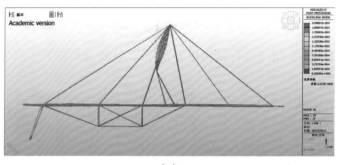

（a）

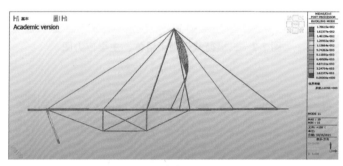

（b）

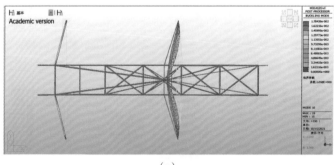

（c）

图 2-4　一、二、三级荷载作用下失稳模态

（a）一级荷载；（b）二级荷载；（c）三级荷载

1.4 专家点评

该模型的桥面纵向水平传力体系采用桁架体系与斜拉方式相结合，③轴位置选择在使②轴、③轴距离最小处，减小跨中弯矩；竖向传力则采用②轴向下传递，和③轴向上汇聚于塔再向下传递相结合的方式。特别是③轴处的塔体，采用梭形空间桁架，极大提升了塔体的抗压稳定性能。

该模型做工精细，结构传力体系清晰，设计较为合理。

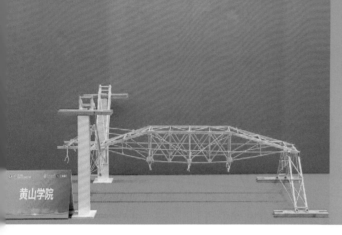

2 黄山学院

作品名称	率水桁江
参赛队员	王佳俊　葛姗姗　武　圣
指导教师	邓　林　全　伟

2.1 设计思路

本次赛题既要考虑结构能够承受静力荷载，又要考虑结构能够在移动荷载下平稳着陆。因此，方案构思需要从结构强度、结构刚度、结构优化等方面考虑。我们的设计原则是"简约而不简单"，是指放弃复杂、怪异的结构形式，尽可能地节约材料，发挥材料的力学性能，构建简约的结构形式，返璞归真。在不断的试错与学习过程中，通过对比多个方案，我们最终选定了将桥面跨度放到最大，且悬挑最小的方案。

2.2 结构选型

由于本方案的控制因素是②轴、③轴之间的桥跨结构，因此针对该部分结构体系，我们进行了方案对比和实物模型测试，结果如表 2-2 所示。体系 1、2、3 实物图如图 2-5 所示。

表 2-2 体系 1、2、3 优缺点对比

体系对比	体系 1	体系 2	体系 3
优点	制作简单	主跨承载力强，悬挑承载力强	进一步优化，承载力强，单点可挂 360 N
缺点	竹皮性能不稳定，胶水黏结处易出问题	两侧倾斜的箱型梁及节点处受力大，易出问题	质量略重

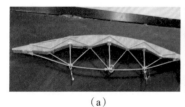
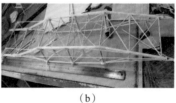
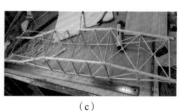

（a） （b） （c）

图 2-5 体系 1、2、3 实物图

（a）体系 1；（b）体系 2；（c）体系 3

2.3 计算分析

本结构采用MIDAS Civil进行结构建模及分析。计算分析结果如图2-6、图2-7所示。

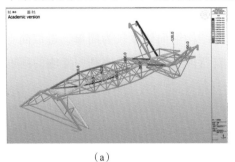

（a）

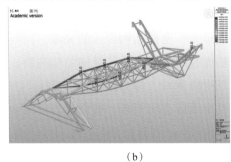

（b）

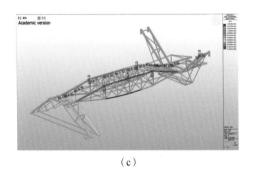

（c）

图 2-6 一、二、三级荷载轴力图

（a）一级荷载；（b）二级荷载；（c）三级荷载

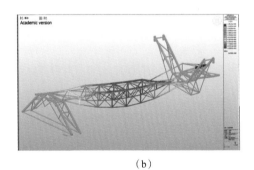

（a）

（b）

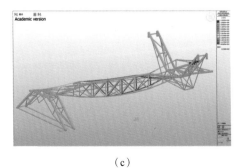

（c）

图 2-7 一、二、三级荷载变形图

（a）一级荷载；（b）二级荷载；（c）三级荷载

2.4 专家点评

该模型③轴支座选择了使结构悬挑最小的位置，虽然此举使得②轴、③轴之间的跨度达到最大，变成结构设计的关键，同时也使得结构纵向体系较为简单，近似简支梁。通过桥面起坡，增大桥梁纵向结构高度，增大抗弯能力。③轴支座利用支座的高度，采用下沉受拉体系，传力路径较为直接。

模型设计逻辑清晰，杆件布置较为合理。

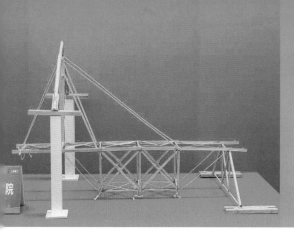

3　长春工程学院

作品名称	宣一大队
参赛队员	白云涛　王文哲　薄智鑫
指导教师	倪红光　王德君

3.1　设计思路

题目要求设计制作一座桥梁，承受分散作用的竖向集中静荷载及桥面移动荷载。在确保模型安全的前提下，还需要对模型的变形进行控制。在这次比赛的备战过程中，对数个结构方案进行了讨论，总结了两种方案并进行了优缺点对比。经总结讨论，我们最终选择了体系 1 为我们的结构方案。

3.2　结构选型

在这次比赛的备战过程中，我们对数个结构方案进行了讨论，总结了两种方案——体系 1、体系 2，如图 2-8 所示。表 2-3 中列出了两种体系的优缺点。

表 2-3　体系 1、2 优缺点对比

体系对比	体系 1	体系 2
优点	受力安全稳定	加载点分数高
缺点	相同质量下分数低	受力较体系 1 风险大

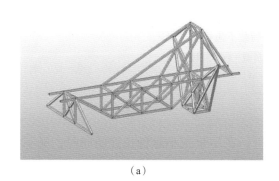 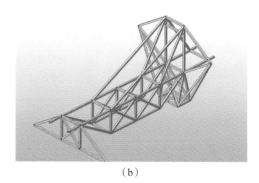

（a）	（b）

图 2-8　体系 1、2 模型图

（a）体系 1；（b）体系 2

3.3 计算分析

本结构采用MIDAS Civil进行结构建模及分析。计算分析结果如图2-9至图2-11所示。

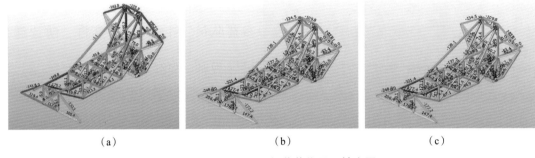

（a） （b） （c）

图2-9 一、二、三级荷载作用下轴力图

（a）一级荷载；（b）二级荷载；（c）三级荷载

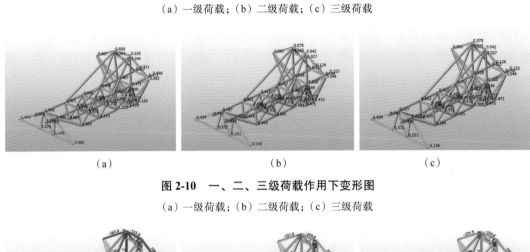

（a） （b） （c）

图2-10 一、二、三级荷载作用下变形图

（a）一级荷载；（b）二级荷载；（c）三级荷载

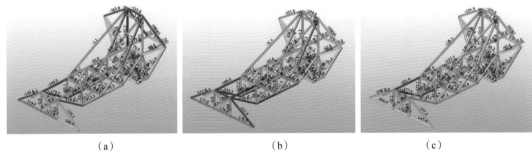

（a） （b） （c）

图2-11 一、二、三级荷载下失稳模态图

（a）一级荷载；（b）二级荷载；（c）三级荷载

3.4 专家点评

该模型的③轴支座位置选在较中间的位置，在尽量减小悬臂长度的同时，又不希望②轴、③轴跨度太大；且通过用足桥梁净空高度的限制要求，尽可能提升桥梁2、3跨的抗弯能力。②轴支座的竖向传力通过平面桁架来实现，③轴支座则设计了一个三折线拱，将通过拉杆汇聚而来的桥面荷载传递至支座。结构传力清晰，设计较为合理。

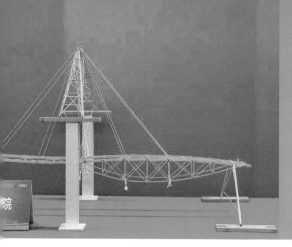

4　台州学院

作品名称	桥
参赛队员	陈　鹏　杨桂林　石江涛
指导教师	沈一军

4.1　设计思路

根据竞赛规则，我们从结构的受力特点、结构体系以及材料性能等方面对结构方案进行构思。综合材料性能、结构跨度、荷载性质等，我们采用斜拉桥形式，桥面和支座采用桁架形式，可以充分利用材料的抗拉特性，减轻了模型的自重。我们在节点处进行了强化处理。总之，我们的设计理念是以尽量少的构件及材料，组建强度高、稳定好的模型结构。

4.2　结构选型

针对题目特点，考虑材料特性和荷载分布情况，由于通航高度、支座高度和荷载参数可变，我们设计了3种结构方案。表2-4中列出了三种体系的优缺点。我们最终采用体系2。

表2-4　方案1、2、3优缺点对比

体系对比	优点	缺点
体系1	结构体系简单、受力明确，充分发挥材料的拉压特性；具有较好抗压抗弯能力的结构，刚度和稳定性大为加强。由于张弦梁结构是一种自平衡体系，使得支撑结构受力大为减少	初始变形对结构受力分析影响大，结构体系在偏载过程中，容易引起③轴支座扭转，平面外失稳，模型质量较重
体系2（终选方案）	斜拉桥结构，适应跨度能力强；桥面为空间张弦梁结构，上弦杆微拱、下弦杆鱼腹式，可适应其弯矩和剪力分布；③轴支座采用空间桁架结构，有效增大平面内和平面外刚度和整体稳定性	加工比较复杂，手工安装要求高
体系3	传力路径明确，桥面刚度大，③轴支座扭转小	桁架高度要求大，悬挑端受力性能较差，模型总质量较大

体系 1、2、3 模型如图 2-12 所示。

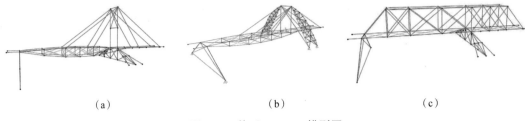

(a)　　　　　　　　　　(b)　　　　　　　　　　(c)

图 2-12　体系 1、2、3 模型图

（a）体系 1；（b）体系 2；（c）体系 3

4.3　计算分析

本结构采用 SAP2000 进行结构建模及分析。计算分析结果如图 2-13 至图 2-15 所示。

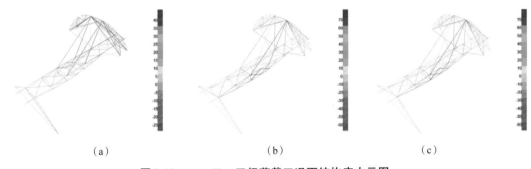

(a)　　　　　　　　　　(b)　　　　　　　　　　(c)

图 2-13　一、二、三级荷载工况下结构应力云图

（a）一级荷载；（b）二级荷载；（c）三级荷载

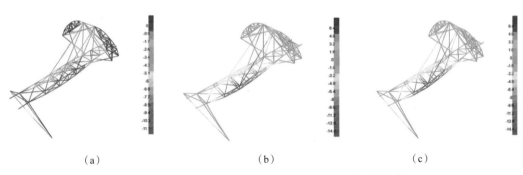

(a)　　　　　　　　　　(b)　　　　　　　　　　(c)

图 2-14　一、二、三级荷载工况下结构变形图（Z 方向）

（a）一级荷载；（b）二级荷载；（c）三级荷载

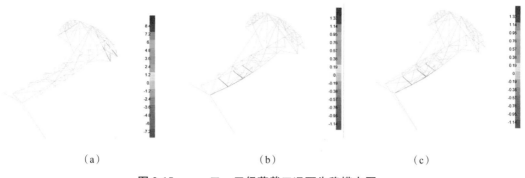

（a）　　　　　　　　　　　　　　（b）　　　　　　　　　　　　　　（c）

图 2-15　一、二、三级荷载工况下失稳模态图

（a）一级荷载；（b）二级荷载；（c）三级荷载

4.4　专家点评

　　该模型的③轴支座位置选在 C 荷载面位置，使得 C 截面荷载的传力较为直接，减小该处荷载对结构纵向传力体系的影响。②轴、③轴之间的结构采用鱼腹式桁架，并通过桥面的弧形起坡，既增大抗弯能力，又可保证小球的顺利通过。同时，为减小悬臂端的桥面变形对滚球的影响，施工时对悬臂端的桥面做了适当起拱处理。该模型做工精细，设计合理。

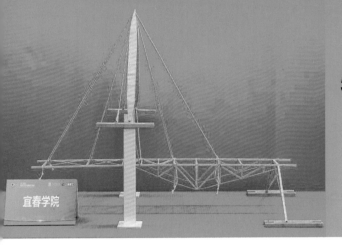

5 宜春学院

作品名称	宜春铁骑		
参赛队员	邹家盛	朱元浪	王榆雯
指导教师	张海帆	饶 力	杨志文

5.1 设计思路

我们根据竹材的物理性能，合理设计桥梁结构方案，用最轻的质量，最核心的受力杆件，尽量发挥竹材的受拉性能优势，同时保证传力路径简单明确。我们对桥梁主体结构提出三种结构体系方案：平行桁架结构、变截面桁架结构、拱形桁架结构。通过对三种结构体系分别开展试验，总结对比三种结构体系的优缺点及适应性，我们将根据赛场的设置参数决定使用的模型。

5.2 结构选型

我们对桥梁主体结构提出三种结构体系方案：平行桁架结构、变截面桁架结构、拱形桁架结构。表 2-5 中列出了三种结构体系的优缺点对比。

表 2-5 体系 1、2、3 优缺点对比

体系对比	体系 1	体系 2	体系 3
优点	刚度大；制作简单；安装桥面板方便	质量轻；充分发挥竹材物理性能；外形美观	不受桥下最小净空高度的限制；模型刚度大，第三级加载时稳定
缺点	模型质量大；无法满足其他支座标高要求	第三级加载不稳；施加偏心荷载时变形大	拱的制作较为困难；某种制作材料不够

体系 1、2、3 模型如图 2-16 所示。

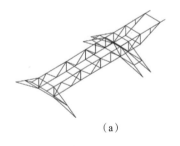
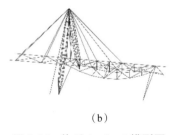

（a）　　　　　　　（b）　　　　　　　（c）

图 2-16 体系 1、2、3 模型图

（a）体系 1；（b）体系 2；（c）体系 3

5.3 计算分析

本结构采用 MIDAS Civil 进行结构建模及分析。计算分析结果如图 2-17 至图 2-19 所示。

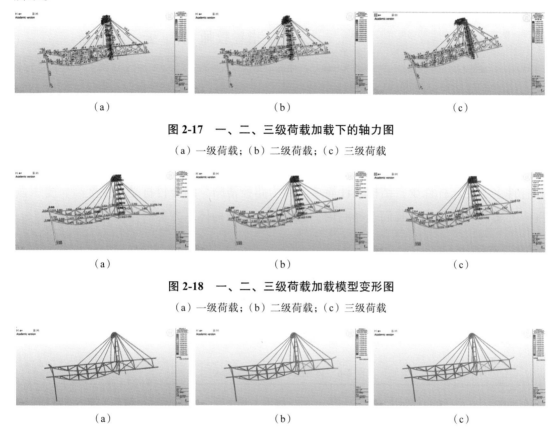

图 2-17 一、二、三级荷载加载下的轴力图

（a）一级荷载；（b）二级荷载；（c）三级荷载

图 2-18 一、二、三级荷载加载模型变形图

（a）一级荷载；（b）二级荷载；（c）三级荷载

图 2-19 一、二、三级荷载加载模型失稳模态图

（a）一级荷载；（b）二级荷载；（c）三级荷载

5.4 专家点评

该模型的③轴支座位置选在 C 荷载面位置，可减小该处荷载对结构纵向传力体系的影响。该模型在③轴处的竖向传力体系，也选择了 A 型塔来汇聚桥面拉杆；不同的是，该模型的塔尖较高，一方面可保证斜拉杆的角度不影响小球的滚动，另一方面较高的塔可降低桥面压力，减小桥面压杆尺寸；塔身采用蒙皮梭形结构，可增大塔身抗压能力。该模型结构体系传力清晰，设计合理。

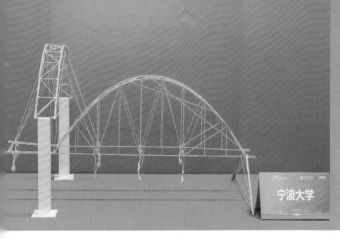

6　宁波大学

作品名称	绝对承载
参赛队员	张逸知　沈语桐　周　杰
指导教师	林　云　盛　涛

6.1　设计思路

为应对现场抽签决定的随机参数，我们应用 MIDAS、ANSYS、结构力学求解器等软件开展力学分析，优化结构设计及选型。考虑到悬索拱桥对桥下净空没有限制，其受拉杆件多、受压杆件少，结构设计简单、传力路径清晰，结合竹材受拉强度高、受压强度小的实际力学特征，我们选择应用"悬索拱桥"结构体系方案制作模型。

6.2　结构选型

备赛阶段，本团队综合考虑各项因素后，初步选定如图 2-20 所示的"斜拉桥""梁式桥""悬索拱桥"三种结构体系作为设计方案。其中，三种方案的优缺点如表 2-6 所示。

表 2-6　体系 1、2、3 优缺点对比

体系对比	体系 1:斜拉桥	体系 2:梁式桥	体系 3:悬索拱桥
优点	梁体尺寸较小，桥梁跨越能力较大；桥下净空限制少；便于大跨度悬臂结构设计与施工	竹材用料省，传力路径清晰，便于设计；桥面标高限制少，适合铺设桥面板；施工技术要求低	梁体尺寸较小，桥梁跨越能力大；桥下净空不受限；受拉杆件多，适合竹材，用料省，传力路径清晰
缺点	多次超静定，压杆较多，传力路径较复杂；索与梁和塔的连接构造复杂；施工技术要求高	梁体尺寸大，桥梁的跨越能力较小；受桥下净空的限制大；悬臂结构设计与施工较困难	索与拱和梁的连接构造复杂；拱施工难度大；悬臂结构设计与施工较困难

体系 1、2、3 示意如图 2-20 所示。

（a）　　　　　　　　　　　（b）　　　　　　　　　　　（c）

图 2-20　体系 1、2、3 示意图

（a）体系 1；（b）体系 2；（c）体系 3

6.3　计算分析

本结构采用 MIDAS Civil 进行结构建模及分析。计算分析结果如图 2-21 至图 2-23 所示。

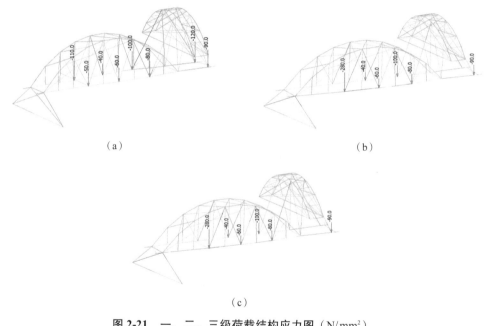

（a）　　　　　　　　　　　　　　　　　　　　（b）

（c）

图 2-21　一、二、三级荷载结构应力图（N/mm²）

（a）一级荷载；（b）二级荷载；（c）三级荷载

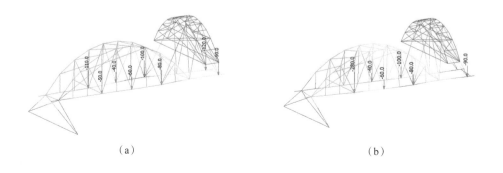

（a）　　　　　　　　　　　　　　　　　　　　（b）

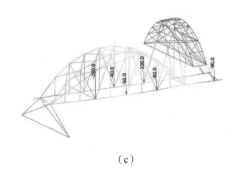

（c）

图 2-22　一、二、三级荷载梁单元位移变形图

（a）一级荷载；（b）二级荷载；（c）三级荷载

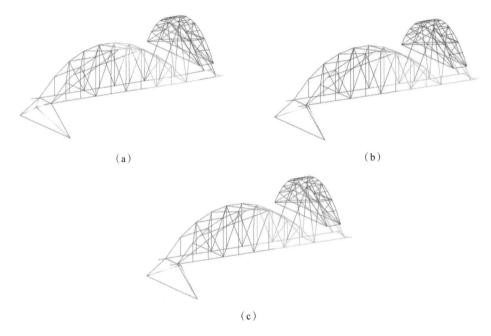

（a）　　　　　　　　　　　　　　　　（b）

（c）

图 2-23　一、二、三级荷载梁单元失稳模态图

（a）一级荷载；（b）二级荷载；（c）三级荷载

6.4　专家点评

　　该模型③轴支座位置选在较中间的位置，在尽量减小悬臂长度的同时，又不希望②轴、③轴跨度太大。模型最大的特点是②轴、③轴间的桥面纵向水平传力体系，和③轴支座处的竖向传力体系，都选择了曲线拱结构，造型优美。然而，集中荷载作用下的合理拱线一般为折线拱，在赛题规定的荷载（集中荷载为主）工况下，曲线拱的合理性值得商榷。

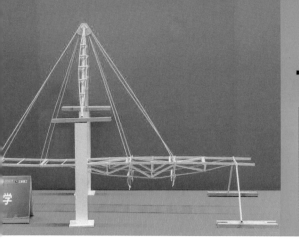

7 海南大学

作品名称	琼海摘星队
参赛队员	陈其镕　郭子培　丁　睿
指导教师	赵　菲　秦术杰

7.1 设计思路

针对赛题，使用斜拉桥+桁架桥的形式，可以充分利用竹材优异的抗拉性能。我们在桥身的位移测量点附近采用桁架结构，保证桥身刚度。通过对各式桥梁结构的组合，充分发挥它们各自的特点，以满足赛题的要求。我们综合考虑桥下净空变化、各加载点的荷载大小和③轴支座顶面标高等参数，以更好地利用竹材的抗拉性能。

7.2 结构选型

考虑到桥梁要求跨度比较大，且桁架桥对手工质量要求较低，我们一开始采用了桁架结构。但是在国赛的准备过程中，我们发现桁架结构难以充分发挥竹材抗拉性能较好的特点，用料多且自重过大。为充分利用竹材的抗拉性能优势，经讨论而产生了下一个方案：斜拉桥。两种模型的优缺点如表2-7所示。

表 2-7　体系 1、2 优缺点对比

体系对比	体系 1:桁架桥	体系 2:斜拉桥
优点	制作、安装简单	利用竹材性能,自重小
缺点	自重大,材料利用效率低	对手工要求较高

体系 1、2 模型如图 2-24 所示。

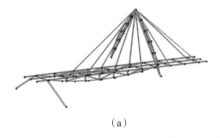

（a）　　　　　　　　　　　　　　　（b）

图 2-24　体系 1、2 模型图

（a）体系 1；（b）体系 2

7.3 计算分析

本结构采用 MIDAS Civil 进行结构建模及分析。计算分析结果如图 2-25 至图 2-27 所示。

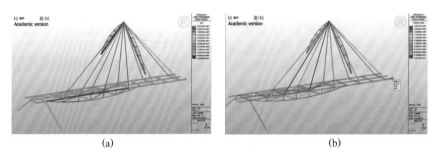

图 2-25 三级荷载的强度分析

(a) 梁单元应力分布图；(b) 桁架单元应力分布图

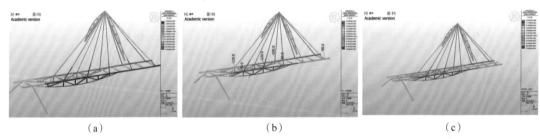

图 2-26 一、二、三级荷载变形图

（a）一级荷载；（b）二级荷载；（c）三级荷载

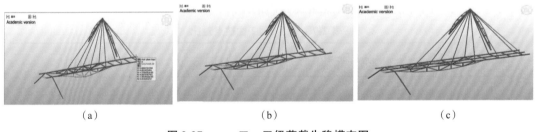

图 2-27 一、二、三级荷载失稳模态图

（a）一级荷载；（b）二级荷载；（c）三级荷载

7.4 专家点评

该模型的③轴支座位置选在 C 荷载面位置，可减小该处荷载对结构纵向水平传力体系的影响。该模型在③轴处的竖向传力体系，也选择了 A 型塔来汇聚桥面拉杆拉力；该模型的塔尖也较高，保证小球滚动的同时降低桥面体系的内力，减小桥面压杆尺寸和②轴、③轴之间的结构高度；塔身采用梭形空间桁架结构，可增大塔身抗压能力。该模型结构体系传力清晰，设计合理。

8　西藏大学

作品名称	天域鲲鹏		
参赛队员	旺　久	王亚萍	陈　昊
指导教师	尹凌峰	李莉斯	

8.1　设计思路

根据赛题的规则，本次制作的桥梁结构模型需要满足现场抽签决定的桥梁参数要求和三级加载测试要求，其中参数变化主要围绕桥下净空以及③轴支座进行摇摆，桥下净空共有 3 种参数，③轴支座顶面标高共有 5 种参数，结合起来共有 15 种参数组合。针对赛题特点和要求，我们对下鱼腹结构、桁架结构、悬索桥、斜拉桥和组合体系进行了考量，选择了"斜拉+桁架"的结构体系参赛。

8.2　结构选型

在结构设计的探索过程中，结合竹质材料的特性和赛题的制作要求，我们对 4 种桥梁的主体结构体系进行了对比分析，分析结果见表 2-8。

表 2-8　体系 1、2、3、4 优缺点对比

体系对比	优点	缺点
体系 1：下鱼腹结构	整体受力性能较好，承力较大；能充分发挥材料张弦性能较好的优点	对于下鱼腹的强度要求较高；桥面变形较大；对于③轴支座强度要求较高
体系 2：桁架结构	整体刚度较大，桥面变形小；能充分发挥材料受拉、压性能较好的优点	杆件较多，自重较大，不经济；节点较多，易破坏；制作工艺烦琐，制作难度大，且不能适应赛题桥梁参数变化
体系 3：斜拉/悬索桥	能提升桥梁跨度，满足赛题中后桥座的参数设置，减少桥面下方杆件的数量；能充分发挥竹质材料制成拉条后抗拉性能较强的优点	需制作刚度较大的主桥杆和大量拉索，综合考虑不经济；各拉索的松紧不易控制，容易造成桥面不稳定；需提供稳定的锚定
体系 4：组合体系桥梁	制作难度减小，受力合理，传力路径明确；斜拉桥制作桥梁后部减少材料用量；各构件装配简单，精度易控制	拉索设置与强度精度要求较高；支座强度要求较高

8.3　计算分析

本结构采用 Sap2000 进行结构建模及分析。计算分析结果如图 2-28 至图 2-30 所示。

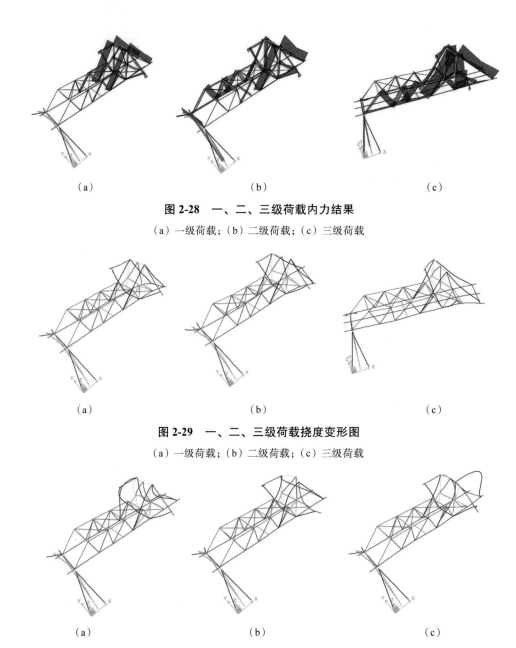

（a）　　　　　　　　　　（b）　　　　　　　　　　（c）

图 2-28　一、二、三级荷载内力结果

（a）一级荷载；（b）二级荷载；（c）三级荷载

（a）　　　　　　　　　　（b）　　　　　　　　　　（c）

图 2-29　一、二、三级荷载挠度变形图

（a）一级荷载；（b）二级荷载；（c）三级荷载

（a）　　　　　　　　　　（b）　　　　　　　　　　（c）

图 2-30　一、二、三级荷载失稳模态图

（a）一级荷载；（b）二级荷载；（c）三级荷载

8.4　专家点评

该模型的③轴支座位置选在 C 荷载面位置。②轴、③轴之间的结构体系选择了桥面向上发展的桁架体系，该体系的选择有利于赛题的变参数情况，因为赛题对桥面上方的空间没有约束；然而在桥面下部有足够结构空间的前提下，依旧选择向上的桁架，相对于其他向下发展的桁架或张悬体系来说，在模型质量上可能较为吃亏。

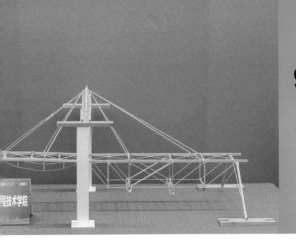

9　成都理工大学
　工程技术学院

作品名称	中核力量		
参赛队员	赵飞阳	冯　金程	鑫
指导教师	李金高	章仕灵	姚　运

9.1　设计思路

本次赛题具有很多可变的参数，比如桥底净空，A、B、C、D 四个加载截面加载点的选择以及加载质量的确定，从数学上理解共有 1814400 种可能。将荷载分为两个极端荷载组，分别为大荷载组和小荷载组，大荷载组包括 130N、120N、110N、100N，小荷载组包括 40N、50N、60N、70N，荷载组中大荷载组最值和平均值相差为 13.04%，小荷载组中最值和平均值相差为 27.27%。由于大荷载之间的差距较小可以近似地来考虑，小荷载组的数量级偏小也可以按照平均值来考虑。经分析计算我们选择了拱桁架的体系。

9.2　结构选型

根据赛题要求，设计了三种体系结构方案，三种体系的优缺点对比如表 2-9 所示。

表 2-9　体系 1、2、3 优缺点对比

体系对比	体系 1	体系 2	体系 3
优点	利用拱结构抗压的结构优势，将竖向荷载转换成拱的轴向力	传力路径清晰明了，能很好地承受外荷载	传力路径更加明确，自重轻，充分发挥材料的力学性能
缺点	加载过程中由于加载荷载的变化引起桁架拱内力的变化，造成拱圈的破坏	受到桥面下部净空的限制	存在局部屈曲的风险

体系 1、2、3 模型如图 2-31 所示。

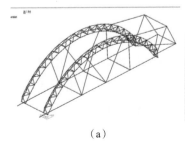
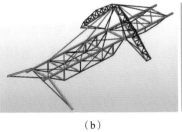
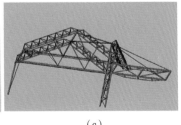

（a）　　　　　　　　　　（b）　　　　　　　　　　（c）

图 2-31　体系 1、2、3 模型图
（a）体系 1；（b）体系 2；（c）体系 3

9.3 计算分析

本结构采用MIDAS Civil进行结构建模及分析。计算分析结果如图2-32至图2-34所示。

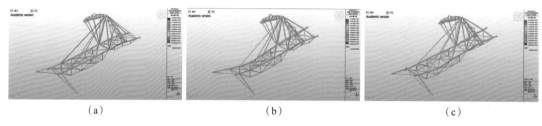

（a）　　　　　　　　　　（b）　　　　　　　　　　（c）

图2-32　一、二、三级荷载应力图

（a）一级荷载；（b）二级荷载；（c）三级荷载

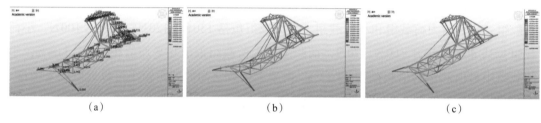

（a）　　　　　　　　　　（b）　　　　　　　　　　（c）

图2-33　一、二、三级荷载模型变形图

（a）一级荷载；（b）二级荷载；（c）三级荷载

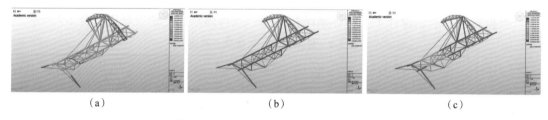

（a）　　　　　　　　　　（b）　　　　　　　　　　（c）

图2-34　一、二、三级加载失稳模态图

（a）一级荷载；（b）二级荷载；（c）三级荷载

9.4 专家点评

模型的③轴支座采用 A 型塔架结合拉杆承受桥面竖向荷载，位置选择 C 荷载面位置。由于塔身均布拉杆连接至桥面，塔身弯矩较大；且因塔尖高度较低，A 型塔身较为平坦，因此塔身中压力也较大。基于此，每一个塔采用较粗壮的变截面空间桁架体系是必要的；当然从模型质量的角度来看，选择的塔身高度是否最佳有待商榷。

10 浙江师范大学

作品名称	能工桥匠		
参赛队员	黄皓杰	徐方俊	包建祥
指导教师	吴樟荣	章旭健	

10.1 设计思路

本次设计的桥梁要求能够承受分散作用的竖向集中静荷载以及桥面移动荷载，在本次的赛题之中加入了部分待定参数，使得本次赛题有了更大的灵活性，根据现场情况满足桥梁不受损坏以及强度、刚度、稳定的要求。通过对赛题的理解以及测试过程的实践，我们共实践了四种方案，经过对比，选择了桥梁仍旧为悬臂梁外加斜拉结构，③轴桥墩为刚架结构加斜杆支撑，桥梁和体系3的结构相同，②轴桥墩处荷载较小，采用柔性支撑的一种设计方式。

10.2 结构选型

通过对赛题的理解以及测试过程的实践，我们一共实践了四种体系结构方案。表2-10中列出了四种体系的优缺点，最终通过比较，我们选取了较有优势的体系4。

表 2-10 体系 1、2、3、4 优缺点对比

体系对比	体系 1	体系 2	体系 3	体系 4
优点	外形美观,承载能力强	结构刚度大、强度大,承载能力强	承载能力强,适应性好,杆件相对较少,制作较为简单	承载能力好,杆件少,杆件准备简单,杆件使用效率高
缺点	质量过大,质量优化空间小,杆件、节点数量多,杆件间距小,难以制作	质量大,优化空间小,杆件、节点数量较多,制作时间长	质量较大,优化空间较小	主杆定位较为困难,定位时间长

体系 1、2、3、4 模型如图 2-35 所示。

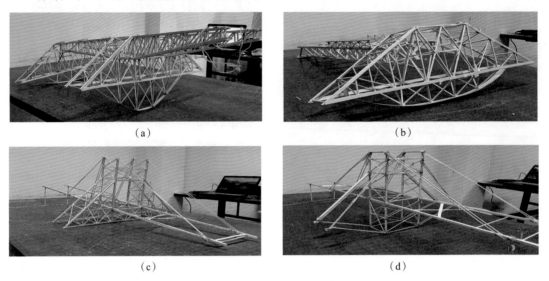

图 2-35 体系 1、2、3、4 模型图

(a) 体系 1；(b) 体系 2；(c) 体系 3；(d) 体系 4

10.3 计算分析

本结构采用有限元软件 NIDA 进行结构建模及分析。计算分析结果如图 2-36、图 2-37 所示。

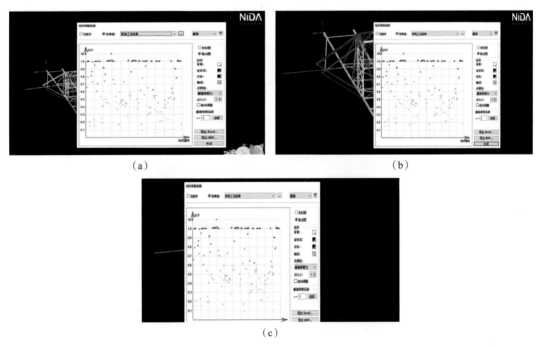

图 2-36 一、二、三级荷载移动应力比散点图

(a) 一级荷载；(b) 二级荷载；(c) 三级荷载

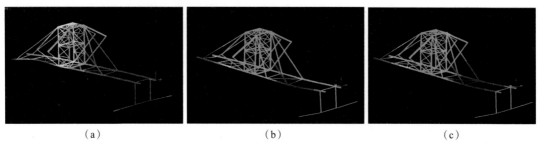

（a）　　　　　　　　　　　（b）　　　　　　　　　　　（c）

图 2-37　一、二、三级荷载的变形图

（a）一级荷载；（b）二级荷载；（c）三级荷载

10.4　专家点评

该模型③轴采用梯形刚架结合拉杆传递桥面竖向荷载。该模型与其他类似模型不同之处在于连接梯形刚架与桥面的拉杆体系中，除了斜拉杆以外，该模型配置了较多材料在梯形刚架与桥面的竖向拉杆附近（即③轴附件），形成了带交叉斜撑的多层框架体系，这部分体系布置的效果有待商榷。另外，②轴处的梁承受竖向集中力，弯矩应较大，模型对此梁的截面选择应结合计算进行复核。

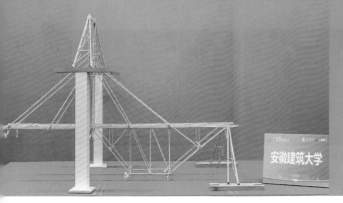

11 安徽建筑大学

作品名称	徽弘		
参赛队员	张叶伟	刘国亮	张苏徽
指导教师	郝英奇	康小方	

11.1 设计思路

赛题以承受竖向静力和移动荷载的桥梁结构为对象，并且创新性地使用了设计参数随机抽取的方案。通过在赛题中加入部分待定参数，使参数组合的可能性达上千种。通过分析赛题，我们首先将梁式桥（强度和刚度要求难以满足）和悬板桥（挠度要求难以满足）这两种体系排除。而在对桥梁形式的探索过程中，我们结合具体工程实践的杰出代表作总结出各桥梁形式的特点，并将其总结概括为斜拉与上部桁架组合型、塔吊型和斜拉与下部桁架组合型三种，经对比，我们最终选择了斜拉与下部桁架组合型（体系 3）。

11.2 结构选型

我们在赛前针对不同工况准备了不同的桥梁模型方案，在多次试验优化的情况下，发现各自的优劣，最终我们确定了各工况下的三种模型预案：斜拉与上部桁架组合型（体系 1）、塔吊型（体系 2）、斜拉与下部桁架组合型（体系 3）。表 2-11 中列出了三种不同桥梁体系方案的优缺点。

表 2-11 体系 1、2、3 优缺点对比

体系对比	体系 1	体系 2	体系 3
优点	力学分析简单且制作简单	有效避免弯扭破坏	有效避免弯扭破坏且制作较为容易
缺点	耗材大且桥面上部结构易发生弯扭破坏	做工复杂且耗时，耗材大，悬臂端、塔部边缘易发生破坏	③轴支座及主梁容易破坏

体系 1、2、3 模型如图 2-38 所示。

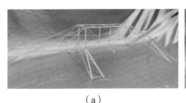 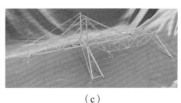

（a） （b） （c）

图 2-38 体系 1、2、3 模型图

（a）体系 1；（b）体系 2；（c）体系 3

11.3 计算分析

本结构采用 MIDAS Civil 进行结构建模及分析。计算分析结果如图2-39至图2-41所示。

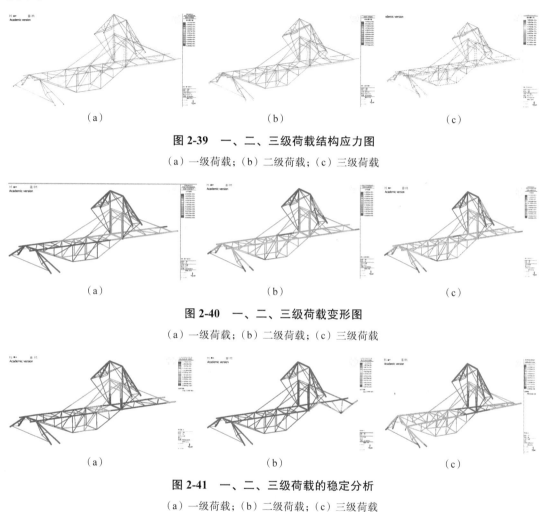

图 2-39 一、二、三级荷载结构应力图

（a）一级荷载；（b）二级荷载；（c）三级荷载

图 2-40 一、二、三级荷载变形图

（a）一级荷载；（b）二级荷载；（c）三级荷载

图 2-41 一、二、三级荷载的稳定分析

（a）一级荷载；（b）二级荷载；（c）三级荷载

11.4 专家点评

该模型的纵向传力体系和水平传力体系为分离设计，特别是③轴支座处，该支座横向传力体系选择带交叉斜拉杆的梯形刚架，刚架顶部横杆两端点通过竖向拉杆连接桥面，提供桥面在该处的竖向约束。而桥面从该点往上布置竖向压杆，压杆顶部布置斜拉杆用以抵抗桥面在该支座处的负弯矩。设计逻辑清晰，然而该处斜拉杆的拉点其实可由梯形刚架提供，此举也可增大斜拉杆与水平面角度，减小拉杆和桥面杆件的轴力。

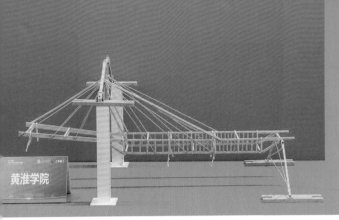

12　黄淮学院

作品名称	思者无域队		
参赛队员	娄建行	杨明浩	卢心晖
指导教师	牛林新	王昌盛	魏献忠

12.1　设计思路

由于比赛所涉及的变参数一共有三种，拿到赛题之后，我们设计了三种方案：桁架桥、拱桥及斜拉桥。桁架桥这种模型制作简单、计算方便，但费时费力，容易出现因为一个杆件受损而整体垮塌的情况。而后，我们又做了拱桥、斜拉桥以及鱼腹式桁架斜拉桥，但制作方面出现的问题在于拱桥对于题目来说不容易建立；鱼腹式桁架斜拉桥虽然能够建立，但是考虑到悬臂端位移较大不易控制，在支座处伸出立柱形成桥塔，在悬臂端及跨中加载点增加斜拉杆件。经对比，我们最终选择了斜拉与桁架组合型的结构体系。

12.2　结构选型

我们组制作了多种方案，桁架桥、拱桥及斜拉桥，总结了4种结构体系，最终采用体系4。表12-1中列出了四种体系的优缺点对比。

表 2-12　体系 1、2、3、4 优缺点对比

体系对比	体系 1:桁架桥	体系 2:拱桥	体系 3:斜拉桥	体系 4:鱼腹式桁架斜拉桥
优点	设计简单,受力明确	充分发挥了材料的抗压性能	减小弯矩,减小位移	组合结构,充分利用竹材抗拉性能,减轻自重
缺点	多杆件节点处理难,自重较大	支座要求高,自重大	拉条的松紧度难保证	工艺复杂

体系 1、2、3、4 模型如图 2-42 所示。

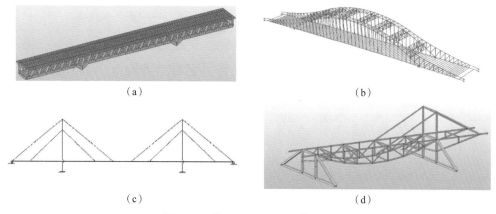

（a）

（b）

（c）

（d）

图 2-42　体系 1、2、3、4 模型图

（a）体系 1；（b）体系 2；（c）体系 3；（d）体系 4

12.3　计算分析

本结构采用 MIDAS Civil 进行结构建模及分析。计算分析结果如图 2-43、图 2-44 所示。

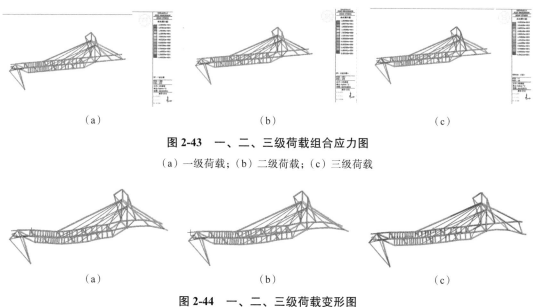

（a）　　　　　　　　　　　　（b）　　　　　　　　　　　　（c）

图 2-43　一、二、三级荷载组合应力图

（a）一级荷载；（b）二级荷载；（c）三级荷载

（a）　　　　　　　　　　　　（b）　　　　　　　　　　　　（c）

图 2-44　一、二、三级荷载变形图

（a）一级荷载；（b）二级荷载；（c）三级荷载

12.4　专家点评

该模型③轴位置选择在相对靠 C 荷载面的位置，意图适当减小悬臂长度，则势必增大简支段的跨度，因此需增大简支段（②轴、③轴之间）结构的抗弯能力；相比于其他模型，该模型在②轴、③轴之间的结构厚度显得较薄，不利于增大抗弯能力；同时该部分桁架缺少斜腹杆，将大大降低桁架抗剪能力，从而导致弦杆承受剪力而增大截面，不利于减轻模型质量。

13　吉首大学

作品名称	飞豹		
参赛队员	陆　邱	莫亚龙	刘旗颂
指导教师	江泽普	卓德兵	

13.1　设计思路

结构模型设计的思路应该从结构的安全性、可靠性、经济性出发，在做结构方案的时候，首先应该考虑的就是结构的传力路径、稳定性等，模型的传力路径越短，结构的效率就会越高。在做方案设计时的原则就是使结构的压力传力路径越短越好，因为拉杆的稳定性易保证，压杆易出现失稳破坏。又因赛题的参数不确定等因素的影响，结构方案的设计极为复杂，很难做到面面俱到，达到最优。我们在竞赛准备过程中的方案主要有自锚式桁架桥结构、自锚式斜拉三铰拱桥结构和自锚式斜拉桁架桥结构，经对比分析，我们选择了第三种。

13.2　结构选型

我们在做结构方案的时候考虑了三种结构体系：自锚式桁架桥结构（体系1）、自锚式斜拉三铰拱桥结构（体系2）、自锚式斜拉桁架桥结构（体系3）。表13-1中列出了三种体系的优缺点对比。

表 2-13　体系 1、2、3 优缺点对比

体系对比	体系1	体系2	体系3
优点	跨中刚度大，整体承载力高	跨中刚度较大，承载力高，传力路径简单，加载效率较高	压杆少，跨中刚度大，传力路径简单清晰，承载力高，自重小，加载效率高
缺点	自重大，悬挑端跨度承载能力小	压杆较多，模型质量较大，没有充分利用竹子抗拉性能	悬挑若荷载过大，加载随之增加，模型质量增加

体系1、2、3模型如图2-45所示。

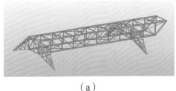
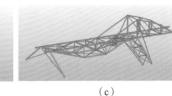

（a）　　　　　　　　　　（b）　　　　　　　　　　（c）

图 2-45　体系 1、2、3 模型图

（a）体系 1；（b）体系 2；（c）体系 3

13.3 计算分析

本结构采用 MIDAS Civil 进行结构建模及分析。计算分析结果如图 2-46 至图 2-48 所示。

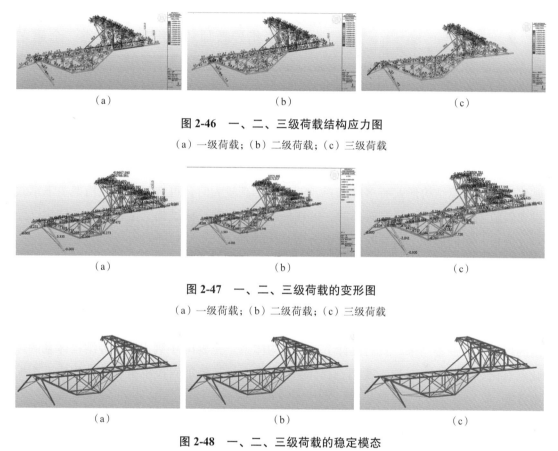

（a）　　　　　　　　　　　（b）　　　　　　　　　　　（c）

图 2-46　一、二、三级荷载结构应力图

（a）一级荷载；（b）二级荷载；（c）三级荷载

（a）　　　　　　　　　　　（b）　　　　　　　　　　　（c）

图 2-47　一、二、三级荷载的变形图

（a）一级荷载；（b）二级荷载；（c）三级荷载

（a）　　　　　　　　　　　（b）　　　　　　　　　　　（c）

图 2-48　一、二、三级荷载的稳定模态

（a）一级荷载；（b）二级荷载；（c）三级荷载

13.4 专家点评

该模型③轴处横向传力利用了③轴支座的标高，采用张悬式的下沉桁架，且由于支座与桥面的高度较大，该桁架的竖向抗力较大，可为③轴处桥面提供可靠的竖向约束，且传力路径较短，结构效率较高。②轴、③轴之间的桥段纵向传力体系，同样采用下沉桁架，充分利用桥下净空允许范围，增大结构体系的厚度，提升结构承载能力。结构设计逻辑清晰，拉压杆件布置合理，模型制作也较为精细。

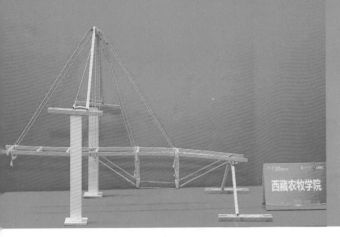

14 西藏农牧学院

作品名称	南迦巴瓦		
参赛队员	左明星	唐世龙	赵立帅
指导教师	王培清	何军杰	金建立

14.1 设计思路

根据赛题要求，第②轴线支座的水平位置和标高为定值，该处的桥梁支撑结构形式较为单一，可选择的支撑结构形式有桁架结构、单杆结构等。根据桥跨结构形式，第③轴线支座的支撑结构形式有多种选择，例如：标高较大时，可选择下承式桁架、下承式拱和斜腿刚构等结构；标高较小时，可选择上承式桁架、索结构、上承式拱等结构。经对比分析，我们选择了斜拉与桁架组合型结构体系。

14.2 结构选型

桥跨结构有多种形式，主要有桁架结构、拱结构、索结构以及组合结构，根据比赛前的现场参数抽签结果，我们设计了3种结构体系。表2-14中列出了3种结构体系的优缺点对比。经过方案对比，我们选择体系3，即下桁架桥加斜拉桥组合的结构体系为模型方案。

表2-14 体系1、2、3优缺点对比

体系对比	体系1	体系2	体系3
优点	该体系为组合结构,可以避免净空高度限值影响桥跨结构的高度,受力合理;结构体系针对特定受力工况较为合理	该体系为组合结构,可以避免净空高度限值影响桥跨结构的高度;以高度较低的桁架支承桥面,拱圈或支撑桁架用吊索拉住桥面桁架,结构体系受力明确,能够承受较大荷载,抗变形能力较强	该体系为组合结构,③轴左侧为下桁架,形似弯矩图,受力合理。特定加载工况下,右侧荷载较小;③轴处设置斜腿刚构式索塔,用斜拉索支承左右结构部分,可降低左侧桁架受力,同时左右结构适当平衡;结构体系针对特定受力工况较为合理
缺点	支撑杆件受铁球直径影响,模型制作耗时较长	拱圈或支撑桁架的制作精度要求高,支撑杆件受铁球直径影响,制作耗时较长	桥跨结构的高度受桥下净空高度限值影响,桁架节点受桥面板平面形状控制

体系 1、2、3 模型如图 2-49 所示。

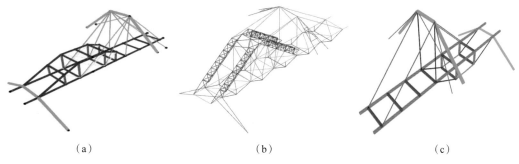

（a）　　　　　　　　　　（b）　　　　　　　　　　（c）

图 2-49　体系 1、2、3 模型图

（a）体系 1；（b）体系 2；（c）体系 3

14.3　计算分析

本结构采用有限元分析软件 SAP2000 进行结构建模及分析。计算分析结果如图 2-50 至图 2-52 所示。

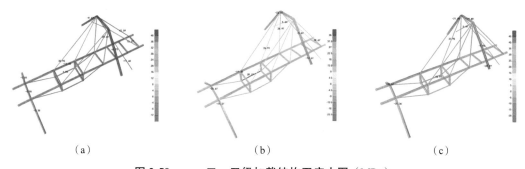

（a）　　　　　　　　　　（b）　　　　　　　　　　（c）

图 2-50　一、二、三级加载结构正应力图（MPa）

（a）一级荷载；（b）二级荷载；（c）三级荷载

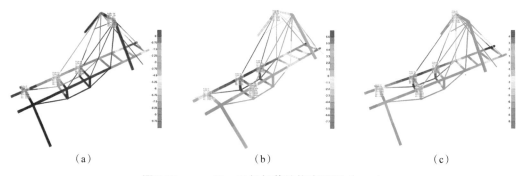

（a）　　　　　　　　　　（b）　　　　　　　　　　（c）

图 2-51　一、二、三级加载结构变形图（mm）

（a）一级荷载；（b）二级荷载；（c）三级荷载

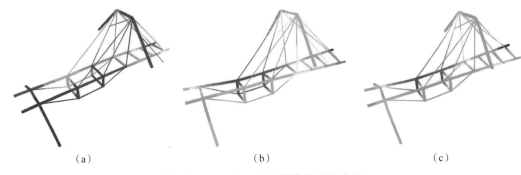

（a） （b） （c）

图 2-52　一、二、三级荷载的稳定分析

（a）一级荷载；（b）二级荷载；（c）三级荷载

14.4　专家点评

该模型③轴设置在 C 荷载面的位置，即选择了最大的悬挑长度。因此为抵抗大悬挑带来的较大负弯矩，结构选择了较高的斜拉高度，即③轴支座结构选择了高度较高的梯形刚架，桥面荷载通过竖向和斜向拉杆汇聚至刚架顶部。②轴、③轴之间的体系采用张悬梁。结构体系非常简单，传力路径清晰。由于压杆（如梯形刚架、桥面压弯杆）缺少足够的约束，使得压杆的计算长度较大，整体截面相对较粗，对模型质量的控制有一定的影响。

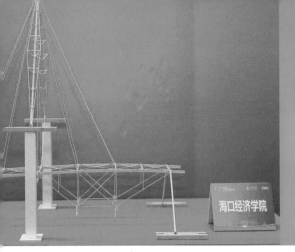

15 海口经济学院

作品名称	鲸跃		
参赛队员	戴晨宏	仇 凯	祝建婴
指导教师	符其山	唐 能	钟孝寿

15.1 设计思路

主要考虑传力简单明确，制作方便，充分利用竹材的抗拉性能强的优点，同时考虑对各种待定参数的适用性。力求结构模型的"实用、简单、轻巧、美观"。本结构模型充分利用材料特性和结构特点，以多轴力少弯矩、多拉力少压力为原则，选择张弦梁+斜拉桥的结构体系。

15.2 结构选型

备赛过程中，我们尝试过桁架桥、悬索桥、斜拉桥、拱桥等，桥梁尝试过桁架、张弦梁等，通过计算和大量试验，初选出 4 个体系，主要受力体系均为张弦梁+斜拉结构。表 2-15 中列出了 4 种体系的优缺点对比。综合考虑传力路径明晰、可靠性、传力效率和③轴标高适用性，结构体系选择体系 4，即张弦梁+斜拉结构。

表 2-15 体系 1、2、3、4 优缺点对比

体系对比	体系 1	体系 2	体系 3	体系 4
优点	传力路径明确,刚度相对较大	传力路径明确,充分利用受拉,模型质量轻	传力路径明确,充分利用受拉。刚度相对较大	传力路径明确,③轴标高的适用性好,可靠性高,模型质量较轻
缺点	③轴标高适用性差,受拉利用不够充分;③轴斜撑受力大,但角度小,传力效率低,模型质量较大	移载过程中,保持索塔平衡较难,刚度小;③轴仅靠悬索传力,风险较大;③轴标高适用性差	③轴仅靠悬索传力,风险较大;③轴标高适用性差,模型质量较大	受拉利用不充分,索塔为受压杆,保证稳定性难度相对较大

体系 1、2、3、4 模型如图 2-53 所示。

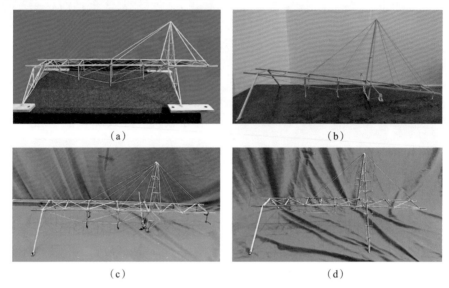

（a）　　　　　　　　　　　　　（b）

（c）　　　　　　　　　　　　　（d）

图 2-53　体系 1、2、3、4 模型图

（a）体系 1；（b）体系 2；（c）体系 3；（d）体系 4

15.3　计算分析

本结构采用 MIDAS Civil 进行结构建模及分析。计算分析结果如图 2-54 至图 2-56 所示。

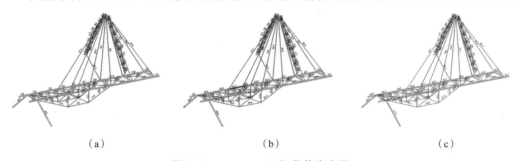

（a）　　　　　　　　　　　（b）　　　　　　　　　　　（c）

图 2-54　一、二、三级荷载应力图

（a）一级荷载；（b）二级荷载；（c）三级荷载

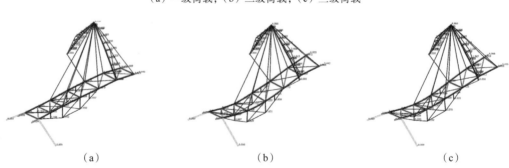

（a）　　　　　　　　　　　（b）　　　　　　　　　　　（c）

图 2-55　一、二、三级荷载变形图

（a）一级荷载；（b）二级荷载；（c）三级荷载

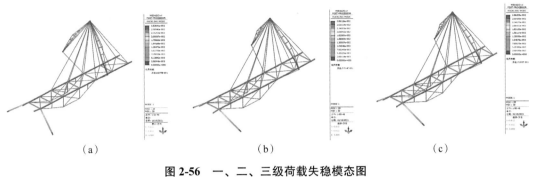

（a）　　　　　　　　　　（b）　　　　　　　　　　（c）

图 2-56　一、二、三级荷载失稳模态图
（a）一级荷载；（b）二级荷载；（c）三级荷载

15.4　专家点评

　　该模型在③轴处采用 A 型塔来汇聚桥面拉杆传力，为减小斜拉杆中拉力和桥面压杆的压力，也为方便滚球，选取了较高的塔顶标高，如此可大大降低桥面部分结构的模型质量；而同时带来的问题是塔身较高，解决失稳问题是关键。该模型选择了在塔身压杆中部增加支撑的方式减小计算长度，同时将压杆引入适当的初始变形，控制其失稳方向，从而减少支撑。设计逻辑清晰，目的明确，模型制作也较为精细。

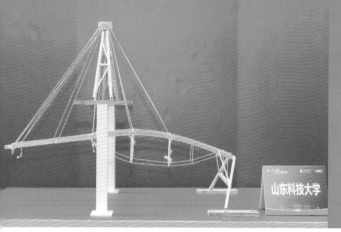

16　山东科技大学

作品名称	如意桥		
参赛队员	荣浩宇	周　嘉	赵鑫源
指导教师	刘泽群	都　浩	郇筱林

16.1　设计思路

综合考虑模型的结构强度、刚度、稳定性和结构重要节点等方面，以结构最简最优、内力简单明确为基本原则，以安全第一、荷载比最大化为目标，以原题目所给参数作为考虑基础，优化了模型结构，使传力路径更为直接，使结构模型更好地承受竖向不均匀荷载及移动荷载。根据赛题要求，采用斜拉结构，并针对模型整体结构、主梁、前支撑、塔索初步提出几种结构并进行对比分析，因斜拉+张弦结构荷载比较高，杆件较少，故选取此体系作为设计体系。

16.2　结构选型

表 2-16 中列出了三种结构整体体系的优缺点对比。

表 2-16　体系 1、2、3 优缺点对比

体系对比	体系 1:双拱桁架结构	体系 2:斜拉+桁架结构	体系 3:斜拉+张弦结构
优点	拱形受力良好	整体稳定性好，成功概率高,位移较小	荷载比较高,杆件较少
缺点	杆件较多,悬臂端和②轴、③轴支座间位移过大	杆件较多,质量较重	在湿度较大情况下杆件强度较弱,容易发生破坏

体系 1、2、3 模型如图 2-57 所示。

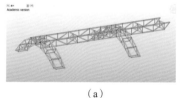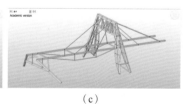

（a）　　　　　　　　　　（b）　　　　　　　　　　（c）

图 2-57　体系 1、2、3 模型图

（a）体系 1;（b）体系 2;（c）体系 3

16.3 计算分析

本结构采用 MIDAS Civil 进行结构建模及分析。计算分析结果如图 2-58 至图 2-60 所示。

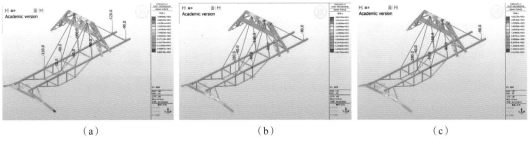

（a）　　　　　　　　　　（b）　　　　　　　　　　（c）

图 2-58　一、二、三级荷载的内力图

（a）一级荷载；（b）二级荷载；（c）三级荷载

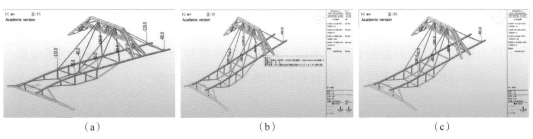

（a）　　　　　　　　　　（b）　　　　　　　　　　（c）

图 2-59　一、二、三级荷载的变形图

（a）一级荷载；（b）二级荷载；（c）三级荷载

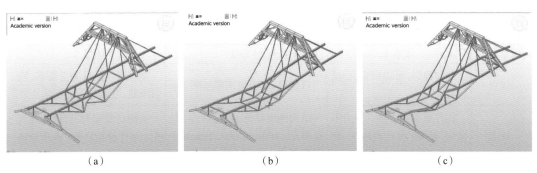

（a）　　　　　　　　　　（b）　　　　　　　　　　（c）

图 2-60　一、二、三级荷载的失稳模态图

（a）一级荷载；（b）二级荷载；（c）三级荷载

16.4 专家点评

该模型③轴设置在 C 荷载面的位置，即选择了最大的悬挑长度。悬挑部分结构的桥面压杆由于约束较少，计算长度较大，使得压杆较粗。②轴、③轴间结构采用鱼腹式张悬梁，并通过桥面起拱，增加张悬部分的结构高度，提升抗弯能力。相比于其他模型，该模型在②轴处较为独特地采用倾斜布置的梯形刚架，该刚架的倾斜设置相较于竖直设置的优势有待验证。

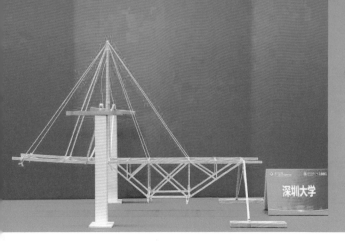

17　深圳大学

作品名称	二仙桥队		
参赛队员	曹裕超	丘景成	李荣康
指导教师	熊　琛	陈贤川	陈　铖

17.1　设计思路

由于比赛有五种③轴支座木板高度，这就需要为每种高度设计出不同的桥身支撑。此外，桥身部分也有三种净空要求，也就是需要设计出三种情况下桥身结构。这样统计下来将有 15 种模型组合。进行选型对比时，主要分析桥身部分结构以及桥面悬挑部分结构的传力模式，以及根据构件受力不同，再增强主体结构相应部位构件强度以承受更大荷载，或减弱相应部位强度以提高材料利用率。

17.2　结构选型

进行选型对比时，原则是在实践过程中，找出较为合理的结构模型。表 2-17 中列出了 3 种体系的优点和缺点对比，最终选择了体系 2 作为本次赛题的体系。

表 2-17　体系 1、2、3 优缺点对比

体系对比	体系 1	体系 2	体系 3
优点	结构稳定,可以满载,挠度较小	自重轻,传力模式简单明了	能够满足所有净空要求,能够满载,受滚球振动影响小
缺点	构件选取不合理,传力不清晰,重复;有冗余构件,材料利用率不高	结构刚度较低,稳定性差,只能满足−100 mm 和−150 mm 净空的条件	结构自重较大,杆件容易失稳,制作过程复杂;模型整体稳定性较低

体系 1、2、3 模型如图 2-61 所示。

  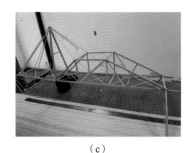

（a）　　　　　　　　（b）　　　　　　　　（c）

图 2-61　体系 1、2、3 模型图

（a）体系 1；（b）体系 2；（c）体系 3

17.3 计算分析

本结构采用有限元分析软件 SAP2000 进行结构建模及分析。计算分析结果如图 2-62 至图 2-64 所示。

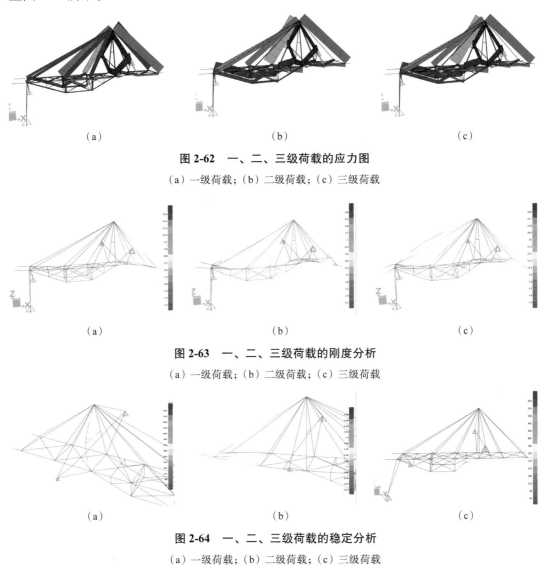

(a)　　　　　　　　　　(b)　　　　　　　　　　(c)

图 2-62　一、二、三级荷载的应力图

（a）一级荷载；（b）二级荷载；（c）三级荷载

(a)　　　　　　　　　　(b)　　　　　　　　　　(c)

图 2-63　一、二、三级荷载的刚度分析

（a）一级荷载；（b）二级荷载；（c）三级荷载

(a)　　　　　　　　　　(b)　　　　　　　　　　(c)

图 2-64　一、二、三级荷载的稳定分析

（a）一级荷载；（b）二级荷载；（c）三级荷载

17.4 专家点评

该模型的③轴支座位置选在 C 荷载面位置，可减小该处荷载对结构纵向水平传力体系的影响。③轴采用 A 型塔架提供桥面拉杆的拉点，桥面压杆通过增加约束减小计算长度，从而减小杆件截面尺寸，减小压杆模型质量。②轴采用带交叉斜拉杆的梯形刚架，承载力和稳定性都较好。②轴、③轴之间的模型充分利用桥下允许净空高度，将下沉桁架高度取到最大，最大限度提升该部分模型的承载能力。结构体系清晰，杆件布置合理。

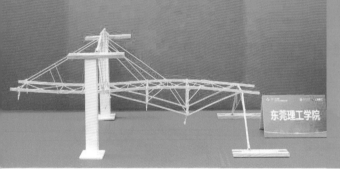

18　东莞理工学院

作品名称	碧色苍穹		
参赛队员	蔡梓涛	蔡明锦	谢嘉茵
指导教师	刘良坤	艾心荧	潘兆东

18.1　设计思路

本赛题以承受竖向静力和移动荷载的桥梁结构为对象，要求在比赛现场设计制作一座桥梁，承受分散作用的竖向集中静荷载以及桥面移动荷载。根据要求，我们设计了两种认为可行的结构体系。体系1为了提高塔身稳定性，选择三角形截面为塔身，充分利用"铁三角"稳定特性，同时减小桥身受力，但耗材多且塔身容易劈裂；体系2塔身采用矩形截面形式，保证材料的合理利用，更节省材料，受力更合理，但结构复杂，桥身受力大。

18.2　结构选型

本队根据赛题要求，拟出两种结构体系。表2-18中列出了两种体系的优缺点。通过对比，本队最终选用四边形截面塔身模型结构。

图2-18　体系1、2优缺点对比

体系对比	体系1:三角形截面塔身模型	体系2:四边形截面塔身模型
优点	结构简单,稳定性强;减小桥身受力	节省材料;杆件受力更合理
缺点	耗材多;塔身容易劈裂	结构复杂,小构件多;由于塔身高度低,导致桥身受力较大

体系1、2模型如图2-65所示。

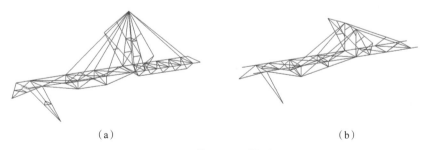

（a）　　　　　　　　　　　　　　　　　（b）

图2-65　体系1、2模型图

（a）体系1；（b）体系2

18.3 计算分析

本结构采用 MIDAS Civil 进行结构建模及分析。计算分析结果如图 2-66 至图 2-68 所示。

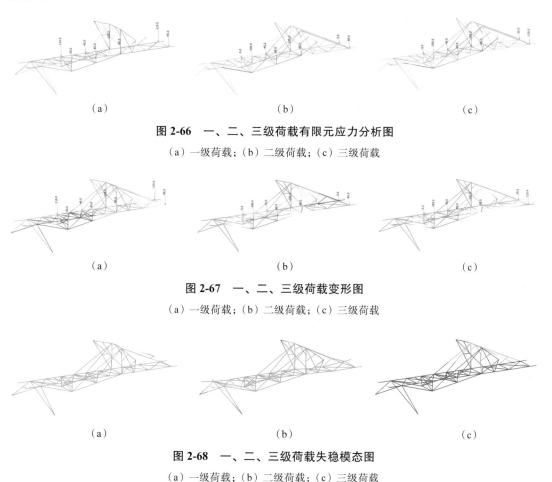

（a）　　　　　　　　　　　（b）　　　　　　　　　　　（c）

图 2-66　一、二、三级荷载有限元应力分析图

（a）一级荷载；（b）二级荷载；（c）三级荷载

（a）　　　　　　　　　　　（b）　　　　　　　　　　　（c）

图 2-67　一、二、三级荷载变形图

（a）一级荷载；（b）二级荷载；（c）三级荷载

（a）　　　　　　　　　　　（b）　　　　　　　　　　　（c）

图 2-68　一、二、三级荷载失稳模态图

（a）一级荷载；（b）二级荷载；（c）三级荷载

18.4 专家点评

该模型③轴处采用一个高度非常小的梯形刚架，由于其自身高度较低，因此对于承受桥面拉杆拉力的作用，不如下沉斜拉杆大，模型需要在梯形刚架角点和桥面间增加压杆（类似塔的作用），来承受桥面拉杆的拉力，并通过压杆底部连接的③轴支座下沉拉杆将大部分拉力传递至支座。模型中的部分零杆可能对承载作用不大，可通过优化减小模型质量。

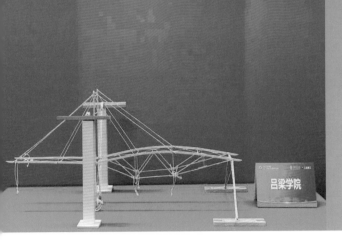

19   吕梁学院

作品名称	吕子桥		
参赛队员	乔康乐	贾思聪	高泽宇
指导教师	高树峰	宋季耘	

19.1   设计思路

本赛题为大跨度结构,且模型在加载中承受非对称静荷载和动荷载,从结构受力特性、材料属性等方面进行构思:(1)对于主梁,在竖向荷载下受到弯曲作用,故采用刚架结构或者张悬拱结构,同时设置吊塔拉索结构帮助简支梁和悬臂梁抵抗弯矩。(2)对于②轴支座,通过抗压杆和拉条,将结构受力转化为拉条的拉力和压杆的压力。(3)对于3轴支座,在5种不同高度下受力不同,运用拉索、张悬结构等将支座荷载转化为拉力的结构,提高结构的强度,降低模型质量。

19.2   结构选型

本次赛题抽签,桥下净空顶标高为−150mm,3轴支座高度为140mm,我们对于主梁和3轴支座采用了不同的设计方案,设计了两种结构。表2-19中列出了结构选型对比。综合考虑,我们选择体系2作为本次比赛的结构。

表 2-19   体系 1、2 优缺点对比

体系对比	体系 1	体系 2
优点	刚架结构强度高、刚度大,双支座结构强度高,同时可以提高结构的稳定性	拱形结构提高了结构的抗弯性能,使主梁弯矩变小;纯拉索结构充分发挥材料抗拉强度高的特点,提高结构强度的同时减少了模型质量
缺点	杆件较多,组装拼接较困难,模型较重	纯拉索结构制作难度大,角度难以把握,稳定性差,容易失稳

19.3   计算分析

本结构采用 MIDAS Civil 进行结构建模及分析。计算分析结果如图 2-69 至图 2-71 所示。

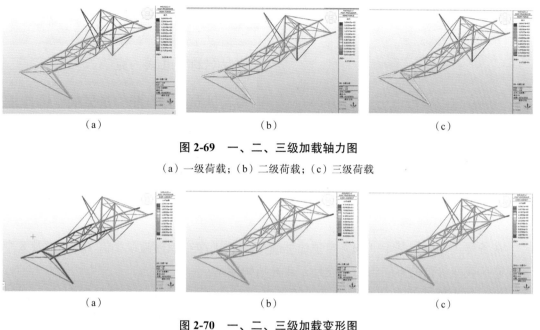

图2-69 一、二、三级加载轴力图

（a）一级荷载；（b）二级荷载；（c）三级荷载

图2-70 一、二、三级加载变形图

（a）一级荷载；（b）二级荷载；（c）三级荷载

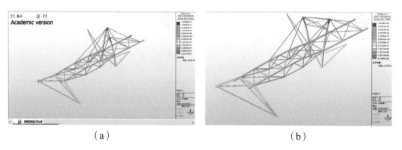

图2-71 一、二级加载失稳模态图

（a）一级荷载；（b）二级荷载

19.4 专家点评

　　该模型轴支座位置选在 C 荷载面位置，所不同的是，③轴处的传力路径的设置与其他模型有较大差异。针对桥面斜拉杆汇聚的拉力，该模型并未采用其他较多队伍所采纳的 A 型塔或梯形刚架直接传力至支座，而是通过垂直压杆将力传递至底部连接的支座下沉拉杆，通过拉杆最终传递至支座。而且，充分利用桥下净空，增大支座下沉拉杆与水平面角度，减小拉杆拉力。模型传力路径设置清晰，杆件截面粗细选择合理，模型制作精细。

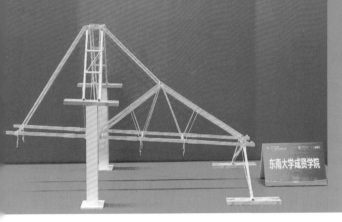

作品名称	再减一克
参赛队员	禹 湘 张吴桐 鄢佳耀
指导教师	刘美景 陈素芳 刘 丹

20 东南大学成贤学院

20.1 设计思路

在备赛过程中，基于③轴支座顶面标高 V_2，桥下净空顶标高最小值 H_{min}，以及 8 个竖向静荷载变参数的不同组合，设计了 4 种结构体系：

（1）初步拟选取参数选定为：③轴支座标高 V_2=+140 mm；主梁等截面 H_{min}= 100 mm；荷载 60~130N（每个加载点相差 10N）；设计出体系 1 和体系 2。

（2）初步拟选取参数选定为：③轴支座标高 V_2=−85 mm；主梁等截面 H_{min}=50 mm；荷载 60~130N（每个加载点相差 10N）；设计出体系 3。

（3）初步拟选取参数选定为：③轴支座标高 V_2=−160 mm；主梁等截面 H_{min}=50 mm；荷载 60~130N（每个加载点相差 10N）；设计出体系 4。

20.2 结构选型

表 2-20 中列出了 4 种体系在承载力、刚度、稳定性及传力路径等方面的优缺点对比情况。通过对比，最终选择体系 3 作为本次比赛的结构体系。

表 2-20 体系 1、2、3、4 优缺点对比

体系对比	体系 1	体系 2	体系 3	体系 4
优点	承载力较强；主梁、支座均刚度大；稳定性好；传力路径简单明确	结构简单；自重小；支座刚度大；传力路径明确	承载力强；主梁、支座均刚度强；稳定性好	承载力、刚度及稳定性好
缺点	自重大；制作时间长；杆件连接困难	稳定性较差；主梁局部刚度不足；易出现局部应力集中破坏	传力路径较复杂，杆件连接困难，对拉索本身及布置要求高	对支座要求高，自重较大

体系1、2、3、4模型如图2-72所示。

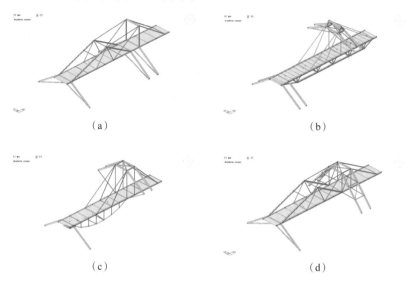

（a）　　　　　　　　　　　　　　　　（b）

（c）　　　　　　　　　　　　　　　　（d）

图2-72　体系1、2、3、4模型图

（a）体系1；（b）体系2；（c）体系3；（d）体系4

20.3　计算分析

本结构采用MIDAS Civil进行结构建模及分析。计算分析结果如图2-73至图2-75所示。

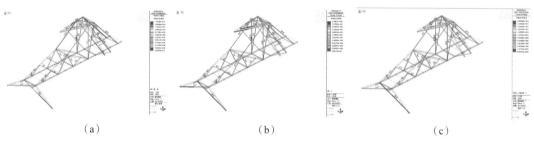

（a）　　　　　　　　　　　　（b）　　　　　　　　　　　　（c）

图2-73　一、二、三级荷载下应力云图

（a）一级荷载；（b）二级荷载；（c）三级荷载

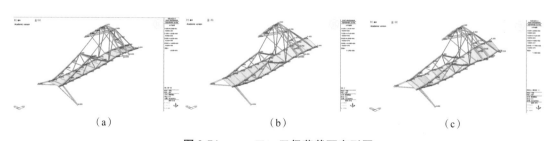

（a）　　　　　　　　　　　　（b）　　　　　　　　　　　　（c）

图2-74　一、二、三级荷载下变形图

（a）一级荷载；（b）二级荷载；（c）三级荷载

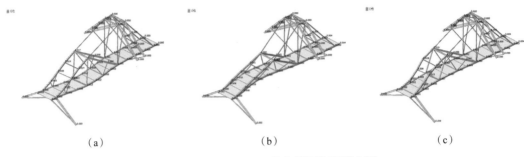

图 2-75　一、二、三级荷载下失稳模态图

（a）一级荷载；（b）二级荷载；（c）三级荷载

20.4　专家点评

该模型悬挑段仅设置一道斜拉杆，承受集中荷载尚可，但不利于承受移动荷载；且桥面压杆缺少约束，计算长度较大，导致桥面压杆较粗。模型的②轴、③轴之间部分采用三角形桁架，放弃了桥下净空的使用，把结构布置在桥面上部，好处是可以应对多变的赛题，但是缺点也较明显，就是压杆长度较大，模型质量较大。该部分的压杆同样缺少约束，计算长度较大，截面尺寸较大。

21　清华大学

作品名称	清华大学一队		
参赛队员	张新豪	陈铎文	章　溯
指导教师	何之舟	潘　鹏	

21.1　设计思路

根据赛题要求，先后对于不同结构形式的桥梁进行设计计算，主要包括简支桥和斜拉桥。简支桥在模型的设计方面以及制作方面也较为简单，但是其在刚度以及挠度上的劣势较为明显。当荷载加大时，其挠度会变得相对较大，不能够很好地满足加载要求。斜拉桥能够使得梁内的弯矩减小，减轻桥梁的质量，达到更大的跨度，且斜拉桥能够减小桥面的挠度。对比系杆拱桥，其施工难度相对较小，节点数量较少，更容易对节点进行加固。经过对比，我们最终选择了斜拉桥（体系2）方案。

21.2　结构选型

根据赛题要求，我们对于不同结构形式的桥梁进行设计计算，设计了两种结构体系：简支桥和斜拉桥。表2-21中列出了简支桥和斜拉桥的优缺点对比。

表2-21　体系1、2优缺点对比

体系对比	体系1：简支桥	体系2：斜拉桥
优点	制作简单，手工精度高	可有效减少桥面弯矩和挠度
缺点	抗弯能力差，挠度大，③轴支座高于桥面时无法很好搭设	制作比简支梁复杂，整体质量大

21.3　计算分析

本结构采用MIDAS Civil进行结构建模及分析。计算分析结果如图2-76至图2-79所示。

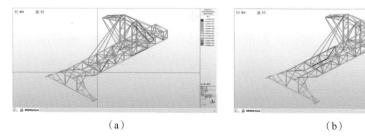

（a）　　　　　　　　　　　　　（b）

图2-76　一、二级荷载下轴力图

（a）一级荷载；（b）二级荷载

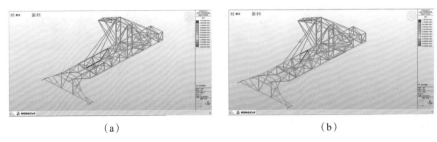

（a）　　　　　　　　　　　　　（b）

图 2-77　移动荷载移动到Ⓑ、Ⓓ轴时轴力图

（a）移动到Ⓑ轴；（b）移动到Ⓓ轴

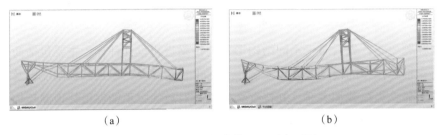

（a）　　　　　　　　　　　　　（b）

图 2-78　一、二级荷载下立面变形图

（a）一级荷载；（b）二级荷载

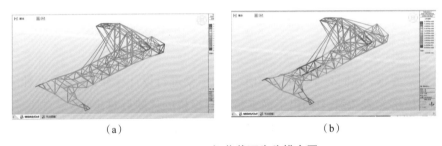

（a）　　　　　　　　　　　　　（b）

图 2-79　一、二级荷载下失稳模态图

（a）一级荷载；（b）二级荷载

21.4　专家点评

该模型②轴、③轴都选择了 T 型刚架作为传力体系。③轴采用的是格构 T 型刚架，由于其高度较小，因此其尚不足以完全承受桥面拉杆的拉力，需通过设置竖向压杆，将剩余拉力通过压杆底部连接的支座下沉拉杆来承受；同时，模型的纵向水平传力体系采用的是矩形桁架（②轴局部变截面），因此模型整体杆件和节点较多，模型制作要求较高。

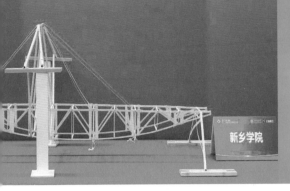

22 新乡学院

作品名称	知行队		
参赛队员	母亚霖	常子恒	丁国浩
指导教师	赵 磊	申道明	袁大伟

22.1 设计思路

在工程中常见的桥梁有：梁桥、斜拉索桥和拱桥等。每种桥梁都有其独特的优势，比如：梁桥广泛应用于跨度较小的桥梁工程，具有便于施工的优势；索桥因为有索塔、斜拉索的存在，为大跨度桥梁结构的安全提供了保障；对于拱桥来说，其能将一定的竖向荷载转化为水平推力，降低了弯矩值，在减少材料的同时，兼顾了结构的强度。结合对赛题的理解、对各类桥梁结构特点的对比，以及 MIDAS 软件的模拟分析，我们最终采用拱桥和斜拉索桥组合的形式作为本次模型的主要结构形式。

22.2 结构选型

根据赛题要求，我们初步提出 3 种结构体系，将其进行对比分析，如表 2-22 所示。

表 2-22 体系 1、2、3 优缺点对比

体系对比	体系 1	体系 2	体系 3
优点	结构简单,构件少,质量轻	承载能力和变形能力强,结构整体稳定性较强,加载效果好	模型受力相对合理,制作方便,稳定性好
缺点	加载效果不理想,结构刚度不强	制作烦琐,连接难度大,杆件数量多,结构自重较大	拉条容易断裂

体系 1、2、3 模型如图 2-80 所示。

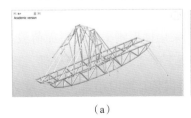

（a）	（b）	（c）

图 2-80 体系 1、2、3 模型图

（a）体系 1；（b）体系 2；（c）体系 3

22.3　计算分析

本结构采用 MIDAS Civil 进行结构建模及分析。计算分析结果如图 2-81 至图 2-83 所示。

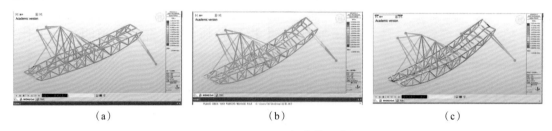

（a）　　　　　　　　　　（b）　　　　　　　　　　（c）

图 2-81　一、二、三级荷载下弯矩图

（a）一级荷载；（b）二级荷载；（c）三级荷载

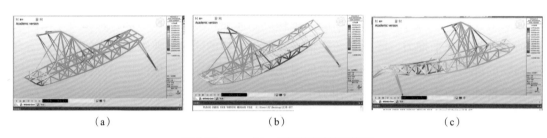

（a）　　　　　　　　　　（b）　　　　　　　　　　（c）

图 2-82　一、二、三级荷载下变形图

（a）一级荷载；（b）二级荷载；（c）三级荷载

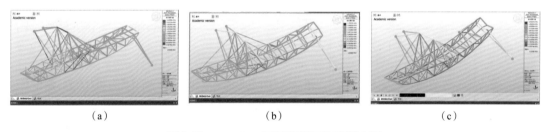

（a）　　　　　　　　　　（b）　　　　　　　　　　（c）

图 2-83　一、二、三级荷载下失稳模态图

（a）一级荷载；（b）二级荷载；（c）三级荷载

22.4　专家点评

该模型③轴采用梯形刚架承受桥面拉杆拉力,②轴同样采用梯形刚架承受桥面荷载。模型整体纵向传力体系采用鱼腹式变截面桁架,充分利用桥下净空,设置桁架杆件;然而该桁架变截面的布置方式是否适合承受赛题的荷载,有待商榷;同时桁架中有大量受压腹杆采用单层竹皮,可能无法起到压杆的作用,对桁架的功能发挥将大打折扣。

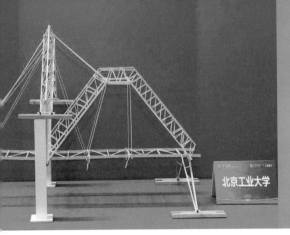

23　北京工业大学

作品名称	风雨桥		
参赛队员	李　硕	邵择睿	刘笑影
指导教师	薛素铎	李永梅	刘占省

23.1　设计思路

分析赛题规定的荷载情况以及模型尺寸及其他要求，得出桥的下部有净空要求而上部没有，考虑可以充分利用上部空间设计类似斜拉、悬索、拱桥等类型的结构；赛题要求的集中荷载具有较大的偏心，因此要设计合适的结构来抵抗桥面梁的受扭；赛题对模型的变形有限制，因此桥面应具有较强的刚度来抵抗变形；在移动荷载作用下桥面受到较大的冲击荷载，对桥面梁的抗弯及抗扭能力有较高要求。因此考虑了桁架桥结构、斜拉桁架结构、斜拉中承组合结构和网架斜拉中承组合结构，经对比分析，我们最终选取网架斜拉中承组合结构。

23.2　结构选型

我们选择体系 4 为最终的结构体系，其优点为充分利用了模型的上部空间和竹材的抗拉性能，使用空间网架结构保证③轴支座及肋拱的稳定性。表 2-23 中列出了体系 1、体系 2、体系 3 及体系 4 各自的优缺点对比。

表 2-23　体系 1、2、3、4 优缺点对比

体系对比	体系 1	体系 2	体系 3	体系 4
优点	刚度、强度、稳定性较好	利用了桥面上部的空间，以及竹材的抗拉性能；相较体系 1 自重稍轻	充分利用了模型的上部空间及竹材的抗拉性能；自重较轻	充分利用了模型的上部空间和竹材的抗拉性能；使用空间网架结构保证③轴支座及肋拱的稳定性；非常有效地减小了结构自重，缩短了制作时长
缺点	没有利用充足的桥面上部空间；材料用量较大，自重较大；模型制作烦琐，耗时较长	未充分运用桥面上部的空间及竹材的抗拉性能；自重较大且制作烦琐费时	降低了桥面刚度导致结构承载力不够，索塔及③轴支座易失稳破坏	空间网架结构节点强度较难保证；制作难度较大；桥面刚度较差，加载时变形较大

23.3　计算分析

本结构采用 MIDAS　Civil 进行结构建模及分析。计算分析结果如图 2-84 至图 2-86 所示。

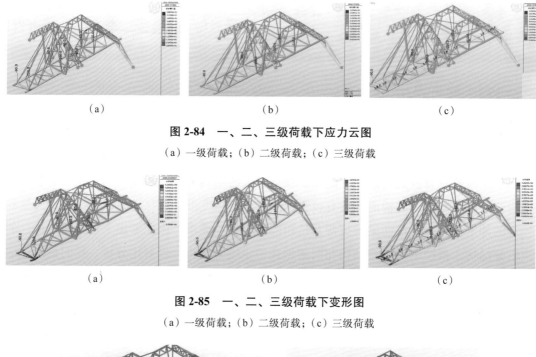

（a）　　　　　　　　　　（b）　　　　　　　　　　（c）

图 2-84　一、二、三级荷载下应力云图

（a）一级荷载；（b）二级荷载；（c）三级荷载

（a）　　　　　　　　　　（b）　　　　　　　　　　（c）

图 2-85　一、二、三级荷载下变形图

（a）一级荷载；（b）二级荷载；（c）三级荷载

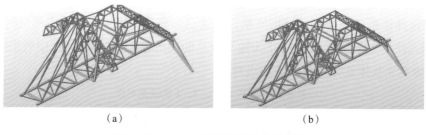

（a）　　　　　　　　　　（b）

图 2-86　一、二级荷载下失稳模态图

（a）一级荷载；（b）二级荷载

23.4　专家点评

该模型③轴采用 A 型塔来承受桥面拉杆的拉力，塔身采用三角形截面的空间桁架体系。②轴、③轴之间采用的拉杆拱体系，拱身同样采用三角形截面的空间桁架体系，桥面荷载通过拉杆传递至拱体，拱线为 3 折线，针对 2 个集中荷载作用应是合理的。然而，放弃桥下净空而向上发展，势必增加压杆体量，不利于减少模型质量；而且模型杆件较多，节点复杂，对制作工艺要求较高。

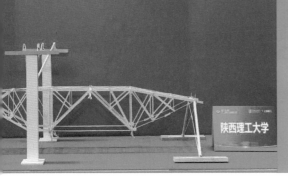

24　陕西理工大学

作品名称	精工细琢		
参赛队员	李　赛	宋佳伟	黄　武
指导教师	闫　杰	孙建伟	

24.1　设计思路

空间桁架结构是一种格构化的结构，具有安全系数高、几何稳定、传力路径明确的优点。桁架结构，其各杆件受力均为单向拉、压为主，通过对上下弦杆和腹杆的合理布置，可适应结构内部的弯矩和剪力分布，空间桁架结构竖直方向的压力可以有效地通过桁架上杆件对力的传导，合理地传导到支座上，并保证结构的完整性和整体性。

24.2　结构选型

我们共设计了 5 种结构体系，表 2-24 中列出了 5 种体系各自的优缺点。经过对比，最终选择体系 4。

表 2-24　体系 1、2、3、4、5 优缺点对比

体系对比	体系 1	体系 2	体系 3	体系 4	体系 5
优点	结构整体刚度大，加载后挠度较小	充分发挥竹条的抗拉性能，杆件节点间距较大，节点处理方便	斜拉桥面，充分发挥竹条的抗拉性能，支座定位较为简易	充分发挥竹条的抗拉性能，杆件节点间距较大，节点处理方便	充分发挥竹条的抗拉性能，杆件节点间距较大，节点处理方便
缺点	杆件较多，模型整体质量偏大	模型整体挠度较大，克重减少较少	桥面在结构下部，不易滚球	后支座连接时容易碰到日字板	后支座连接时容易碰到日字板，前坡面会使球弹起

体系1、2、3、4、5模型如图2-87所示。

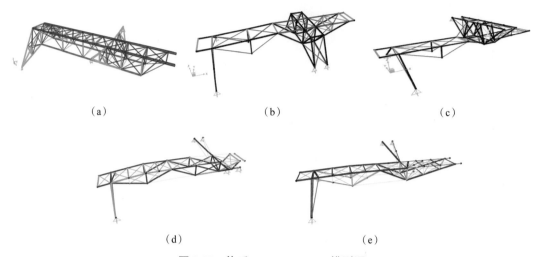

（a）　　　　　　　　　　（b）　　　　　　　　　　（c）

（d）　　　　　　　　　　　（e）

图2-87　体系1、2、3、4、5模型图

（a）体系1；（b）体系2；（c）体系3；（d）体系4；（e）体系5

24.3　计算分析

本结构采用SAP2000进行结构建模及分析。计算分析结果如图2-88、图2-89所示。

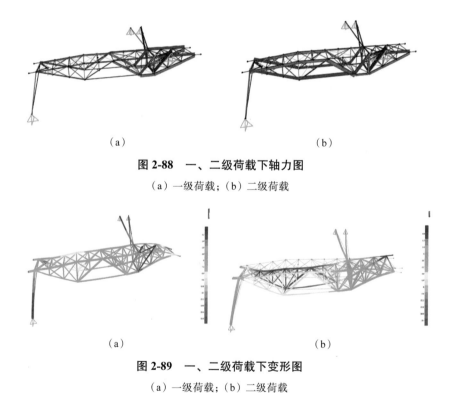

（a）　　　　　　　　　　　　（b）

图2-88　一、二级荷载下轴力图

（a）一级荷载；（b）二级荷载

（a）　　　　　　　　　　　　（b）

图2-89　一、二级荷载下变形图

（a）一级荷载；（b）二级荷载

24.4 专家点评

该模型的传力路径与大部分模型都不同，模型结构除了③轴支座处，其他所有杆件全部布置在桥面以下，这对于移动荷载的加载有较大优势。由于整体结构布置在桥面以下，在③轴处，桥面荷载则只能通过斜向下沉拉杆传递至支座；由于拉杆角度有限，以及保证整体模型的纵向稳定，使得拉杆截面较大。模型的设计结合 A、B、C 荷载面挂点标高的调整，从而明确拉压杆的布置，传力路径清晰。

25 湖北工业大学
工程技术学院

作品名称	湖工工程队		
参赛队员	孔俞涵	芦正铭	韦靖轩
指导教师	张茫茫	王 婷	

25.1 设计思路

在满足强度、刚度和稳定的前提下，对结构起控制作用的变量主要是模型自重以及在配重作用下和移动荷载作用下结构模型的表现。由于悬索桥是柔性体系，挠度大，不易制作，且悬索丝线的松紧比较难以控制；相比之下，同样是柔性体系的斜拉桥则较好控制；桁架桥模型制作工艺简单方便、承载能力好、制作精度高。综合考虑，我们决定选取斜拉和桁架组合的结构形式。

25.2 结构选型

综合赛题，考虑斜拉和桁架的组合，有三种可选的结构体系，供选型参考。表 2-25 中列出了三种体系的优缺点对比。

表 2-25 体系 1、2、3 优缺点对比

体系对比	体系 1:下承式桁架结构体系	体系 2:张弦梁结构体系	体系 3:空间桁架结构体系
优点	建筑高度小,跨越能力大,适应各种航道净空要求	自重轻,跨越能力好,能充分发挥上弦主梁的受力优势和下弦拉索的高强抗拉性	材料强度发挥充分,传力路径较为简单,结构整体刚度和稳定性好
缺点	桥面梁构件刚度较整体结构刚度小得多,易失稳;同时因整体建筑高度小,桥面板铺设较为困难	工艺复杂,空间刚度略差;易发生平面外失稳;模型制作质量不易保证	桁架杆件和节点较多,自重大,构造较为复杂,制造费工费时

体系 1、2、3 模型如图 2-90 所示。

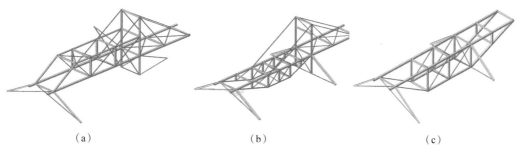

（a）　　　　　　　　　　（b）　　　　　　　　　　（c）

图 2-90　体系 1、2、3 模型图

（a）体系 1；（b）体系 2；（c）体系 3

25.3　计算分析

本结构采用 MIDAS　Civil 进行结构建模及分析。计算分析结果如图 2-91 至图 2-93 所示。

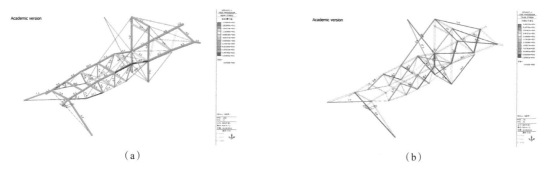

（a）　　　　　　　　　　　　　　　　　（b）

图 2-91　三级荷载梁单元应力图和桁架单元受拉应力图

（a）梁单元应力图；（b）桁架单元受拉应力图

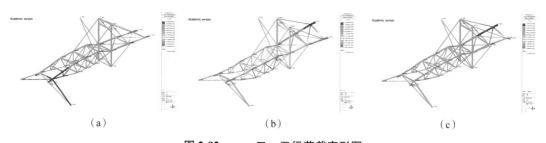

（a）　　　　　　　　　　（b）　　　　　　　　　　（c）

图 2-92　一、二、三级荷载变形图

（a）一级荷载；（b）二级荷载；（c）三级荷载

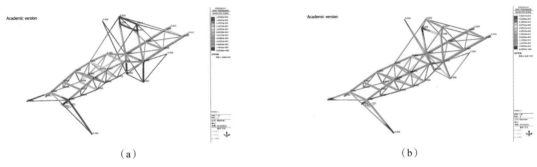

（a）　　　　　　　　　　　　　　　　　　（b）

图 2-93　一、二级荷载失稳模态图

（a）一级荷载；（b）二级荷载

25.4　专家点评

该模型③轴支座位置也选在 *C* 荷载面位置,③轴处的斜拉塔设置与大部分模型不同,该模型采用了竖直门式塔,塔底通过下沉拉杆约束至③轴支座;同时充分利用桥下净空,增大支座下沉拉杆与水平面角度,减小拉杆拉力。②轴、③轴之间采用变截面桁架,充分利用桥下净空结合桥面起拱,增大结构承载能力。模型传力路径设置清晰,杆件截面粗细选择合理,模型制作精细。

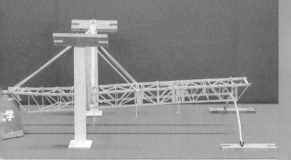

26 四川农业大学

作品名称	睿木兴华
参赛队员	王太达　夏浩健　王钰淏
指导教师	王学伟　魏召兰

26.1 设计思路

根据赛题的尺寸要求，初步确定结构的形状、长度、宽度和高度。我们查阅相关资料，对现实中类似的工程实例进行分析和比较，拟定出几种符合要求的模型结构。与赛题的加载要求相结合，我们初步设计出模型的结构，提取计算简图。我们利用 MIDAS Civil 和 Rhino 绘制出各种方案的结构图和效果图，并对结构进行模拟加载、受力，分析计算出结构的屈曲特征值以及各构件的内力、应力和变形侧向位移等数值，验证结构是否满足加载要求。

26.2 结构选型

经多次反复试验，我们总结出三类模型，经迈达斯分析计算后，我们得出三类结构形式的优缺点对比，如表 2-26 所示，我们最终选择体系 1。

表 2-26　体系 1、2、3 优缺点对比

体系对比	体系 1	体系 2	体系 3
优点	桥梁整体刚度大，稳定系数高	受力路径明确，杆件以受压为主，减去了斜拉系统的设置，提高了模型的容错率	将支座受压转化为受拉，恢复塔柱和斜拉索，减少悬臂端质量，使结构质量较轻，刚度符合预计加载的荷载，结构稳定性符合要求
缺点	采用了较多的横向约束，腹杆偏密，质量较大，加载得分低	减少了塔柱与斜拉索质量，下承拱支座制作要求精度高，易失稳，质量大	制作困难，施工精度高

体系1、2、3模型如图2-94所示。

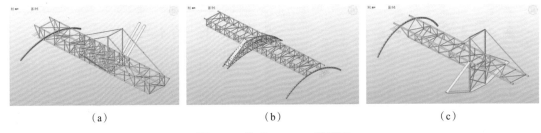

图 2-94　体系1、2、3模型图

（a）体系1；（b）体系2；（c）体系3

26.3　计算分析

本结构采用MIDAS Civil进行结构建模及分析。计算分析结果如图2-95至图2-97所示。

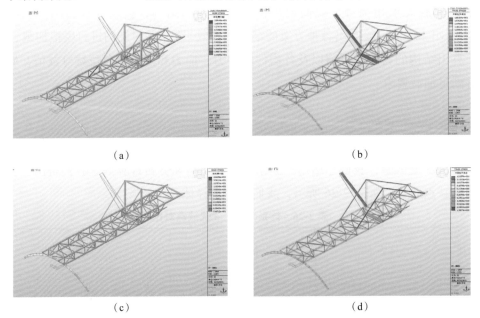

图 2-95　静载、偏载梁单元受力图和索单元受力图

（a）静载梁单元；（b）偏载梁单元；（c）静载索单元；（d）偏载索单元

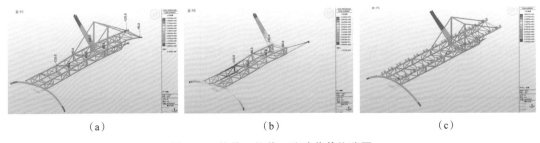

图 2-96　静载、偏载、移动荷载位移图

（a）静载；（b）偏载；（c）移动荷载

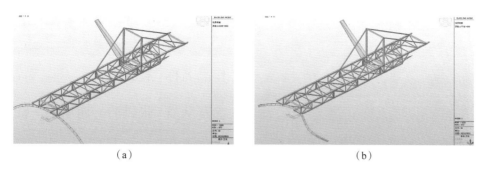

（a）　　　　　　　　　　　　　（b）

图 2-97　静载、偏载失稳模态图

（a）静载；（b）偏载

26.4　专家点评

该模型③轴支座位置也选在 *C* 荷载面位置，③轴处的斜拉塔采用了竖直门式塔，塔底通过下沉拉杆约束③轴支座；桥面纵向水平传力体系采用全长等截面桁架，桁架高度较小，同时斜拉设置较少，都导致抗弯能力相对较低。②轴处采用曲线拱承受桥面传来的荷载，对于桥面桁架近似两点集中荷载的作用情况来说，此处选择曲线拱的合理性值得商榷。

27　潍坊科技学院

作品名称	胜利大桥		
参赛队员	张凤浩	谢旭阳	江　硕
指导教师	刘昱辰	李　萍	

27.1　设计思路

因本次加载点所加荷载均不相同，且存在荷载偏差较大的可能性，二级荷载加载时挂点产生极大偏心荷载，故整体选型主要考虑主体结构的形式和尺寸以及③轴支座的合理位置与结构，两者的结合能够使桥梁满足较高的承重要求。通过对不同形式结构的承载力、挠度、支座刚度和变形的对比，确定了结构体系共三种。综合对比，体系 3 相比体系 1、2，结构更稳定，变形小，整体性好，结构较简单。因此，我们最终确定选用体系 3。

27.2　结构选型

通过对不同形式结构的承载力、挠度、支座刚度和变形的对比，确定了 3 种结构体系。三种结构体系的优缺点对比见表 2-27。

表 2-27　体系 1、2、3 优缺点对比

体系对比	体系 1	体系 2	体系 3
优点	结构简单，杆件易于制作，自重轻，极易拼装	承重大，受力合理，力的传导路径清晰，杆件形式简单，易于制作	受力良好，力的传导路径直观明了，承重大，杆件利用效率高，材料使用均匀
缺点	杆件强度达不到设计强度，结构受力不合理，后端难以承重，后支座易发生平面外弯曲	杆件利用效率不高，且下弦杆挠度大，自重较大，桥体整体刚度小	主结构杆件大多为竹皮制作，制作工艺要求高，且制作时间长，结构自重较大，节点黏结要求高

体系 1、2、3 模型如图 2-98 所示。

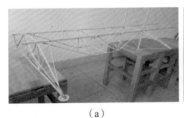
（a）

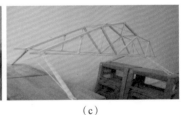
（b）　　　　　（c）

图 2-98　体系 1、2、3 模型图

（a）体系 1；（b）体系 2；（c）体系 3

27.3 计算分析

本结构采用 MIDAS Civil 进行结构建模及分析。计算分析结果如图2-99至图2-101所示。

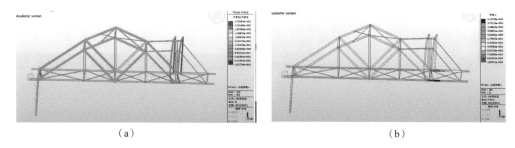

（a） （b）

图 2-99 三级荷载下桁架结构、下弦杆应力图

（a）桁架结构应力图；（b）下弦杆应力图

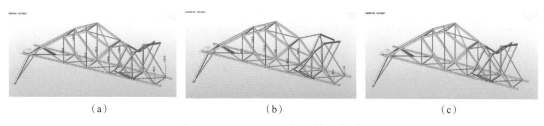

（a） （b） （c）

图 2-100 一、二、三级荷载下变形图

（a）一级荷载；（b）二级荷载；（c）三级荷载

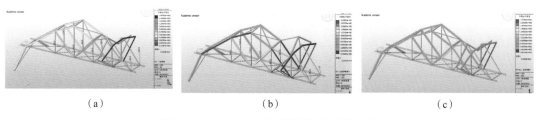

（a） （b） （c）

图 2-101 一、二、三级荷载下失稳模态图

（a）一级荷载；（b）二级荷载；（c）三级荷载

27.4 专家点评

该模型的③轴支座选在 C、D 荷载面中间的位置，此举可减小悬挑长度，使得模型的关键为②轴、③轴之间的纵向传力体系。为此，模型②轴、③轴间采用高度较大的折线拱，通过尽量增加拱的矢高，来提升该部分的承载能力。③轴处支座采用梯形刚架结合下沉拉杆的形式共同传递桥面拉杆拉力，由于梯形刚架高度较小，所以下沉拉杆需承担更多荷载，导致尺寸较大。

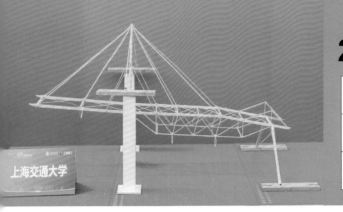

28　上海交通大学

作品名称	致远队		
参赛队员	蔡 遥	曹 璇	朱晨涛
指导教师	宋晓冰	陈思佳	

28.1　设计思路

本届赛题给予了参赛队员极大的自主选择空间，包括三轴支座的位置选择、第二级荷载移动方式乃至整个加载过程中的荷载加载顺序，都影响着模型的受力状态和质量。通过模拟数据分析计算，我们认为第二级荷载的移动方式对于模型得分影响比重较大，在实践过程中，模型质量趋于稳定，移动荷载的大小与方式对于模型质量的影响较小，故在后续练习中偏向于移动较大荷载，这样导致在加载过程中，有一侧承受较大荷载，某加载点甚至最多承受 36kg，这意味着需要增加措施防止桥梁左右倾覆。根据赛题特点，我们选择了斜拉-桁架体系（体系 2）。

28.2　结构选型

我们根据赛题要求设计了 2 种结构体系。表 2-28 中列出了梁拱体系和斜拉-桁架体系的优缺点对比。

表 2-28　体系 1、2 优缺点对比

体系对比	体系 1:梁拱体系	体系 2:斜拉-桁架体系
优点	模型刚度大,变形易控制;多使用圆截面杆件,材料利用率高	传力路径明确;空间整体性好;结构形式稳定,适应性强;制作工艺较简单;可靠度高
缺点	节点设计、制作工艺复杂;可靠度低	刚度小;减重困难

体系 1、2 模型如图 2-102 所示。

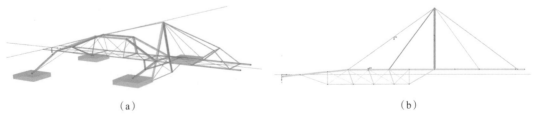

(a)　　　　　　　　　　　　　　　　　　(b)

图 2-102　体系 1、2 模型图

（a）体系 1；（b）体系 2

28.3 计算分析

本结构采用 Dlubal RFEM 有限元进行结构建模及分析。计算分析结果如图 2-103 至图 2-105 所示。

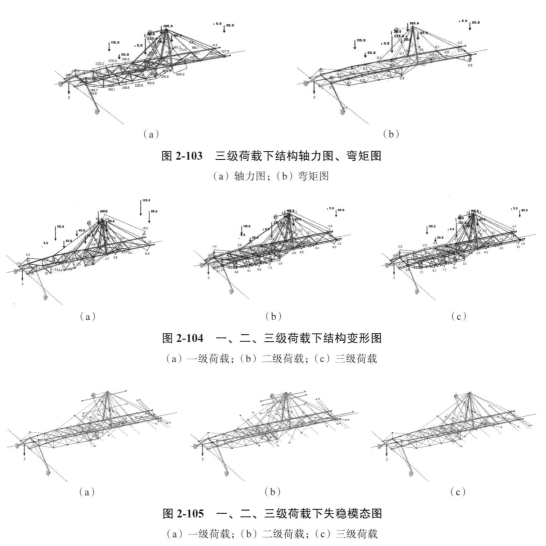

（a）   （b）

图 2-103 三级荷载下结构轴力图、弯矩图

（a）轴力图；（b）弯矩图

（a）   （b）   （c）

图 2-104 一、二、三级荷载下结构变形图

（a）一级荷载；（b）二级荷载；（c）三级荷载

（a）   （b）   （c）

图 2-105 一、二、三级荷载下失稳模态图

（a）一级荷载；（b）二级荷载；（c）三级荷载

28.4 专家点评

该模型③轴支座也选择在 C 荷载面位置，尽量减小②轴、③轴跨度的同时，减小 C 荷载对桥面纵向体系的影响。该模型与大部分模型不同的是③轴处选择 A 型塔来承受桥面拉杆拉力，而该 A 型塔塔底并非在③轴支座处，而是在桥面，塔底通过③轴处的下沉拉杆连接至支座，尽量减少压杆的同时增加塔的稳定性。桥面体系悬臂端压杆通过增加约束减小计算长度，②轴、③轴间则采用变截面张悬体系，结合桥面起拱尽量提高抗弯能力；②轴与桥面间的小悬挑，也增设了一个三角形桁架来抵抗移动荷载。模型体系设计合理，传力路径清晰，模型制作也非常细致。

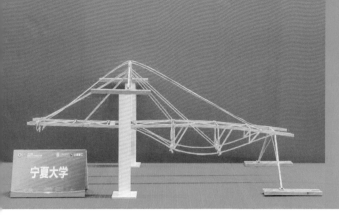

29 宁夏大学

作品名称	晨曦战队		
参赛队员	买忠福	马学林	马彦刚
指导教师	包 超	张尚荣	毛明杰

29.1 设计方案

首先确定整体结构方案，然后确定各独立的支撑体系，最后组成一套完整的空间结构体系。尽量减轻结构自重，结构不能太复杂，传力路径少，杆件数要尽量少。由于此次竞赛结构形式不限，所以要在充分利用材料性能的基础上进行合理的结构设计；由于所提供材料抗拉性能较好，在保证质量轻的前提下，既要满足结构竖向的承载能力，还要保证桥面具有足够的抗弯曲、抗扭转能力和稳定的性能，而且要满足水平方向承受动荷载的要求。

具体方案模型如图 2-106 所示。

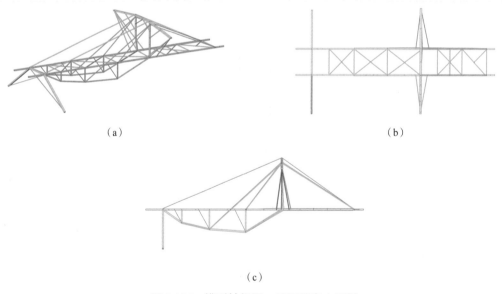

（a）　　　　　　　　　　　　　　　　（b）

（c）

图 2-106　模型轴视图、平面图和立面图

（a）轴视图；（b）平面图；（c）立面图

29.2　构件设计

（1）对称组合受压构件：初步选择了矩形对称受压构件的方案，采用长方形竹片（1mm×6mm）的组合构件；

（2）受拉构件：采用细竹条（3mm×3mm）；

（3）节点：采用竹条+502胶水组成，利用竹粉加固。

29.3　其他细节

部分细节照片如图2-107所示。

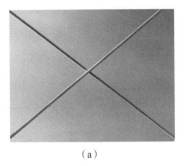 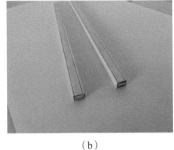 

（a）　　　　　　　　　　（b）　　　　　　　　　　（c）

图2-107　部分细节照片

（a）竹条；（b）竹片；（c）节点

29.4　专家点评

该模型③轴支座位置也选在 C 荷载面位置，可减少该截面荷载对于桥面纵向水平传力体系的影响。③轴处支座采用梯形刚架结合下沉拉杆的形式共同传递桥面拉杆拉力，由于梯形刚架高度较小，所以下沉拉杆需承担更多荷载，导致尺寸较大。悬挑段由于仅设置一道斜拉杆，桥面压杆的面外约束不够，计算长度仍较长，将导致尺寸较大。

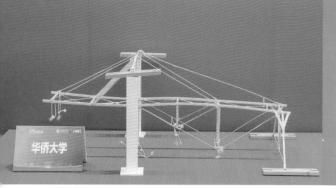

30 华侨大学

作品名称	华桥		
参赛队员	张睿怀	李清华	杜鸿杰
指导教师	陈荣淋	侯 炜	赵珧冰

30.1 设计思路

赛题要求使得设计制作的结构，不仅需要承受各个加载点的竖向荷载和铅球的配重及配重带来的竖向动荷载，还要能够有效抵抗铅球滚动过程中和桥面板之间摩擦所产生的振动效应，并且能够判断移动荷载对结构稳定性的影响。在备赛过程中，我们根据模型的基本要求初步设计了各种形式的结构，经过进一步的优化筛选，最终形成三套体系。我们将根据比赛现场抽取的工况，在体系1和体系2中选取一个制作。

30.2 结构选型

备赛过程中，我们初步对比了三种结构体系，表2-29中列出了三种体系的优缺点。

表2-29 体系1、2、3优缺点对比

体系对比	体系1	体系2	体系3
优点	稳定性好；受力明确；杆件少，节点少	不受净空参数的影响；易承受较大荷载	整体性好
缺点	悬臂端较长；受净空影响较大	桥跨度较大，形变较大；节点多且难处理、检查	过于笨重；节点处理极复杂；受手工影响较大；受力复杂

体系1、2模型如图2-108所示。

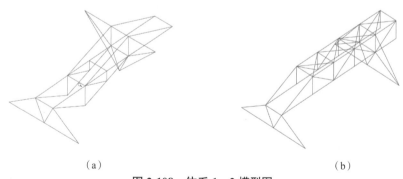

（a） （b）

图2-108 体系1、2模型图

（a）体系1；（b）体系2

30.3 计算分析

本结构采用 MIDAS Civil 进行结构建模及分析。计算分析结果如图 2-109 至图 2-111 所示。

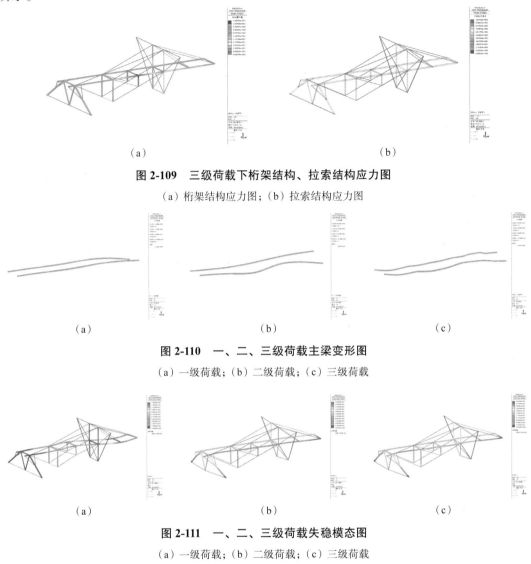

（a） （b）

图 2-109 三级荷载下桁架结构、拉索结构应力图

（a）桁架结构应力图；（b）拉索结构应力图

（a） （b） （c）

图 2-110 一、二、三级荷载主梁变形图

（a）一级荷载；（b）二级荷载；（c）三级荷载

（a） （b） （c）

图 2-111 一、二、三级荷载失稳模态图

（a）一级荷载；（b）二级荷载；（c）三级荷载

30.4 专家点评

该模型③轴支座也选择在 C 荷载面位置，尽量减小②轴、③轴跨度的同时，减小 C 荷载对桥面纵向体系的影响。该模型在③轴处选择了 H 型塔来承受桥面拉杆拉力，塔底通过③轴处的下沉拉杆连接至支座；充分利用桥下净空，将 H 型塔塔底延伸至最低，尽量减小支座下沉拉杆与竖直方向的角度，减小拉杆拉力。桥面②轴、③轴间则采用三角形张悬体系，充分利用桥下净空，提高抗弯能力。

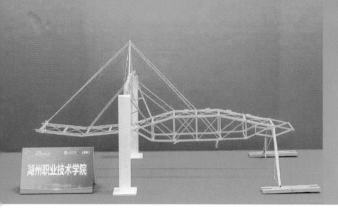

31 湖州职业技术学院

作品名称	小木鱼		
参赛队员	奚 晴	王卓祥	张佳泉
指导教师	黄 昆	魏 海	

31.1 设计思路

本届赛题具有以下几个特点：荷载工况复杂，加载质量大；结构参数不确定，设计难度大；桥梁跨度大，支座条件复杂；材料规格多，质量参差不齐，强度离散性大。基于以上特点，为了顺利通过模型质量验收和加载测试，在进行结构设计时，我们严格按照赛题要求，保证结构各构件的位置和尺寸在规定范围以内。因此，结构方案的选择，从最初的方案设计到最终的方案确定，前后经过多次建模计算和试验对比，最后有三个结构方案被认为是合理方案；经过反复试验和对比，我们从备选结构方案中选出最佳结构方案。在确定结构大致方案之后，具体结构体系仍需要进行选型对比。

31.2 结构选型

三种结构方案的优缺点对比如表 2-30 所示。根据分析和对比，最终选用体系 3（鱼腹桥）方案为本次结构模型的最终方案。

表 2-30 体系 1、2、3 优缺点对比

体系对比	体系 1：平桥	体系 2：拱桥	体系 3：鱼腹桥
优点	结构简单，制作速度快，荷载传递清晰	桥下净空大，跨中截面大，构件内力小	桥梁截面合理，净空满足要求，构件内力适中，用材省
缺点	构件内力大，材料用量多，结构质量大	腹杆长度长，材料用量大，桥面安装困难	制作难度大

体系 1、2、3 模型如图 2-112 所示。

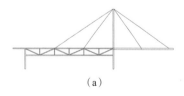

图 2-112 体系 1、2、3 模型图

（a）体系 1；（b）体系 2；（c）体系 3

31.3 计算分析

本结构采用SAP2000进行结构建模及分析。计算分析结果如图2-113至图2-115所示。

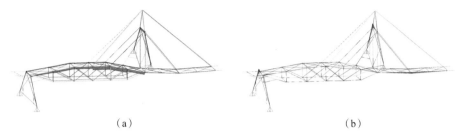

（a）　　　　　　　　　　　　　　　　（b）

图 2-113　三级荷载下轴力图、弯矩图

（a）轴力图；（b）弯矩图

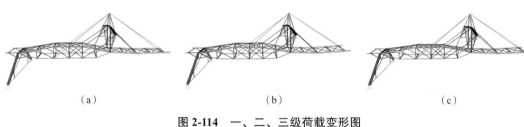

（a）　　　　　　　　　（b）　　　　　　　　　（c）

图 2-114　一、二、三级荷载变形图

（a）一级荷载；（b）二级荷载；（c）三级荷载

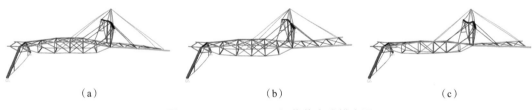

（a）　　　　　　　　　（b）　　　　　　　　　（c）

图 2-115　一、二、三级荷载失稳模态图

（a）一级荷载；（b）二级荷载；（c）三级荷载

31.4 专家点评

该模型③轴支座也选择在 C 荷载面位置，尽量减小②轴、③轴跨度的同时，减小 C 荷载对桥面纵向体系的影响。该模型与大部分模型不同的是，③轴处选择了"下部门式+上部三角塔"来承受桥面拉杆拉力，而该塔塔底并非在③轴支座处，而是在桥面，塔底通过③轴处的下沉拉杆连接至支座；为增加塔的稳定性，塔身设置杆件连接至③轴支座。桥面体系悬臂端压杆通过增加约束减小计算长度，②轴、③轴间则采用变截面张悬体系，结合桥面起拱尽量提高抗弯能力；②轴与桥面间的小悬挑，也增设了一个三角形桁架来抵抗移动荷载。

32　北方民族大学

作品名称	模型做不队		
参赛队员	陈昌能	唐家俊	侯建伟
指导教师	马光明	马肖彤	陆　华

32.1　设计思路

根据竞赛规则要求，我们从模型制作的材料抗压性能、抗拉特性，在不同荷载的加载要求等方面出发，借助软件合理地分析结构的受力及变形特征，结合节省材料、经济美观、承载力强等特点，采用比赛提供的竹皮、竹条、502 胶水黏结剂，在结构定型之前考虑了多种结构形式，并依次提出多种方案：梁式桥、下承式拱桥、桁架斜拉桥、反拱斜拉桥，经对比最终选择了反拱斜拉桥。

32.2　结构选型

在结构定型之前，我们考虑了多种结构形式，通过建模分析和实体建模相结合的方式依次提出 4 种方案。四种结构体系的优缺点列在表 2-31 中。

表 2-31　体系 1、2、3、4 优缺点对比

体系对比	体系 1：梁式桥	体系 2：下承式拱桥	体系 3：桁架斜拉桥	体系 4：反拱斜拉桥
优点	制作简便，桁架主梁各杆件主要承受轴力，可以较好地利用杆件材料强度	体系简单，传力简单，模型拼装比较方便，节点都为受压杆件，不受桥下净空高度限制	体系受力均匀，模型质量较轻	体系受力均匀，模型质量较轻，梁体采用张弦结构，受力合理，制作方便
缺点	主梁承受弯矩较大，结构自重大，荷载比低	拱脚应力大，支座处易破坏	索与塔、梁的连接构造较复杂，拉条容易断掉，不容易控制	一级加载挠度不易控制

体系 1、2、3、4 模型如图 2-116 所示。

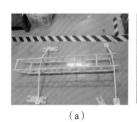 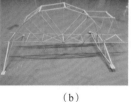 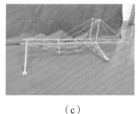 

（a）　　　　　　　　（b）　　　　　　　　（c）　　　　　　　　（d）

图 2-116　体系 1、2、3、4 模型图

（a）体系 1；（b）体系 2；（c）体系 3；（d）体系 4

32.3 计算分析

本结构采用 MIDAS Civil 进行结构建模及分析。计算分析结果如图 2-117 至图 2-119 所示。

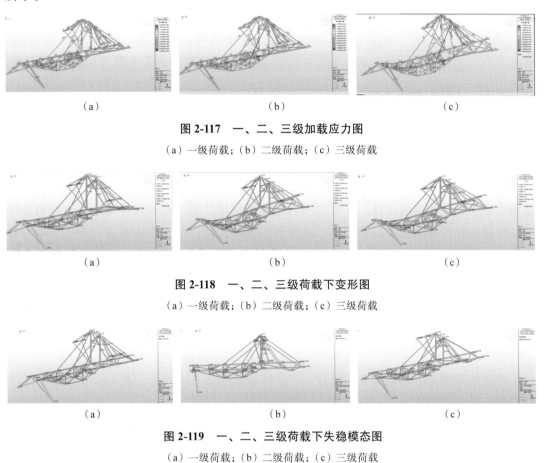

（a）　　　　　　　　　　　（b）　　　　　　　　　　　（c）

图 2-117　一、二、三级加载应力图

（a）一级荷载；（b）二级荷载；（c）三级荷载

（a）　　　　　　　　　　　（b）　　　　　　　　　　　（c）

图 2-118　一、二、三级荷载下变形图

（a）一级荷载；（b）二级荷载；（c）三级荷载

（a）　　　　　　　　　　　（b）　　　　　　　　　　　（c）

图 2-119　一、二、三级荷载下失稳模态图

（a）一级荷载；（b）二级荷载；（c）三级荷载

32.4 专家点评

该模型③轴支座处采用的是梯形刚架体系，刚架顶部汇聚桥面拉杆；该处同时设置了塔底在桥面的 H 型塔，塔底被③轴支座下沉拉杆所约束。这两套系统共同承受桥面拉杆拉力。通过尽量提升塔高，降低桥面压杆压力和斜拉杆拉力。②轴、③轴间结构体系则采用张悬结构，充分利用桥下净空，提升抗弯能力。

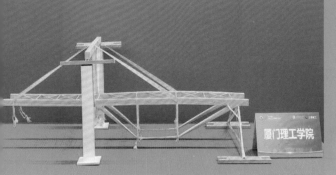

33　厦门理工学院

作品名称	玛卡巴卡队		
参赛队员	万应玮	张　昊	黄舒昕
指导教师	王晨飞	陈昉健	张　婧

33.1　设计思路

根据赛题，在设计中需要明确各杆件受力特点（拉、压、弯、扭）及内力大小，结合竹材的性能特点进行设计，以"能受弯则不受扭，能受压则不受弯，能受拉则不受压"为基本原则，尽可能发挥竹材抗拉能力远强于抗压能力的力学特性。从材料利用角度，尽量用空心压杆替代实腹压杆，尽可能增大构件截面惯性矩，提高构件稳定性。经精心设计，反复优化构件、节点与连接件，改善支座条件，设计了 3 个体系进行对比，最后确定整个桥梁模型采用两根 1200mm 长的 20mm×20mm 截面主梁和六根 7mm×7mm 截面的支撑柱构成主要承重结构。再通过七根截面 3mm×3mm 的水平支撑杆将两榀桥面构架连接成一个整体受力框架，并在 C 处加载点设置上部结构固定斜拉条。

33.2　结构选型

考虑到赛题要求，我们分别设计了 3 个体系并进行对比分析。表 2-32 中列出了 3 种结构体系优缺点对比。

表 2-32　体系 1、2、3 优缺点对比

体系对比	体系 1	体系 2	体系 3
优点	主要杆件数量少，制作快捷，支座固定简便	受力明确，弯矩较小	自重较轻，传力路径明确，结构刚度较大
缺点	主梁挠度较大，易失稳	桁架易失稳，节点较多，制作复杂，拉条作用发挥不充分	模型制作工艺要求高，自重偏大

体系 1、2、3 模型如图 2-120 所示。

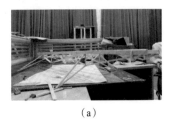　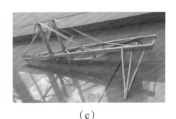

（a）　　　　　　　　（b）　　　　　　　　（c）

图 2-120　体系 1、2、3 模型图

（a）体系 1；（b）体系 2；（c）体系 3

33.3 计算分析

本结构采用 MIDAS Civil 进行结构建模及分析。计算分析结果如图 2-121 至图 2-123 所示。

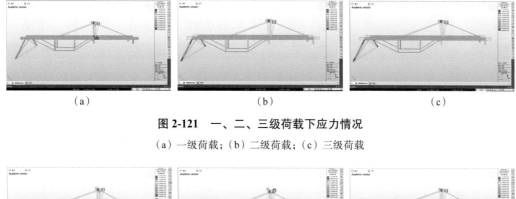

图 2-121 一、二、三级荷载下应力情况

（a）一级荷载；（b）二级荷载；（c）三级荷载

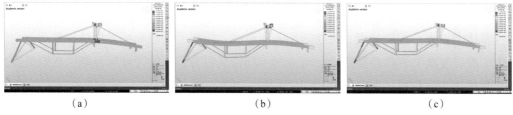

图 2-122 一、二、三级荷载变形图

（a）一级荷载；（b）二级荷载；（c）三级荷载

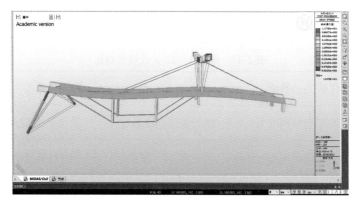

图 2-123 模型加载失稳模态图

33.4 专家点评

该模型③轴支座处利用③轴支座高度，采用的是下沉张悬式结构，两道竖向腹杆设置在桥面拉杆的汇聚点处。③轴位置选在 C 荷载面位置，②轴、③轴间结构体系同样选择张悬梁体系，充分利用桥下净空。整体结构体系简单，传力路径清晰；虽然桥面斜拉高度较低，导致拉压杆内力较大，但是该模型各构件的尺寸仍应有优化空间。

34　西安科技大学

作品名称	翊桥		
参赛队员	宋　亮	王　洋	姜春龙
指导教师	任建喜	柴生波	王秀兰

34.1　设计思路

本次赛题中设定 V_2 标高为待定参数，取值范围为 $-160\sim140\,\text{mm}$，按照 $75\,\text{mm}$ 阶梯随机取值，因此 V_2 标高有 $-160\,\text{mm}$、$-85\,\text{mm}$、$-10\,\text{mm}$、$65\,\text{mm}$、$140\,\text{mm}$ 五种情况，根据这五种情况通过小组讨论共提出连续梁、桁架、斜拉桥三种结构形式。连续梁桥受力明确，整体刚度大，但质量大，无法适用不同标高；桁架梁桥能充分发挥杆件潜力，但质量大、设计复杂；斜拉桥质量小，可应对不同荷载组合，但设计计算复杂。我们最终选用斜拉桥作为结构设计大赛的结构形式。

34.2　结构选型

根据赛题要求，我们通过小组讨论共提出连续梁、桁架梁、斜拉桥三种结构形式。表 2-33 中列出了三种体系结构的优缺点对比。

表 2-33　体系 1、2、3 优缺点对比

体系对比	体系 1：连续梁	体系 2：桁架梁	体系 3：斜拉桥
优点	受力明确，整体刚度大	充分发挥杆件潜力	质量小，可应对不同荷载组合
缺点	质量大，无法适用不同标高	质量大，设计复杂	设计计算复杂

体系 1、2、3 模型如图 2-124 所示。

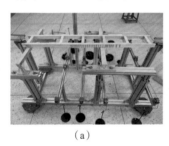 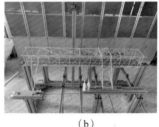 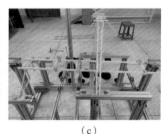

（a）　　　　　　　　　　（b）　　　　　　　　　　（c）

图 2-124　体系 1、2、3 模型图

（a）体系 1；（b）体系 2；（c）体系 3

34.3 计算分析

本结构采用 MIDAS Civil 进行结构建模及分析。计算分析结果如图 2-125 至图 2-127 所示。

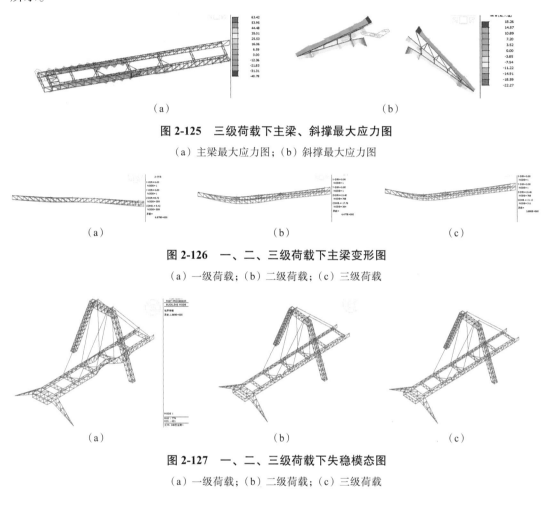

（a）   （b）

图 2-125 三级荷载下主梁、斜撑最大应力图

（a）主梁最大应力图；（b）斜撑最大应力图

（a）   （b）   （c）

图 2-126 一、二、三级荷载下主梁变形图

（a）一级荷载；（b）二级荷载；（c）三级荷载

（a）   （b）   （c）

图 2-127 一、二、三级荷载下失稳模态图

（a）一级荷载；（b）二级荷载；（c）三级荷载

34.4 专家点评

该模型③轴和②轴支座处都采用了梯形刚架承受桥面荷载，梯形刚架采用格构式空间桁架的构造方式。桥面结构同样采用等截面空间桁架。为减小整体内力，③轴处刚架高度设计得较高，可有效降低桥面压杆和斜拉杆的轴力。空间桁架对模型的制作要求较高，该模型甚至将斜拉杆与桥面的连接通过销钉铰接形式实现，可见细节设计和制作非常到位。然而，大量的节点不仅给模型带来制作上的难度，同时也增加了节点失效的可能性。

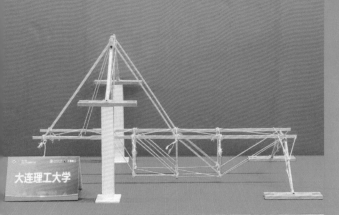

35　大连理工大学

作品名称	厚德笃学队		
参赛队员	李英嘉	颜钰琳	李思瀚
指导教师	崔　瑶	唐　玉	吕兴军

35.1　设计思路

常见桥梁方案有梁桥、桁架桥、拱桥、斜拉桥、悬索桥等。梁桥以主梁承受弯曲作用为主，对材料强度利用不足，梁式结构效率不高，因此不在本次结构大赛选型范围。桁架桥将弯曲作用转化为杆件轴向受力，可充分利用杆件材料，桁架桥可作为主要方案之一。当桥下净空受限，结构要布置到桥面的上方时，此时桥面杆件受拉，上部杆件受压，可以考虑采用拱桥的形式。由于本桥有部分悬臂结构，当悬臂长度较大时，采用悬臂梁结构不合适，这时就应考虑斜拉桥方案，斜拉结构以拉杆（索）承受轴拉力、主梁承受轴压力为主，尤其是在梁底高度受限时，可与桁架桥方案联合使用，采用拉索辅助受力，也作为比选方案之一。悬索桥主要受力杆件均为受拉杆件，对材料强度利用率最高，但由于静载加载位置的荷载布置，一般很难找到合适的锚固位置平衡，不作为本次结构大赛的结构选型方案。

35.2　结构选型

我们根据赛题要求设计了两种结构方案（体系1、体系2）。两种体系的优缺点对比如表2-34所示，综合各方面考虑，本次结构赛将根据最终抽签参数决定采用方案。

表2-34　体系1、2优缺点对比

体系对比	体系1:斜拉桥方案	体系2:桁架桥方案
优点	可较好发挥竹材受拉性能;结构刚度大	可较好地适应参数变化;结构受力效率高，传力路径明确
缺点	斜拉桥塔两边受力需要平衡，某些参数下不易实现	桁架受压杆件较多，自由长度较长，杆件稳定需格外重视

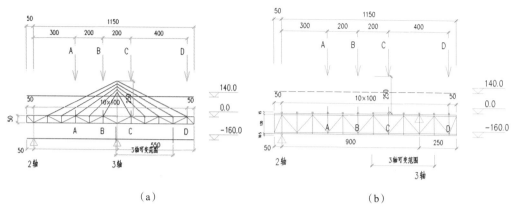

（a）   （b）

图 2-128　体系 1、2 模型图

（a）体系 1；（b）体系 2

35.3　计算分析

本结构采用 SAP2000 进行结构建模及分析。计算分析结果如图 2-129 至图 2-131 所示。

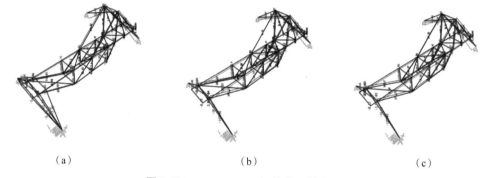

（a）   （b）   （c）

图 2-129　一、二、三级荷载下轴力图

（a）一级荷载；（b）二级荷载；（c）三级荷载

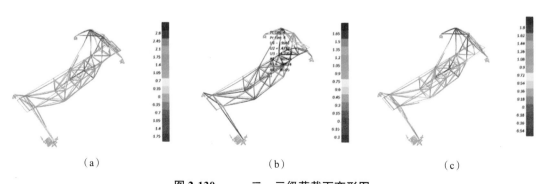

（a）   （b）   （c）

图 2-130　一、二、三级荷载下变形图

（a）一级荷载；（b）二级荷载；（c）三级荷载

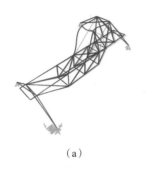 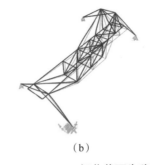 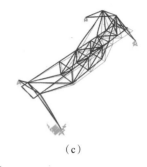

(a)　　　　　　　　　　（b）　　　　　　　　　（c）

图 2-131　一、二、三级荷载下失稳模态图

（a）一级荷载；（b）二级荷载；（c）三级荷载

35.4　专家点评

该模型的③轴位置选在 C、D 荷载面之间稍靠近 C 截面处，如此设置的目的意在尽量减小 C 截面荷载对桥面纵向水平传力结构影响的同时，又希望减小悬挑段的长度。③轴处采用的是梯形刚架承受桥面拉杆拉力，通过提高梯形刚架高度，来减小桥面压杆压力和斜拉杆拉力。桥面②轴、③轴之间采用变截面桁架，充分利用桥下净空，增加桁架高度，提升承载能力。

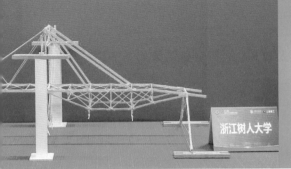

36　浙江树人大学

作品名称	阳光之虹		
参赛队员	言倩莲	许俊杰	丁思宇
指导教师	姚　谏	楼旦丰	沈　骅

36.1　设计思路

我们对竞赛规则进行详细解读后建立力学模型，并对其进行简化，根据力学模型的受力分析，建立几个初步体系，并对其进行优化，从而确定最终的结构选型。根据赛题要求，在②轴线及③轴线两侧规定范围内设置桥梁支撑结构。模型制作是利用 502 胶水将桥梁支撑结构和上部结构连接在一起，节点可以近似看作刚性连接。模型整体利用自攻螺丝固定在支座竹板上，限制了模型的平动和转动，可以近似看作固定端约束。对于上部结构来说，简支段结构主要是下侧受拉，外伸的悬臂段主要是上侧受拉，因此在初步设计阶段，形成总体的设计思路，即在简支段下侧设置受拉的竹条，而在悬臂段上侧设置受拉的竹条，模型整体外形尽量接近弯矩图，可以使材料的力学性能发挥到极致。

36.2　结构选型

根据赛题要求，我们考虑了上承式桁架（体系 1）和下承式桁架（体系 2）两种形式。两种结构优缺点对比如表 2-35 所示。经过建模计算和反复加载试验，最终确定上承式桁架为简支段结构形式。

表 2-35　体系 1、2 优缺点对比

结构形式	优点	缺点
体系 1：上承式桁架	结构形状和弯矩图相似，可以充分发挥材料性能	梁高受待定系数 H_{min} 影响
体系 2：下承式桁架	梁高不受待定系数 H_{min} 影响	受压杆件较多，模型质量较重

体系 1、2 模型如图 2-132 所示。

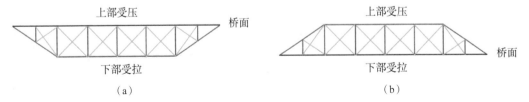

图 2-132　体系 1、2 模型图

（a）体系 1；（b）体系 2

36.3 计算分析

本结构采用 MIDAS Civil 进行结构建模及分析。计算分析结果如图 2-133 至图 2-135 所示。

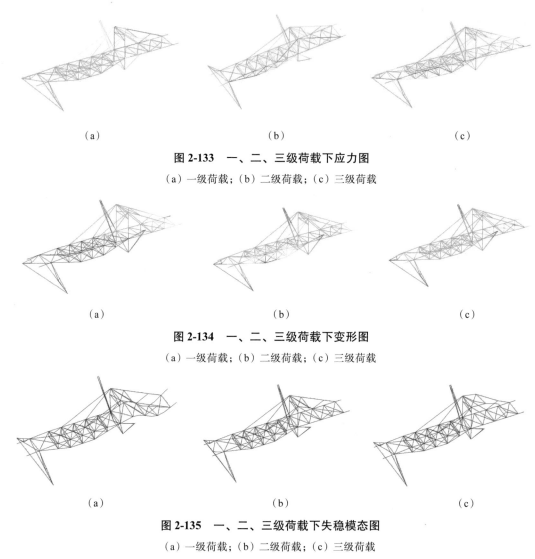

（a）　　　　　　　　　　（b）　　　　　　　　　　（c）

图 2-133　一、二、三级荷载下应力图

（a）一级荷载；（b）二级荷载；（c）三级荷载

（a）　　　　　　　　　　（b）　　　　　　　　　　（c）

图 2-134　一、二、三级荷载下变形图

（a）一级荷载；（b）二级荷载；（c）三级荷载

（a）　　　　　　　　　　（b）　　　　　　　　　　（c）

图 2-135　一、二、三级荷载下失稳模态图

（a）一级荷载；（b）二级荷载；（c）三级荷载

36.4　专家点评

该模型③轴支座也选择在 C 荷载面位置，尽量减小②轴、③轴跨度的同时，减小 C 荷载对桥面纵向体系的影响。该模型在③轴处选择了门式塔来承受桥面拉杆拉力，塔底通过③轴处的下沉拉杆连接至支座；充分利用桥下净空，将门式塔塔底延伸至最低，尽量减小支座下沉拉杆与竖直方向的角度，减小拉杆拉力。桥面②轴、③轴间则采用变截面桁架体系，提升承载能力。

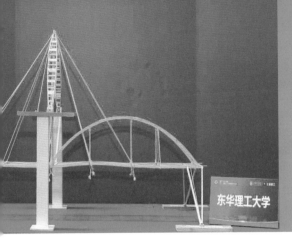

37　东华理工大学

作品名称	磐石		
参赛队员	卢文剑	项金明	荆鸿伟
指导教师	查文华	胡艳香	程丽红

37.1　设计思路

根据赛题要求，我们共提出了三种方案。方案一是双层桥身结构（复杂桁架结构），主梁箱型截面，四根主梁采用 3 mm×3 mm 或 2 mm×2 mm 的杆件连接。方案二是单层桥身结构，并且在桥身直接起拱，左侧主梁拱起 40 mm，右侧主梁拱起 50 mm，主梁箱型截面，两根主梁采用工字型竹皮连接；桥下张弦，承受竖向力，下张弦与主梁通过 3 mm×3 mm 杆件连接形成桁架结构，以此增强桥身的整体空间稳定性。方案三是单层桥身结构，主梁箱型截面，两根主梁采用工字型竹皮连接。拱的高度为 140 mm，在拱的顶端采用两根 T 字型杆件固定两个拱结构，防止拱结构整体失稳。最终将根据比赛现场的抽签数据，确定对应方案。

37.2　结构选型

我们根据赛题要求设计了 3 种结构体系。3 种体系优缺点对比如表 2-36 所示。

表 2-36　体系 1、2、3 优缺点对比

体系对比	优点	缺点
体系 1	整体空间性强，结实稳固；承载力强，变形小；能应对大部分单点荷载和转移荷载工况，单点能承受 36 kg	模型质量大；桁架结构传力复杂；制作时间长，并且超出规定材料用量；加载时桁架极容易出现问题，例如节点开裂、杆件崩断等
体系 2	具有较强的整体稳定性；A、B 单点承载力强；节省材料，模型质量小；加载时，模型变形小	在主梁起拱拱脚处极容易受剪，造成主梁折断；制作时间更长；球撞击桥身，加大加载失败概率；在上坡段，小球的机械能量损失，小球到不了桥岸导致加载失败
体系 3	单层桥身+拱结构，具有良好的竖向承载力，传力直接；加载成功概率最大；模型质量较小；模型制作简单；能应对大部分加载工况	加载过程中，拱会发生平面外变形，改变传力方式；A 加载点竖向承载能力较弱，单点过大时，拱和主梁变形大，三级加载时容易破坏；加载点节点处有时会崩裂或杆件折断

体系 1、2、3 模型如图 2-136 所示。

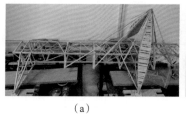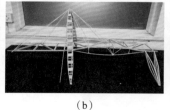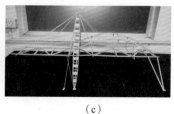

（a）　　　　　　　　　　（b）　　　　　　　　　　（c）

图 2-136　体系 1、2、3 模型图

（a）体系 1；（b）体系 2；（c）体系 3

37.3　计算分析

本结构采用 MIDAS Civil 进行结构建模及分析。计算分析结果如图 2-137 至图 2-139 所示。

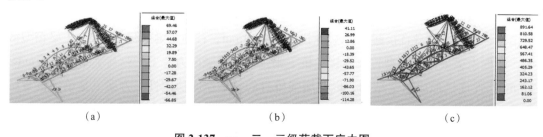

（a）　　　　　　　　　　（b）　　　　　　　　　　（c）

图 2-137　一、二、三级荷载下应力图

（a）一级荷载；（b）二级荷载；（c）三级荷载

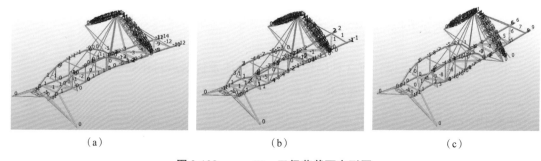

（a）　　　　　　　　　　（b）　　　　　　　　　　（c）

图 2-138　一、二、三级荷载下变形图

（a）一级荷载；（b）二级荷载；（c）三级荷载

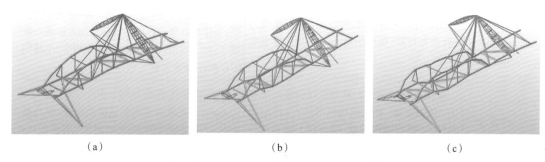

（a）　　　　　　　　　　（b）　　　　　　　　　　（c）

图 2-139　一、二、三级荷载下失稳模态图

（a）一级荷载；（b）二级荷载；（c）三级荷载

37.4　专家点评

　　该模型③轴处选择了 A 型塔承受桥面拉杆的拉力，塔身采用变截面梭形格构体系，为减小塔身压力，也为减小桥面压杆压力和斜拉杆拉力，尽量提升塔尖高度。②轴、③轴之间的纵向水平传力采用曲线拱体系，结构向上布置对于赛题的多变性有其优势，但是对于赛题的集中荷载作用下，曲线拱的合理性值得商榷。

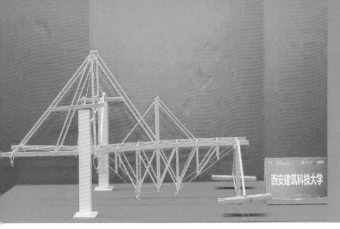

38 西安建筑科技大学

作品名称	复兴桥		
参赛队员	王宇航	张明华	赵宜康
指导教师	钟炜辉	惠宽堂	綦 玥

38.1 设计思路

根据赛题对支座轴线的规定，模型结构应为带伸臂段的桥梁。加载点必须设置在模型结构的节点处，且应位于桥面以下部位；桥梁模型结构设计可以通过刚性构件提高结构刚度（以满足刚度要求）和柔性构件以减轻结构自重，并充分发挥竹材的受力性能；空间桁架结构和斜拉结构可能是应优先考虑的结构方案；所有结构构件均应采用平直的轴线。通过设计和制作尝试，我们提出了"刚柔并济"的设计思路，对于不同的参数，选用对应的结构体系。

38.2 结构选型

根据赛题的基本要求和对设计的思考，我们设计了4种模型结构体系。表2-37中列出了各体系的优缺点对比。

表2-37 体系1、2、3、4优缺点对比

体系对比	体系1	体系2	体系3	体系4
优点	传力路径简单清晰，受力性能合理；造型舒展、典雅、优美	传力路径简单清晰，受力性能合理；用料省；造型典雅、简单、棱角分明，刚劲有力；制作简单	传力路径简单清晰，受力性能合理；造型典雅、简单、棱角分明，刚劲有力，具有传统美感	传力路径简单清晰，受力性能合理；用料省；造型舒展、典雅、优美，具有现代结构的特征和气息，时代感强
缺点	制作难度大	制作精度要求高	构件多,制作费时	制作精度要求高

体系1、2、3、4模型如图2-140所示。

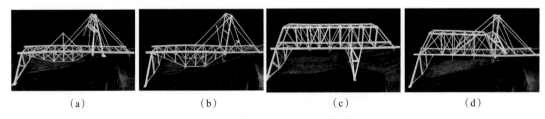

(a)   (b)   (c)   (d)

图2-140 体系1、2、3、4模型图

(a) 体系1；(b) 体系2；(c) 体系3；(d) 体系4

38.3 计算分析

本结构采用ABAQUS进行结构建模及分析。计算分析结果如图2-141、图2-142所示。

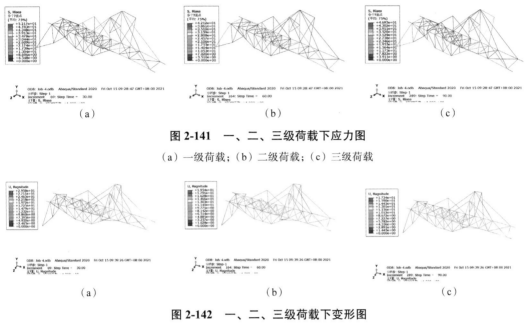

图2-141 一、二、三级荷载下应力图

（a）一级荷载；（b）二级荷载；（c）三级荷载

图2-142 一、二、三级荷载下变形图

（a）一级荷载；（b）二级荷载；（c）三级荷载

采用非线性全过程极限状态分析方法，通过软件分析，模型在三级荷载作用下均不会发生稳定性问题。

38.4 专家点评

该模型③轴支座也选择在 C 荷载面位置，尽量减小②轴、③轴跨度的同时，减小 C 荷载面对桥面纵向体系的影响。该模型在③轴处选择了矩形门式塔架来承受桥面拉杆拉力，塔底位于桥面，塔底通过③轴处的下沉拉杆连接至支座。桥面②轴、③轴间则采用张悬体系，充分利用桥下净空，增大抗弯能力。②轴、③轴间桥面上部采用局部的三角形张悬结构，对于承受竖向荷载，该部分结构的必要性值得商榷。

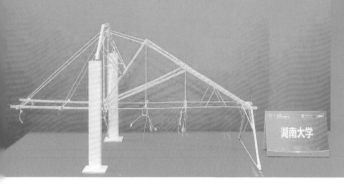

39　湖南大学

作品名称	岳麓山		
参赛队员	戴浚文	王文明	刘语涵
指导教师	张家辉	刘兴彦	赵　华

39.1　设计思路

本次结构设计竞赛，我们所提出的斜拉-桁架组合体系，其主跨上部结构和下部结构均采用了稳定的三角形桁架体系，边跨由于荷载较小，采用斜拉体系构成的悬臂结构。该组合体系受力明确、结构轻盈、造型轻巧、制作方便，可以充分发挥斜拉体系和桁架体系受力的特点。

39.2　结构选型

本次结构设计竞赛，我们提出的两个方案均为斜拉-桁架组合体系。表 2-38 中列出了两个体系方案优缺点对比。

表 2-38　体系 1、2 优缺点对比

体系对比	体系 1	体系 2
优点	受力明确、结构轻巧、制作方便	结构简单,受力合理,稳定性好,安全储备高
缺点	长压杆有失稳风险	节点偏多,结构稍重

体系 1、2 模型如图 2-143 所示。

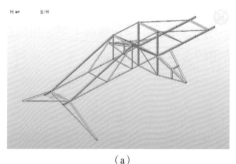
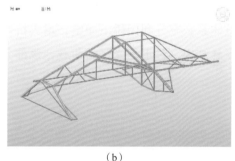

（a）　　　　　　　　　　　　　　　　（b）

图 2-143　体系 1、2 模型图

（a）体系 1；（b）体系 2

39.3 计算分析

本结构采用 MIDAS Civil 进行结构建模及分析。计算分析结果如图 2-144 至图 2-146 所示。

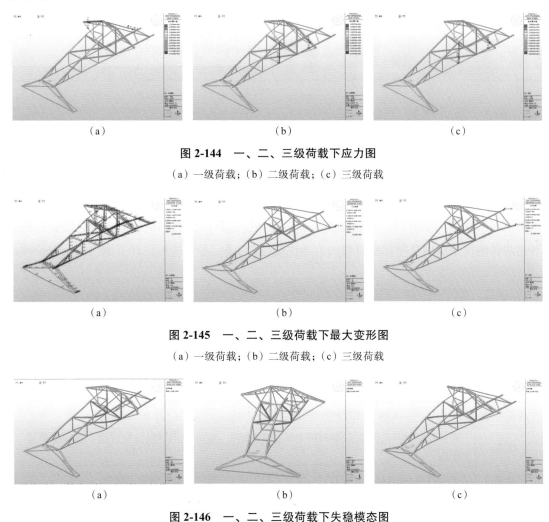

（a）　　　　　　　　　　　（b）　　　　　　　　　　　（c）

图 2-144　一、二、三级荷载下应力图

（a）一级荷载；（b）二级荷载；（c）三级荷载

（a）　　　　　　　　　　　（b）　　　　　　　　　　　（c）

图 2-145　一、二、三级荷载下最大变形图

（a）一级荷载；（b）二级荷载；（c）三级荷载

（a）　　　　　　　　　　　（b）　　　　　　　　　　　（c）

图 2-146　一、二、三级荷载下失稳模态图

（a）一级荷载；（b）二级荷载；（c）三级荷载

39.4　专家点评

该模型③轴支座也选择在 C 荷载面位置，减小 C 荷载面对桥面纵向体系的影响。该模型在③轴处选择了梯形刚架与门式塔相结合的形式，来承受桥面拉杆拉力，位于桥面的塔底通过③轴处的下沉拉杆连接至支座。桥面②轴、③轴间则采用桥面向上发展的三角形拉杆拱，桥面杆件仅是拉杆，传力路径清晰。悬臂端和三角形拉杆拱的压杆缺少约束，计算长度不小，压杆的截面尺寸应较大。

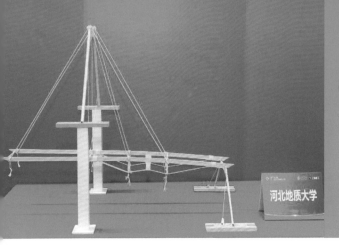

40　河北地质大学

作品名称	山水桥	
参赛队员	齐乐乐　李忠林　甘凯凯	
指导教师	谌会芹　白文婷	

40.1　设计思路

结构的刚度和整体结构的扭转变形是设计中较难解决的问题。为避免桥面结构的严重扭转，设计中，考虑采用两根相对自由的梁来充当桥面结构，这样，在二级加载中，无论怎样移载都只是对单个梁的弯曲变形，而无对整体桥面结构的扭转。结合竹材的力学性能及对桥梁结构的力学分析，我们提出了斜拉桥和张弦斜拉桥的结构体系。经过综合分析，对比两者的优缺点以及考虑到材料的力学性能，我们确定最终桥梁设计方案为张弦斜拉桥。

40.2　结构选型

根据赛题的要求，结合竹材的力学性能及对桥梁结构的力学分析，我们设计了两种结构形式的桥梁——斜拉桥和张弦斜拉桥。表 2-39 中列出了两种体系的优缺点。

表 2-39　体系 1、2 优缺点对比

体系对比	体系 1：张弦斜拉桥	体系 2：斜拉桥
优点	充分利用材料抗拉性能，同时跨中承受荷载能力增强	充分利用材料抗拉性能，结构简单易制作
缺点	主塔过高，耗费材料，增加自重，变形不易控制	跨中承受荷载能力较差

体系 1、2 模型如图 2-147 所示。

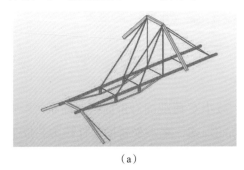

（a）　　　　　　　　　　　（b）

图 2-147　体系 1、2 模型图

（a）体系 1；（b）体系 2

40.3 计算分析

本结构采用 MIDAS Civil 进行结构建模及分析。计算分析结果如图 2-148 至图 2-150 所示。

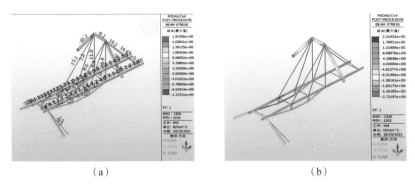

（a）　　　　　　　　　　　　　　（b）

图 2-148　一、二级荷载下最大应力图（MPa）

（a）一级荷载；（b）二级荷载

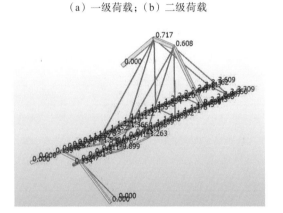

图 2-149　一级荷载下变形图

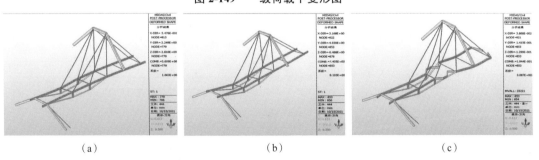

（a）　　　　　　　　　（b）　　　　　　　　　（c）

图 2-150　一、二、三级荷载下失稳模态图

（a）一级荷载；（b）二级荷载；（c）三级荷载

40.4　专家点评

该模型③轴支座也选择在 C 荷载面位置，尽量减小②轴、③轴跨度的同时，减小

C 荷载面对桥面纵向体系的影响。该模型在③轴处选择了直接支撑在③轴支座的梯形刚架来承受桥面拉杆拉力；为减小桥面拉杆和压杆的轴力，尽量增加刚架高度，②轴、③轴间则采用张悬体系。由于桥面压杆缺少约束，其计算长度较大，截面尺寸较大；张悬部分的高度选择和制作方式有待商榷。

41　太原理工大学

作品名称	星桥队		
参赛队员	张留鹏	张子健	史佳玉
指导教师	王永宝	张家厂	

41.1　设计思路

该赛题的变参数设计是一大难点，对应不同的工况及荷载组合，需要组合不同类型的结构，以充分利用各种结构形式的特点，将力直接高效地通过构件传至基础，减小杆件弯矩，增大材料利用率，使模型达到轻质高强的设计效果。结合赛题变参数的不同数值，将结构分为出发岸与③轴支座之间的大跨部分和③轴支座与到达岸之间的悬臂部分以及不同标高下的③轴支座部分，共三部分。在方案对比过程中，就③轴支座结构、大跨部分结构及悬臂部分结构三部分分别进行设计分析，然后根据不同的变参数进行整桥的组合分析。

41.2　结构选型

根据赛题要求，我们设计了 3 种结构体系。表 2-40 中列出了 3 种体系的优缺点对比。

表 2-40　体系 1、2、3 优缺点对比

体系对比	体系 1	体系 2	体系 3
优点	质量轻	结构轴力、变形较小	结构轴力较小,变形最小
缺点	结构轴力较大,变形较大	质量大	质量大,高度高,易发生平面外失稳

体系 1、2、3 模型如图 2-151 所示。

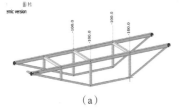
（a）

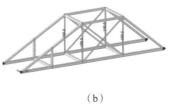
（b）

（c）

图 2-151　体系 1、2、3 模型图

（a）体系 1；（b）体系 2；（c）体系 3

41.3 计算分析

本结构采用 MIDAS Civil 进行结构建模及分析。计算分析结果如图 2-152 至图 2-154 所示。

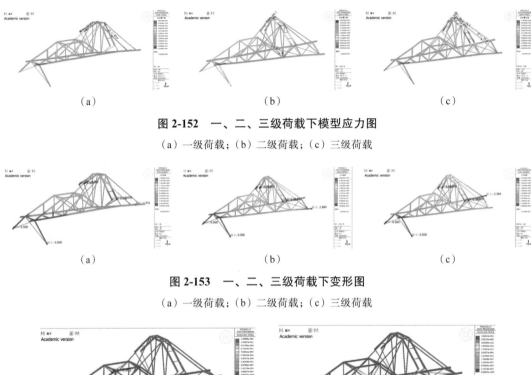

（a）　　　　　　　　　　　（b）　　　　　　　　　　　（c）

图 2-152　一、二、三级荷载下模型应力图

（a）一级荷载；（b）二级荷载；（c）三级荷载

（a）　　　　　　　　　　　（b）　　　　　　　　　　　（c）

图 2-153　一、二、三级荷载下变形图

（a）一级荷载；（b）二级荷载；（c）三级荷载

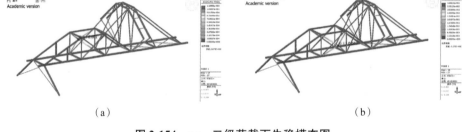

（a）　　　　　　　　　　　　　　（b）

图 2-154　一、二级荷载下失稳模态图

（a）一级荷载；（b）二级荷载

41.4 专家点评

该模型的③轴支座位置选在 C 荷载面位置。③轴支座处采用双层梯形刚架承受桥面拉杆拉力，为减小桥面拉杆和压杆的内力，梯形刚架高度设计得较高。②轴、③轴之间的结构体系选择了桥面向上发展的拱桁架体系，该体系的选择有利于赛题的变参数情况，然而在桥面下部有足够结构空间的前提下，依旧选择向上的桁架，相对来说在模型质量上可能较为不利。

42 河北农业大学

作品名称	城峰队		
参赛队员	付 祯	吕博宇	牛广献
指导教师	刘宝国	任小强	李宏军

42.1 设计思路

结合赛题不同工况要求，我们选择了桁架桥、斜拉桥和张弦梁桥三种初始方案。桁架桥模型方案结构受力较为合理，下弦作为加载点，主要承受拉力，通过竖向杆件和斜腹杆将力传递到上弦杆件，上弦杆件承受压力，传力路径明确。斜拉桥模型方案桥面主梁和桥塔承受压力，拉索将桥面荷载传递至桥塔，传力路径较为简单。由于桥面结构只有主梁，所承受弯矩较大，且竖向挠度较大，不易控制。张弦梁桥模型方案结构受力性能良好，主跨下部拉索承受荷载，通过拉杆将力传递给斜拉索和桥面主梁，受拉杆件数量较多，桥面主梁由于起拱，截面内力减少。综合对比后，我们选择了张弦梁桥模型方案作为参赛结构方案。

42.2 结构选型

结合赛题不同工况要求，我们选择了桁架桥、斜拉桥和张弦梁组合体系桥三种初始方案。表 2-41 中列出了三种模型方案的优缺点对比。

表 2-41 体系 1、2、3 优缺点对比

体系对比	体系 1：桁架桥	体系 2：斜拉桥	体系 3：张弦梁桥
优点	适用不同桥面净空高度，结构安全性能良好	适用不同桥面净空高度，制作时间快	受力性能良好，结构质量较轻
缺点	桁架高度较大，受压杆件长度长	桥面梁杆件截面较大，挠度不易控制	支座高度适用性差，杆件制作精度要求较高

体系 1、2、3 模型如图 2-155 所示。

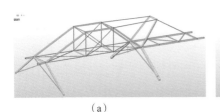 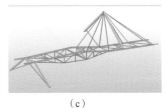

（a） （b） （c）

图 2-155 体系 1、2、3 模型图

（a）体系 1；（b）体系 2；（c）体系 3

42.3　计算分析

本结构采用MIDAS Civil进行结构建模及分析。计算分析结果如图2-156、图2-157所示。

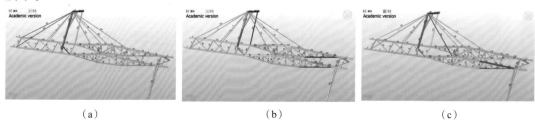

（a）　　　　　　　　　　　（b）　　　　　　　　　　　（c）

图 2-156　一、二、三级荷载下杆件内力图

（a）一级荷载；（b）二级荷载；（c）三级荷载

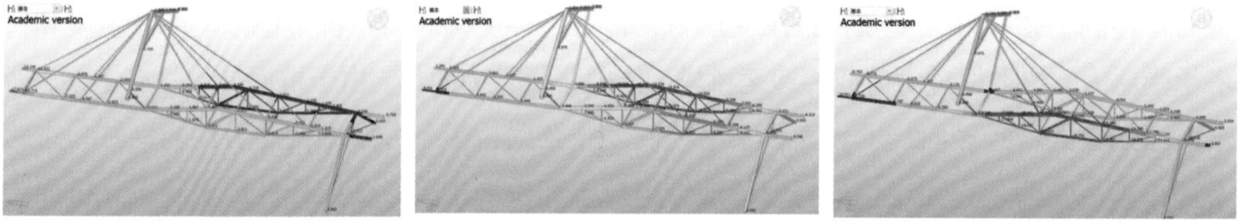

（a）　　　　　　　　　　　（b）　　　　　　　　　　　（c）

图 2-157　一、二、三级荷载下变形图

（a）一级荷载；（b）二级荷载；（c）三级荷载

综合 MIDAS Civil 分析，可以得到此结构模型满足设计要求。

42.4　专家点评

该模型③轴支座也选择在 C 荷载面位置，尽量减小②轴、③轴跨度的同时，减小 C 荷载面对桥面纵向体系的影响。该模型③轴处选择 A 型塔来承受桥面拉杆拉力，为减小桥面压杆和斜拉杆的轴力，同时也为移动荷载的顺利施加，需尽量提升塔高。桥面体系②轴、③轴间则采用变截面张悬体系，结合桥面起拱尽量提高抗弯能力。模型体系设计合理，传力路径清晰，模型制作精细。

43　中北大学

作品名称	歪瑞古德队		
参赛队员	郭莉媛	任康辉	关　志
指导教师	郑　亮	高　营	

43.1　设计思路

根据现有桥梁结构体系的种类和赛题的要求，桥梁设计构思选用拱式桥、梁式桥和斜拉桥三种结构进行对比分析。拱式桥外形美观、承载潜力大，但制作难度较大；梁式桥受力相对明确、结构外形简单、制作和安装容易，但截面尺寸较大、耗材；斜拉桥用少的材料实现大的跨度，耗材较少，但整体刚度小、稳定性不佳。根据桥梁结构体系的对比分析，我们选梁式结构体系作为主要的承重结构。

43.2　结构选型

根据现有桥梁结构体系的种类和赛题的要求，我们的桥梁设计构思选用三种结构体系进行对比分析。表2-42中列出了三种体系的对比。

表 2-42　体系 1、2、3 优缺点对比

体系对比	体系 1：拱式桥	体系 2：梁式桥	体系 3：斜拉桥
优点	外形美观，承载力潜力大	受力相对明确，结构外形简单，制作、安装容易	用少的材料实现大的跨度，耗材较少
缺点	制作难度较大	截面尺寸较大，耗材多	整体刚度小，稳定性不佳

43.3　计算分析

本结构采用 MIDAS Civil 进行结构建模及分析。计算分析结果如图 2-158 至图 2-160 所示。

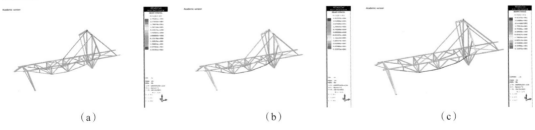

（a）　　　　　　　　　　（b）　　　　　　　　　　（c）

图 2-158　一、二、三级荷载下应力图

（a）一级荷载；（b）二级荷载；（c）三级荷载

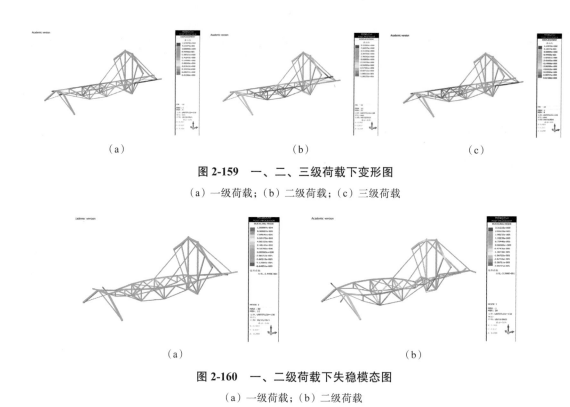

图 2-159 一、二、三级荷载下变形图

（a）一级荷载；（b）二级荷载；（c）三级荷载

（a）　　　　　　　　　（b）

图 2-160 一、二级荷载下失稳模态图

（a）一级荷载；（b）二级荷载

第三级加载为移动荷载，因屈曲分析与移动荷载工况不能同时进行，故不做分析。

43.4 专家点评

该模型③轴支座选在 C、D 荷载面之间靠近 C 截面处，适当减小悬挑长度。③轴处斜拉杆拉力由梯形刚架和 H 型塔共同承担，为减小③轴支座拉杆拉力，H 型塔延伸至桥下净空限定处。②轴、③轴之间则采用变截面桁架来传力，桥面起拱来提高承载能力；然而桥面受压杆件制作成曲线的必要性，是有待商榷的。

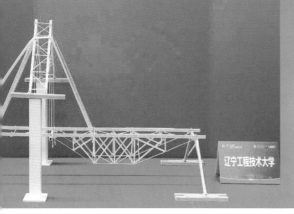

44 辽宁工程技术大学

作品名称	彩虹桥		
参赛队员	杜佳骏	刘兆龙	刘满意
指导教师	卢嘉鑫	张建俊	孙　闯

44.1 设计思路

本次结构整体分析可看作伸臂梁，所以结构的主要内力为①轴、③轴间的正弯矩和③轴支座处的负弯矩。为了提高结构效率，充分发挥材料性能，应该设法将结构整体的弯矩，转化为竹杆件的轴力。所以想到了①轴、③轴之间采用桁架、拱和张弦梁几种结构形式，伸臂段用斜拉索承受荷载。我们提出了普通桁架方案、拱桥方案和变截面桁架方案。分析以上体系优缺点，若 $H_{min}=-50\,mm$，则选择拱桥；若 $H_{min}=-100\,mm$ 或 $H_{min}=-150\,mm$，则选择变截面桁架。

44.2 结构选型

根据赛题要求我们设计了 3 种结构体系。表 2-43 中列出了 3 种体系的优缺点。分析 3 种体系优缺点，若 $H_{min}=-50\,mm$，则选择拱桥；若 $H_{min}=-100\,mm$ 或 $H_{min}=-150\,mm$，则选择变截面桁架。本次赛题现场抽取参数 $H_{min}=-140\,mm$，所以选择变截面桁架（体系 3）。

表 2-43 体系 1、2、3 优缺点对比

体系对比	体系 1：普通桁架	体系 2：拱桥	体系 3：变截面桁架
优点	构造简单，可靠性较高	较为节省材料，受力合理，承载力高，不受 H_{min} 的影响	自重轻，可充分利用材料，模型效率高
缺点	自重大，$H_{min}=-50\,mm$ 时杆件内力较大	拱拼接烦琐，对节点有一定要求	对手工要求高，$H_{min}=-50\,mm$ 时杆件内力较大

体系 1、2、3 模型如图 2-161 所示。

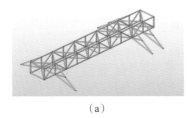
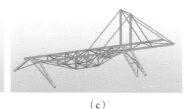

（a）　　　　　　　　　　　（b）　　　　　　　　　　　（c）

图 2-161 体系 1、2、3 模型图

（a）体系 1；（b）体系 2；（c）体系 3

44.3 计算分析

本结构采用 MIDAS Civil 进行结构建模及分析。计算分析结果如图 2-162 至图 2-164 所示。

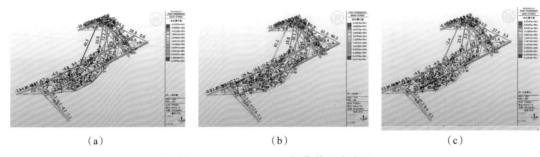

（a）　　　　　　　　　　　（b）　　　　　　　　　　　（c）

图 2-162　一、二、三级荷载下应力图

（a）一级荷载；（b）二级荷载；（c）三级荷载

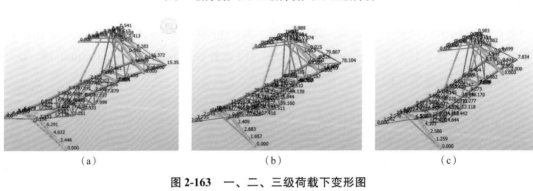

（a）　　　　　　　　　　　（b）　　　　　　　　　　　（c）

图 2-163　一、二、三级荷载下变形图

（a）一级荷载；（b）二级荷载；（c）三级荷载

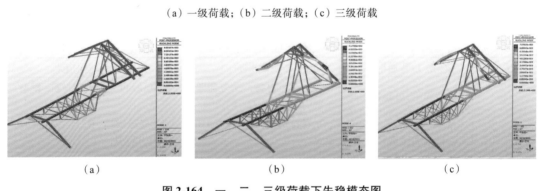

（a）　　　　　　　　　　　（b）　　　　　　　　　　　（c）

图 2-164　一、二、三级荷载下失稳模态图

（a）一级荷载；（b）二级荷载；（c）三级荷载

44.4 专家点评

该模型③轴支座选择在 C 荷载面位置边缘，③轴处选择双层 A 型塔来承受桥面拉杆拉力，为减小桥面压杆和斜拉杆的轴力，同时也为移动荷载的顺利施加，须尽量提升塔高。桥面体系②轴、③轴间则采用梯形张悬梁体系，充分利用桥下净空提高抗弯能力。

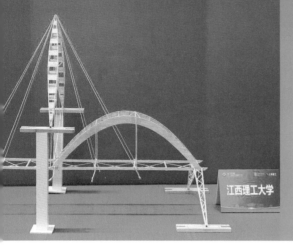

45　江西理工大学

作品名称	"梁"辰美景		
参赛队员	马坤宇	张光豪	周子康
指导教师	吴建齐	邓正定	曾　伟

45.1　设计思路

本赛题要求在比赛现场测试一座桥梁模型承受分散作用的竖向集中静荷载。模型使用竹材制作，为一个四角支撑的桥梁结构。经过仔细分析赛题，我们采用拱体系和斜拉体系，充分发挥材料的受力性能，将梁体内弯矩减小，同时减轻结构质量，节省材料。综上所述，前半部分简支部分（0~750mm）在第一阶段、第二阶段和第三阶段均为危险部分，易存在失稳问题，故将前半部分设计为下桁架结构，维持其稳定性，提高桥体前半段整体刚度，后半部分为悬臂部分。

45.2　结构选型

经过对赛题的思考，我们选取多种方案进行比选，分别是桁架、拱、斜拉等结构体系。表2-44中列出了各体系的优缺点对比。

表2-44　体系1、2、3优缺点对比

体系对比	体系1:桁架	体系2:拱	体系3:悬索/斜拉
优点	杆件受拉压，材料性能得到充分利用	受力合理，承载力大	主要受拉，材料性能得到充分发挥
缺点	节点不易处理，自重大	制作复杂，自重大，计算烦琐	绳的弹性大，制作要求苛刻

体系1、2、3模型如图2-165所示。

|（a）|（b）|（c）|

图2-165　体系1、2、3示意图

（a）体系1；（b）体系2；（c）体系3

45.3　计算分析

本结构采用ANSYS进行结构建模及分析。计算分析结果如图2-166至图2-168所示。

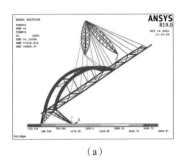

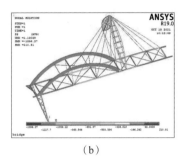

（a）　　　　　　　　　　　　　　　　（b）

图2-166　三级荷载下第一、三主应力分布图

（a）第一主应力分布；（b）第三主应力分布

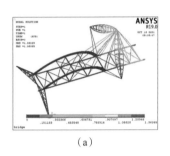 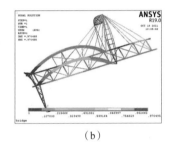 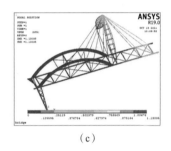

（a）　　　　　　　　（b）　　　　　　　　（c）

图2-167　一、二、三级荷载下变形图

（a）一级荷载；（b）二级荷载；（c）三级荷载

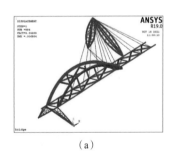 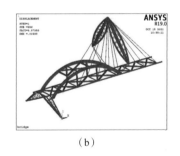 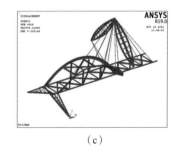

（a）　　　　　　　　（b）　　　　　　　　（c）

图2-168　一、二、三级荷载下失稳模态图

（a）一级荷载；（b）二级荷载；（c）三级荷载

45.4　专家点评

该模型③轴处选择了 A 型塔承受桥面拉杆的拉力，塔身采用变截面梭形格构体系，为减小塔身压力，也为减小桥面压杆压力和斜拉杆拉力，尽量提升塔尖高度。②轴、③轴之间的纵向水平传力采用曲线拱体系，结构向上布置对于赛题的多变性有其优势，但是对于赛题的集中荷载作用下，曲线拱的合理性值得商榷。

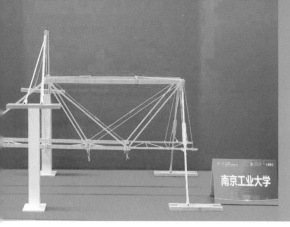

46　南京工业大学

作品名称	南工问天		
参赛队员	王　涛	宗启帆	韩　昊
指导教师	徐　汛	李枝军	赖　韬

46.1　设计思路

根据赛题要求，在备赛过程中，我们多次进行了桥梁结构体系的选择和调整，在我们所尝试的方案中，选择最具代表性的五种桥梁结构体系进行对比分析。体系 1 是桁架桥梁，对横截面高度要求高且模型质量大，对于复杂且灵活多变的赛题而言，适应能力差，基于此，放弃了该方案；体系 2 是拉索桁架组合体系，体系 3 是拉索鱼腹组合体系，制作都比较困难，耗时长；体系 4 是拉索拱组合体系，受力效果更好，杆件应力整体相对较小。试验证明体系 4 是解决净空标高−50mm 的有效方案之一。体系 5 是对体系 2 的优化，结构承载能力表现优异。

46.2　结构选型

表 2-45 中对五种桥梁结构体系进行对比分析，并阐述了各自的优缺点。

表 2-45　体系 1、2、3、4、5 优缺点对比

体系对比	体系 1	体系 2	体系 3	体系 4	体系 5
优点	整体强度高，稳定性强	灵活性大，性能均衡	构件结构简单，受力性能好，质量轻	构件结构简单，受力性能好	质量轻，受力性能好
缺点	质量大，灵活性小	质量大，制作耗时长，节点处理复杂	有一定局限性	模型质量相对较大	模型定位有一定困难

体系 1、2、3、4、5 模型如图 2-169 所示。

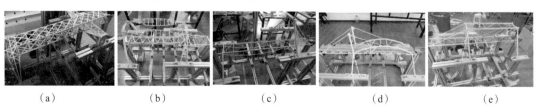

（a）　　　　　（b）　　　　　（c）　　　　　（d）　　　　　（e）

图 2-169　体系 1、2、3、4、5 模型图

（a）体系 1；（b）体系 2；（c）体系 3；（d）体系 4；（e）体系 5

46.3 计算分析

本结构采用 MIDAS Civil 进行结构建模及分析。计算分析结果如图 2-170 至图 2-172 所示。

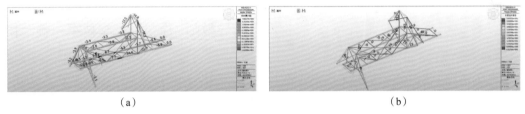

（a）　　　　　　　　　　　　　（b）

图 2-170　三级荷载下梁单元、桁架单元应力图

（a）梁单元应力图；（b）桁架单元应力图

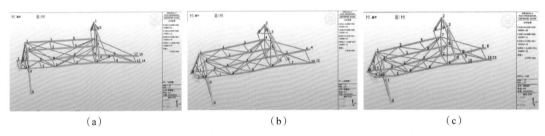

（a）　　　　　　　　（b）　　　　　　　　（c）

图 2-171　一、二、三级荷载下 DXYZ-方向变形图

（a）一级荷载；（b）二级荷载；（c）三级荷载

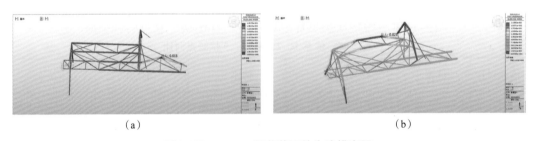

（a）　　　　　　　　　　　　　（b）

图 2-172　一、二级荷载下的失稳模态图

（a）一级荷载；（b）二级荷载

46.4 专家点评

该模型②轴、③轴都选用了梯形刚架作为传力体系。③轴处选在 C 荷载截面处，②轴、③轴之间的结构采用的是三角形桁架，AB 加载面的两个加载点处各设置了一个三角形桁架，传力路径清晰；有趣的是该模型把这些三角形桁架移到桥面以上，而放弃了往下配置，该方式针对赛题的多变有其优势，然而在桥下净空足够的前提下，将导致②轴梯形刚架变高，材料布置较多。

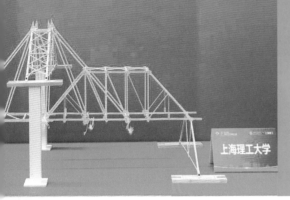

47　上海理工大学

作品名称	沪江建工队
参赛队员	周崇伟　RI KUK CHOL RI CHUNG BOM
指导教师	彭　斌　张菊辉　周　奎

47.1　设计思路

斜拉桥，将主梁用许多根拉索与桥塔相连接，将主梁和主塔组合起来，有着减小梁体内弯矩、节省材料的优点。由于本次比赛参数的不确定性，决定采用独塔斜拉桥结构形式，这样不仅能满足基本受力条件，也可以实现梁端悬挑，减轻结构质量。桁架桥可以看作是镂空的桥，上、下弦杆的轴力构成梁截面的抵抗力偶，腹杆承担相应截面的剪力。理论上讲，桁架桥是一种高效的桥梁结构形式，故选用桁架梁桥作为结构设计方案。

47.2　结构选型

根据赛题要求设计了两种结构体系。表 2-46 中列出了下承式桁架桥（体系 1）和上承式桁架桥（体系 2）的优缺点。

表 2-46　体系 1、2 优缺点对比

体系对比	体系 1:下承式	体系 2:上承式
优点	梁高不受限制,减少质量	制造方便,提供交通空间
缺点	要考虑铅球的交通空间,制造不方便	应力值较大,自重较大

47.3　计算分析

本结构采用 MIDAS Civil 进行结构建模及分析。计算分析结果如图 2-173 至图 2-175 所示。

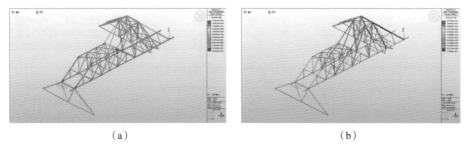

（a） （b）

图 2-173　三级荷载下梁单元、桁架单元应力图

（a）梁单元应力图；（b）桁架单元应力图

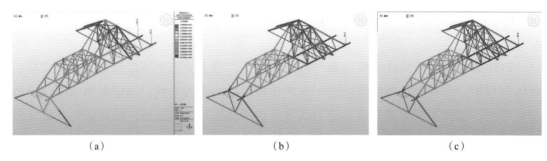

（a） （b） （c）

图 2-174　一、二、三级荷载的刚度分析

（a）一级荷载；（b）二级荷载；（c）三级荷载

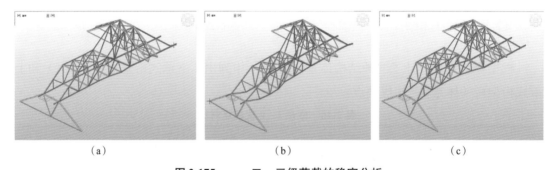

（a） （b） （c）

图 2-175　一、二、三级荷载的稳定分析

（a）一级荷载；（b）二级荷载；（c）三级荷载

47.4　专家点评

　　该模型的③轴支座位置选在 C 荷载面位置。③轴支座处采用双层梯形刚架承受桥面拉杆拉力，为减小支座侧推力，在梯形刚架下部设置了拉杆，形成拉杆拱；为减小桥面拉杆和压杆的内力，梯形刚架高度设计得较高。②轴、③轴之间的结构体系选择了桥面向上发展的梯形桁架体系，该体系的选择有利于赛题的变参数情况，然而在桥面下部有足够结构空间的前提下，依旧选择向上的桁架，相对来说在模型质量上可能较为不利。

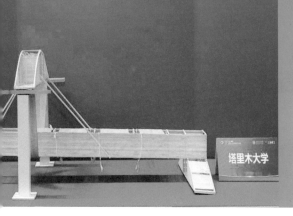

48　塔里木大学

作品名称	建宸大桥
参赛队员	杨振赟　高　鹏　龚正林
指导教师	王　荣　韩志强

48.1　设计思路

根据赛题要求，我们共设计出了三种结构体系。体系 1 桥梁体系承载良好，但支座体系脆弱；体系 2 整体体系承载较好，但自重较大；体系 3 整体体系承载较好，但自重相对较轻。比赛时将根据参数的确定，适当调整模型部分参数的取值，选择最合理的结构去承载重物。

48.2　结构选型

我们根据赛题要求设计了 3 种结构体系。表 2-47 中列出了实验制作的三种模型体系优缺点对比。

表 2-47　体系 1、2、3 优缺点对比

体系对比	体系 1	体系 2	体系 3
优点	桥梁体系承载较好	整体体系承载较好	整体体系承载较好
缺点	支座体系脆弱	自重较大	自重相对较轻

48.3　计算分析

本结构采用 MIDAS Civil 进行结构建模及分析。计算分析结果如图 2-176 至图 2-178 所示。

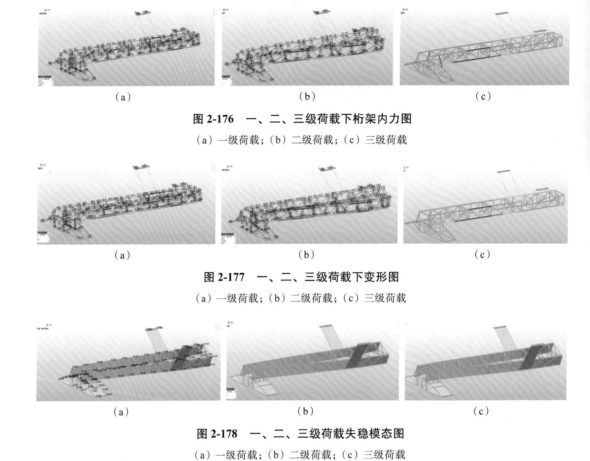

图 2-176　一、二、三级荷载下桁架内力图

（a）一级荷载；（b）二级荷载；（c）三级荷载

图 2-177　一、二、三级荷载下变形图

（a）一级荷载；（b）二级荷载；（c）三级荷载

图 2-178　一、二、三级荷载失稳模态图

（a）一级荷载；（b）二级荷载；（c）三级荷载

48.4　专家点评

该模型③轴处横向传力体系选择了"支座上部拉杆拱+支座下部下沉拉带"的形式，②轴支座横向传力则仅采用了拉杆拱形式。桥面纵向传力体系则采用等截面矩形桁架结合蒙皮的形式，桥面上部在悬挑段和②轴、③轴间各设置了一道连接③轴拉杆拱的斜拉杆。传力路径清晰，整体刚度较大。然而模型的杆件及连接制作细节值得商榷，且该体系的模型质量上也较为不利。

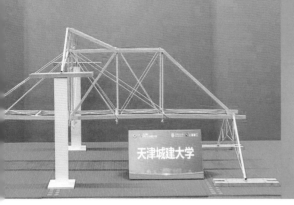

49 天津城建大学

作品名称	妙桥天成		
参赛队员	梁　兴	屈代圣	王文博
指导教师	周晓洁	罗兆辉	阳　芳

49.1 设计思路

不同 V_2、H_{min}、荷载组合、荷载移动组合共有超四亿种组合，因此没有办法做到对可能产生的每一种荷载情况都进行模拟加载和试验，同时，现场计算、现场制作模型也增加了不可控因素；另外，第二级第一步加载和第二级第二步加载会对制作的结构模型产生一定的扭矩和弯矩，增大对结构模型的破坏程度。综上所述，本次赛题的难点：①不同 V_2、H_{min} 产生模型结构上的变化；②荷载移动造成偏心，进而对结构产生扭转破坏；③荷载移动时的优化问题。我们共设计了三种结构方案：索塔-张弦梁结构、桁架结构和拱结构。

49.2 结构选型

本次比赛，我们共设计了三种结构体系，即索塔-张弦梁结构、桁架结构、拱结构。表 2-48 中列出了三种结构体系的优缺点对比。

表 2-48　体系 1、2、3 优缺点对比

体系对比	体系 1：索塔-张弦梁结构	体系 2：桁架结构	体系 3：拱结构
优点	大跨度结构；自重轻，承载能力高；结构稳定性强	制作简单，搭接方便；受力相对明确，协调性较好；挠度小	跨越能力较大；造型美观，受力合理
缺点	模型与边界条件较为规则；连接点处应力集中可能过大	质量会较大，承载能力较差；变形能力较差	高度较高，对模型稳定性不利；自重较大，相应的水平推力大

体系 1、2、3 模型如图 2-179 所示。

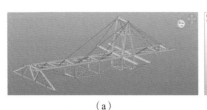
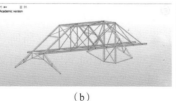
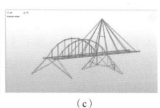

（a）　　　　　　　　　　（b）　　　　　　　　　　（c）

图 2-179　体系 1、2、3 模型图

（a）体系 1；（b）体系 2；（c）体系 3

49.3 计算分析

本结构采用MIDAS Civil进行结构建模及分析。计算分析结果如图2-180、图2-181所示。

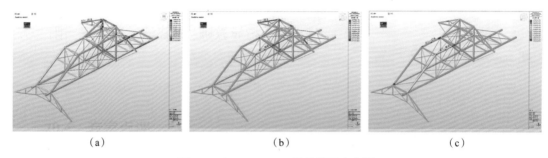

（a）　　　　　　　　　　　　（b）　　　　　　　　　　　　（c）

图2-180　一、二、三级荷载下应力图

（a）一级荷载；（b）二级荷载；（c）三级荷载

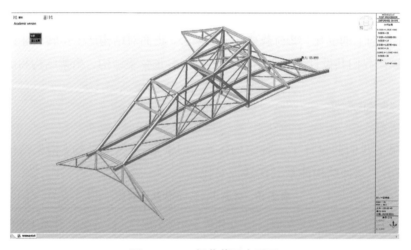

图2-181　一级荷载下变形图

49.4 专家点评

该模型的③轴支座位置选在C荷载面位置。②轴、③轴支座处结构都采用了梯形刚架承受桥面荷载，③轴处模型同时设置了竖向压杆，压杆底部通过拉杆连接至③轴支座，形成两套桥面荷载的传力路径。②轴、③轴之间的结构体系选择了桥面向上发展的桁架体系，该体系的选择有利于赛题的变参数情况，然而在桥面下部有足够结构空间的前提下，依旧选择向上的桁架，相对于其他向下发展的桁架或张悬体系来说，在模型质量上可能较为不利。

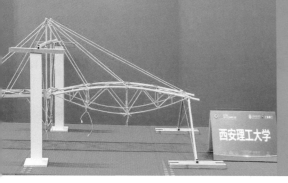

50　西安理工大学

作品名称	绝岭飞梁		
参赛队员	李晨曦	刘美琳	寇创琦
指导教师	郭宏超	潘秀珍	

50.1　设计思路

按照赛题要求，该模型在 8 个加载点承受大小均不相同的竖向荷载，除了承受沿着桥梁长度方向的弯矩以外，还承受垂直于桥梁长度方向的扭矩，最后一级荷载采用自重 5kg 的铁球在桥梁上滚动通过，即意味着桥梁还要承受动力荷载。这就要求模型自身具有足够大的刚度和承载力，避免加载过程中发生较大的变形。根据以上对模型的受力特点分析，采用以下解决措施：将斜拉桥技术应用于模型中，减轻桥梁的负担，以解决模型竖向承载力大的问题；③轴处设计一个承载力较高的塔架，通过拉条连接塔架顶部与桥梁，即由③轴塔架承受桥梁结构的全部荷载，传力路径简单。

50.2　结构选型

我们根据赛题要求设计了两种结构体系。表 2-49 列出了两个体系的优缺点对比。通过综合对比，体系 2 的优势突出，因此，我们决定采用张弦梁与斜拉桥相结合的结构体系 2。

表 2-49　体系 1、2 优缺点对比

体系对比	体系 1	体系 2
优点	杆件数量少，模型组装难度小，节省时间，传力路径简单	张弦梁结构的刚度好、承载能力高，空间张弦梁的整体稳定性好，传力路径简单，采用竹条加工杆件省时、省力，模型挠度小，模型自重小
缺点	模型挠度大，采用竹皮加工杆件费时、费力	杆件数量多，模型组装难度大，比较费时

体系 1、2 模型如图 2-182 所示。

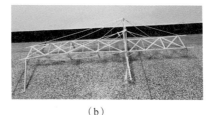

（a）　　　　　　　　　　　　　（b）

图 2-182　体系 1、2 模型图

（a）体系 1；（b）体系 2

50.3　计算分析

本结构采用 MIDAS Civil 进行结构建模及分析。计算分析结果如图 2-183 至图 2-185 所示。

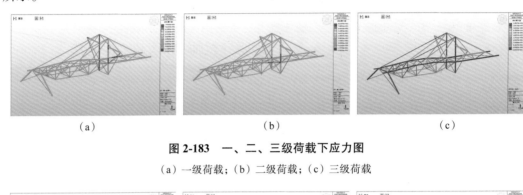

图 2-183　一、二、三级荷载下应力图

（a）一级荷载；（b）二级荷载；（c）三级荷载

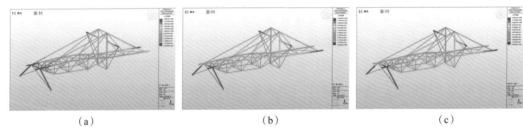

图 2-184　一、二、三级荷载下变形图

（a）一级荷载；（b）二级荷载；（c）三级荷载

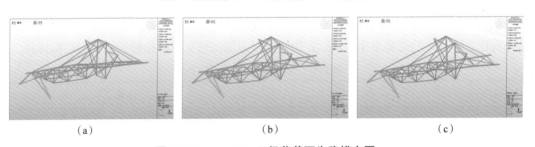

图 2-185　一、二、三级荷载下失稳模态图

（a）一级荷载；（b）二级荷载；（c）三级荷载

50.4　专家点评

该模型轴支座位置也选在 C 荷载面位置，悬挑长度达到最长，模型设置了 2 道斜拉杆，并通过增加桥面压杆约束来减小计算长度，从而减小压杆截面尺寸。③轴处设置了 H 型塔承受斜拉杆拉力，通过垂直压杆将力传递至底部连接的支座下沉拉杆，通过拉杆最终传递至支座。同时，充分利用桥下净空，增大支座下沉拉杆与水平面角度，减小拉杆拉力。②轴、③轴间结构采用的鱼腹式桁架结构可提高承载能力，然而在赛题荷载下将受拉下弦制作成曲线的必要性，有待商榷。

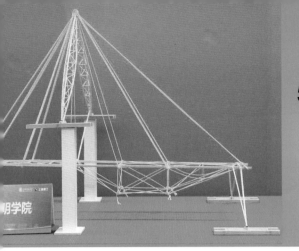

51　昆明学院

作品名称	桥迁上交		
参赛队员	申开兴	师　宇	胡一行
指导教师	吴克川	余文正	

51.1　设计思路

根据赛题，桥下净空与 A、B、C、D 点的荷载均为比赛时随机抽取，有成千上万种可能，因此对其归纳整理分析：（1）当桥下净空为 -50 mm 且 A_1、A_2、B_1、B_2 荷载总和与 D_1、D_2 荷载总和相差较大时，桥面上部采用上承式拱结构分散 A_1、A_2、B_1、B_2 四个加载点的静载，使之大部分荷载通过桥面刚性杆件传递到 C_1、C_2 加载点的竖向拉条上；③轴线支座采用纺锤形支座作为主要受力构件。（2）当桥下净空为 -50 mm 且 A_1、A_2、B_1、B_2 荷载总和与 D_1、D_2 荷载总和相差不大时，桥面采用下部桁架式结构分散 A_1、A_2、B_1、B_2 四个加载点的静载，使之大部分荷载由桥面承担；支座同上。（3）当桥下净空为 -100 mm 或 -150 mm 时，采用下承式拱结构，利用拉条将 A_1、A_2、B_1、B_2 四点荷载分散到两个支座位置，并有支座承担竖向荷载；支座同上。

51.2　结构选型

我们根据赛题要求设计了 3 种结构体系。表 2-50 中列出了桁架结构（体系 1）、下承式拱结构（体系 2）及上承式拱结构（体系 3）的优缺点对比。

表 2-50　体系 1、2、3 优缺点对比

体系对比	体系 1：桁架结构	体系 2：下承式拱结构	体系 3：上承式拱结构
优点	它是由多根小截面杆件组成的"空腹式的大梁"，是静定结构。由于其截面可以做得很高，就具备了大的抗弯能力，而挠度小，这就能适合比实腹梁更大的跨度，而且省料，自重小	构造简单，容易维护，制造架设方便，节省墩台，视野开阔，常优选	构造简单，容易维护，制造架设方便，节省墩台，视野开阔，常优选
缺点	结构空间大，其跨中高度 H 较大，单层建筑尤其难处理；侧向刚度小，钢屋架尤甚，需要设置支撑，把各榀桁架连成整体，使之具有空间刚度，以抵抗纵向侧力，支撑按构造（长细比）要求确定截面，耗钢而未能材尽其用	桥面至梁底高度较大	桥面至梁底高度较大，而且桥梁高度小。其桥面净空必须满足有关规定，一般在桥梁建筑高度受到严格控制时考虑

51.3 计算分析

本结构采用SAP2000进行结构建模及分析。计算分析结果如图2-186至图2-188所示。

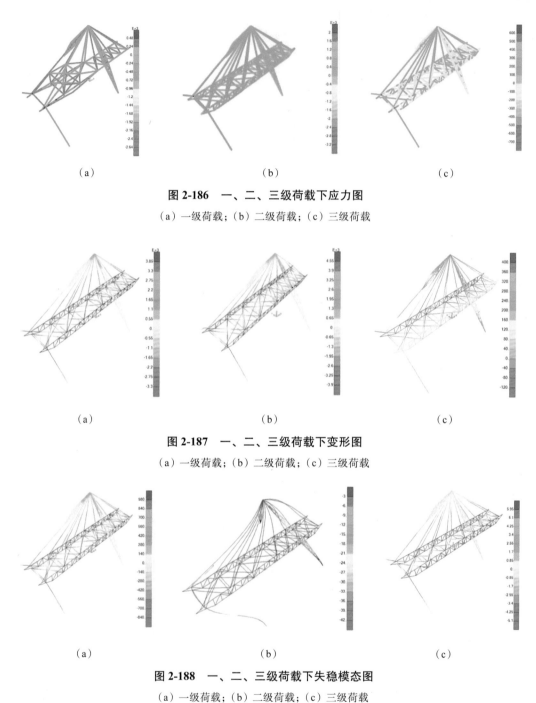

（a）　　　　　　　　　　（b）　　　　　　　　　　（c）

图 2-186　一、二、三级荷载下应力图

（a）一级荷载；（b）二级荷载；（c）三级荷载

（a）　　　　　　　　　　（b）　　　　　　　　　　（c）

图 2-187　一、二、三级荷载下变形图

（a）一级荷载；（b）二级荷载；（c）三级荷载

（a）　　　　　　　　　　（b）　　　　　　　　　　（c）

图 2-188　一、二、三级荷载下失稳模态图

（a）一级荷载；（b）二级荷载；（c）三级荷载

51.4 专家点评

该模型的③轴支座位置选在 C 荷载面位置，可减小该处荷载对结构纵向传力体系的影响。该模型在③轴处的竖向传力体系，也选择了 A 型塔来汇聚桥面拉杆；不同的是，该模型的塔尖较高，一方面可保证斜拉杆的角度不影响小球的滚动，另一方面较高的塔可降低桥面压力，减小桥面压杆尺寸；塔身采用梭形格构式结构，可增大塔身抗压能力。该模型结构体系传力路径清晰，设计合理。

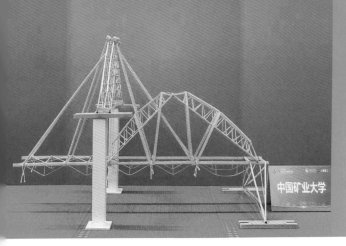

52 中国矿业大学

作品名称	甲壳虫	
参赛队员	魏巾证 李霄钰	陶泽元
指导教师	李亮 张莹莹	杜健民等

52.1 设计思路

设计理念是以尽量少的构件及材料，组建强度高、抗动力荷载好、稳定且高效的模型结构。合理的体系选取及构件截面设计，使该结构简单实用、线条清晰，有较好的视觉效果。根据不同的参数组合，我们对模型整体结构进行讨论，选定拱结构与斜拉结构的组合形式，还对模型Ⓐ、Ⓑ轴结构方案进行比对选型，提高拱结构的承力效率。

52.2 结构选型

我们根据赛题要求设计了3种结构体系。表2-51中列出了不同结构形式的方案比选结果。

表2-51 体系1、2、3优缺点对比

体系对比	体系1:桁架桥	体系2:拱+斜拉组合	体系3:纯斜拉
优点	制作工艺要求低,可以将所有力转化为桁架轴力	力线明确,整体结构效率较高	力线明确,整体结构效率最高,结构最简单
缺点	杆件数量多,分析复杂,可能存在较多零杆,效率较低	加工工艺要求高,拉索需满足同时受力	后续移载可能稳定性不足

52.3 计算分析

本结构采用 MIDAS Civil 进行结构建模及分析。计算分析结果如图2-189至图2-191所示。

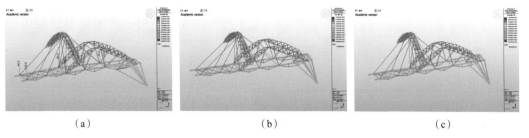

图 2-189　一、二（两步）级荷载下应力图

（a）一级荷载；（b）二级荷载（第一步）；（c）二级荷载（第二步）

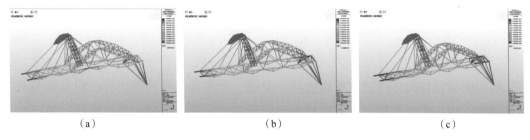

图 2-190　一、二（两步）级荷载下变形图

（a）一级荷载；（b）二级荷载（第一步）；（c）二级荷载（第二步）

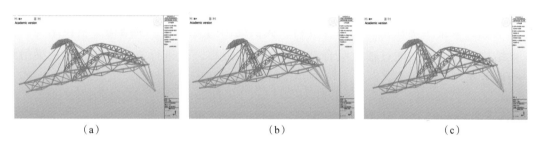

图 2-191　一、二（两步）级荷载下失稳模态图

（a）一级荷载；（b）二级荷载（第一步）；（c）二级荷载（第二步）

52.4　专家点评

　　该模型③轴处采用了格构式 A 型塔承受桥面拉杆拉力，塔顶塔底的截面较小，抗弯能力较弱，类似三铰拱，塔底增设拉杆减小支座侧推力。②轴、③轴间结构同样采用三铰拱作为主体结构，桥面荷载通过拉杆传递至拱体，采用变截面格构式拱身，减小压杆计算长度，提升拱身抗压能力。结构传力路径清晰，结构构件尺寸仍有优化空间。

53 广西交通职业技术学院

作品名称	展翅高飞		
参赛队员	秦恋佳	邓佳英	陈志成
指导教师	莫品疆	黄贤智	肖成明

53.1 设计思路

结构模型设计的思路应该从结构的安全性、可靠性、经济性出发，而基础是对结构方案的了解。在做结构方案的时候首先应该考虑的就是结构的传力路径、稳定性等内容，模型的传力路径越简单越短，结构的效率就会越高，在做方案设计时的原则就是使结构的压力传力路径越短越好，因为拉杆的稳定性易保证，压杆易出现失稳破坏。又因赛题的参数不确定等因素的影响，结构方案的设计极为复杂，很难做到面面俱到，达到最优。根据所学知识以及结合资料，我们提出桁架结构、拱结构、斜拉结构、张弦梁结构四种方案，通过参数组合差异分析模型效率，并进行方案比选，确定梁吊组合结构方案。

53.2 结构选型

我们团队初选桁架结构、拱结构、斜拉结构、张弦梁结构四种方案。模型结构体系的对比见表2-52。

表 2-52 体系 1、2、3、4 优缺点对比

体系对比	优点	缺点
体系 1：桁架结构	承载力大，稳定性好，刚度大，节点处理简单，制作工艺简单	节点多，杆件多，质量较大
体系 2：拱结构	承载力大，稳定性好	节点处理难，制作工艺复杂，质量大
体系 3：斜拉结构	制作简单，充分利用材料性能	对支座稳定性要求高，节点处理麻烦
体系 4：张弦梁结构	上刚下柔，性能发挥充分，承载力大	节点处理麻烦，制作要求高

体系1、2、3、4模型如图 2-192 所示。

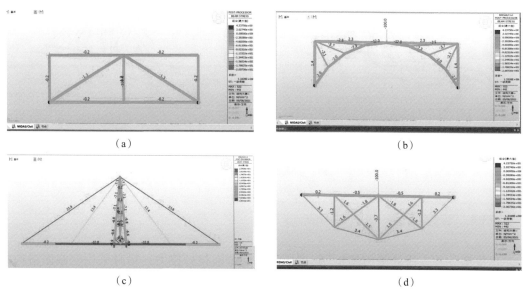

（a）

（b）

（c）

（d）

图 2-192　体系 1、2、3、4 模型图

（a）体系 1；（b）体系 2；（c）体系 3；（d）体系 4

53.3　计算分析

本结构采用 MIDAS Civil 进行结构建模及分析。计算分析结果如图 2-193 至图 2-195 所示。

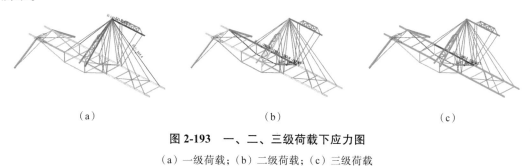

（a）

（b）

（c）

图 2-193　一、二、三级荷载下应力图

（a）一级荷载；（b）二级荷载；（c）三级荷载

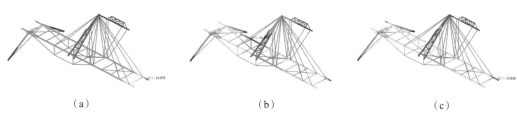

（a）

（b）

（c）

图 2-194　一、二、三级荷载下变形图

（a）一级荷载；（b）二级荷载；（c）三级荷载

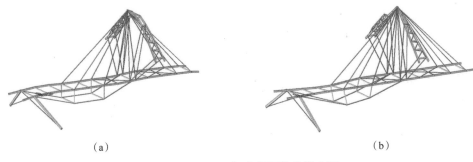

（a） （b）

图 2-195 一、二级荷载下失稳模态图

（a）一级荷载；（b）二级荷载

53.4 专家点评

该模型③轴支座处采用的是 A 型塔架承受桥面拉杆拉力，塔身采用变截面格构式结构，增加塔身压杆的抗压能力。通过尽量提升塔高，降低桥面压杆压力和斜拉杆拉力。②轴、③轴间结构体系则采用梯形张悬结构，充分利用桥下净空，提升承载能力。桥面压杆面内约束不足（仅横向压杆不足以有效约束压杆变形），又考虑移动荷载而采用工字形截面，因此为抵抗压杆桥面内的失稳，将导致截面尺寸较大。

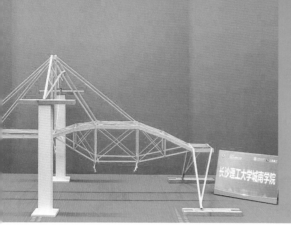

54 长沙理工大学
城南学院

作品名称	逐梦		
参赛队员	夏圣明	张中亮	雷缮诚
指导教师	李修春	付 果	张 强

54.1 设计思路

按照本届赛题最大特点——变参数桥梁，综合制作材料性能及模型荷载情况，运用所学的结构力学知识，并经过有限元计算软件 MIDAS Civil 的多次优化计算分析，我们最后采用了空间桁架斜拉塔直撑结构体系。该体系基本为对称结构，符合实际工程变参特点，采用竹杆作为主体空间框架结构，并结合交叉拉皮，确保结构杆件在各种不同参数下受压稳定和模型整体稳定，充分发挥竹材的抗压性能及竹皮的抗拉性能，使模型结构稳定，符合赛题变参桥梁的用意。模型的拉皮将力传到柱子及底座上，四根柱子作为主要受力构件，承受从四根直撑杆传来的荷载。

54.2 结构选型

我们根据赛题要求设计了 3 种结构体系。表 2-53 中列出了三种体系优缺点对比。

表 2-53 体系 1、2、3 优缺点对比

体系对比	体系 1	体系 2	体系 3
优点	结构稳定	结构简单且传力路径明确	结构简单且传力路径明确
缺点	结构复杂且传力路径不明确	只符合特定情况	质量较大

体系 1、2、3 模型如图 2-196 所示。

 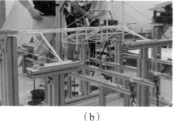 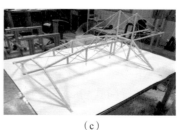

（a） （b） （c）

图 2-196 体系 1、2、3 模型图

（a）体系 1；（b）体系 2；（c）体系 3

54.3 计算分析

本结构采用 MIDAS Civil 进行结构建模及分析。计算分析结果如图 2-197 至图 2-199 所示。

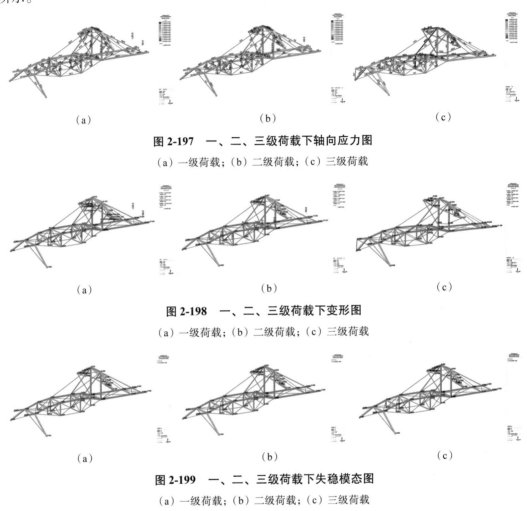

图 2-197 一、二、三级荷载下轴向应力图

（a）一级荷载；（b）二级荷载；（c）三级荷载

图 2-198 一、二、三级荷载下变形图

（a）一级荷载；（b）二级荷载；（c）三级荷载

图 2-199 一、二、三级荷载下失稳模态图

（a）一级荷载；（b）二级荷载；（c）三级荷载

54.4 专家点评

该模型③轴支座位置也选在 C 荷载面位置，悬挑长度达到最长，通过增加桥面压杆的约束来减小计算长度，从而减小压杆截面。③轴处选择梯形刚架承受桥面斜拉杆拉力；同时设置门式塔，塔底通过下沉拉杆约束至③轴支座。②轴、③轴之间采用变截面桁架，充分利用桥下净空，结合桥面起拱，提高结构承载能力。

55　天津大学

作品名称	山海建功队		
参赛队员	张洪熙	胡海阔	徐连坤
指导教师	严加宝	罗云标	

55.1　设计思路

本次大赛对桥下净空进行了限制，而对桥面以上结构高度不做尺寸限制，这就对桥的选型进行了限制，如果采用上承式桥型，那么必须选用合理形式的桥型，使桥能满足强度、刚度要求的同时满足桥下净空的要求。如果采用下承式桥型，桥下净空要求容易满足，但桥面与承重结构的连接多为受拉结构，这就对节点的处理提出了更高的要求。我们根据赛题参数组合，构思了四种模型：上承式空间桁架结构、上承式张弦梁结构、上承式桁架联合张弦梁复合结构和下承式格构柱拱拉索结构。我们最终选择了结构受力明确、自重轻、桥底净空大、承载力大的下承式格构柱拱拉索结构（体系4）。

55.2　结构选型

我们根据赛题参数组合，构思了4种体系结构。表2-54中列出了四种体系方案的比对结果。

表2-54　体系1、2、3、4优缺点对比

体系对比	体系1:上承式空间桁架结构	体系2:上承式张弦梁结构	体系3:上承式桁架联合张弦梁复合结构	体系4:下承式格构柱拱拉索结构
优点	结构形式简单，对制作水平要求小	体系简单，受力明确	刚度大，能够满足挠度要求,承载力高	结构受力明确,自重轻,桥底净空大,承载力大
缺点	桥底净空小,挠度大,冗余杆件多,模型自重较大	桥底净空小,下弦弧度难以准确控制	模型自重大,桥底净空小,下弦弧度难以准确控制	制作精度要求高,节点处理要求高

体系 1、2、3、4 模型如图 2-200 所示。

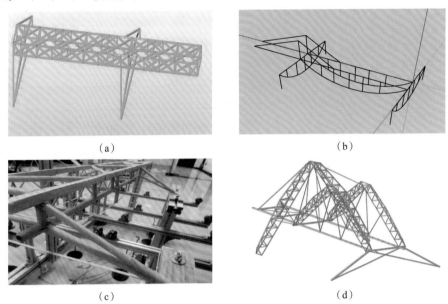

（a）

（b）

（c）

（d）

图 2-200　体系 1、2、3、4 模型图

（a）体系 1；（b）体系 2；（c）体系 3；（d）体系 4

55.3　计算分析

本结构采用 MIDAS Civil 进行结构建模及分析。计算分析结果如图 2-201、图 2-202 所示。

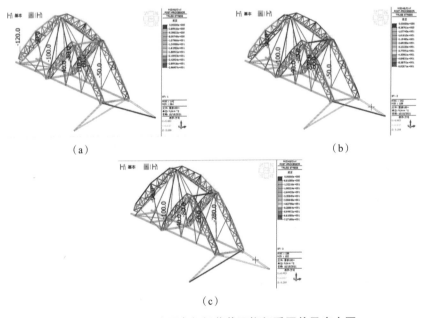

（a）

（b）

（c）

图 2-201　一、二（两步）级荷载下桁架受压单元应力图

（a）一级荷载；（b）二级荷载（第一步）；（c）二级荷载（第二步）

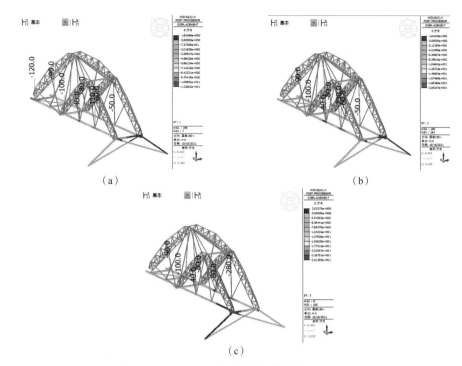

图 2-202　一、二（两步）级荷载的刚度分析

（a）一级荷载；（b）二级荷载（第一步）；（c）二级荷载（第二步）

由于桁架和拉条无法进行稳态分析，故此部分未设置。

55.4　专家点评

该模型③轴处采用了格构式 A 型塔结构，塔顶塔底的截面较小，抗弯能力较弱，类似三铰拱体系。②轴、③轴间结构同样采用三铰拱作为主体结构，桥面荷载通过拉杆传递至拱体，采用变截面格构式拱身，减小压杆计算长度，提升拱身抗压能力，拉点设置合理。结构传力路径清晰，杆件设计合理，然而压杆数量较多使得模型质量方面比较不利，节点较多也使得施工难度较大。

56　河北工业大学

作品名称	滴萃桥		
参赛队员	邓凯文	高世晨	王浩宇
指导教师	董俊良	陈向上	孔丹丹

56.1　设计思路

本赛题桥梁模型的跨度较大，对桥梁整体的抗弯性能有较高要求。8个加载点的位置虽然相互对称，但是所施加荷载的大小都不相同，特别是二级加载还要对荷载进行移动，这就要求模型具备较强的稳定性及抗扭能力。三级施加的移动荷载更是考验模型整体的刚度及稳定性。我们根据赛题要求设计出三种结构体系，结合模型质量以及模型抗弯、抗扭性能，节点处理方式、模型制作难度及模型美观性的综合因素，最终选择体系3。相比于前两种体系，体系3自重更轻、材料利用率更高、传力路径更明确、抗偏心荷载能力更强。

56.2　结构选型

我们根据赛题要求设计了3种结构体系。表2-55中列出了三种体系在美观、制作工艺、承载能力、抗变形能力等方面的优缺点对比。

表2-55　体系1、2、3优缺点对比

体系对比	体系1	体系2	体系3
优点	结构的刚度较大，抗扭性能较好，适合较多类型工况，加载过程中模型不会产生较大的变形，模型整体稳定性较好	质量相较体系1有所下降，桥身中间桁架大幅减少，模型看起来简单明了，传力方式一目了然；通过拉条将荷载传递到桥塔上，有效地减小桥身跨中的弯矩	该结构质量较轻并且有较强的承载力，特殊的结构体系有效地减少了不平衡不均匀加载时产生的扭矩，模型制作耗时较少
缺点	模型所需杆件较多，制作时间较长，材料消耗量大，模型质量较重，节点处理烦琐	模型自重较大；桥身的抗扭性差；不均匀不对称加载时易引起桥身的侧翻；节点若因受力不均开裂，模型整体承载能力会急剧下降	模型的整体组装较难，模型对梭形杆件的制作工艺要求较高，须保证杆件制作时不偏、不扭

体系1、2、3模型如图2-203所示。

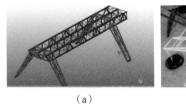
（a）

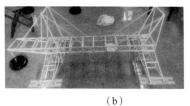
（b）

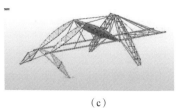
（c）

图 2-203　体系 1、2、3 模型图

（a）体系 1；（b）体系 2；（c）体系 3

56.3　计算分析

本结构采用 MIDAS Civil 进行结构建模及分析。计算分析结果如图 2-204 至图 2-206 所示。

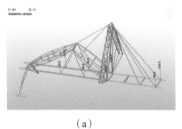
（a）

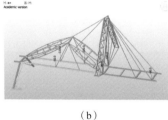
（b）

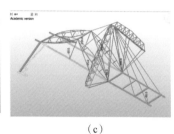
（c）

图 2-204　一、二、三级荷载下应力图

（a）一级荷载；（b）二级荷载；（c）三级荷载

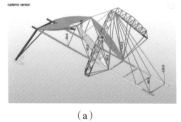
（a）

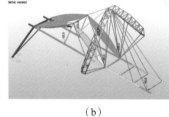
（b）

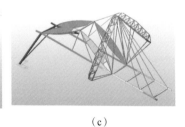
（c）

图 2-205　一、二、三级荷载下变形图

（a）一级荷载；（b）二级荷载；（c）三级荷载

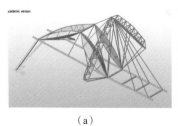
（a）

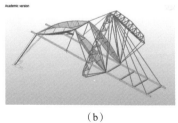
（b）

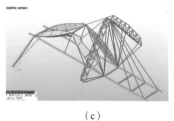
（c）

图 2-206　一、二（两步）级荷载下失稳模态图

（a）一级荷载；（b）二级荷载（第一步）；（c）二级荷载（第二步）

56.4　专家点评

　　该模型③轴处采用了格构式 A 型塔结构，通过变截面构造，形成格构式三铰拱体系承受桥面拉杆拉力。②轴、③轴间结构同样采用三铰拱作为主体结构，桥面荷载通过拉杆传递至拱顶节点，采用变截面蒙皮拱身，抗压能力较强，拉点设置合理。由于悬挑长度较长，且压杆约束不够，计算长度较大，容易导致悬臂端压杆失稳。

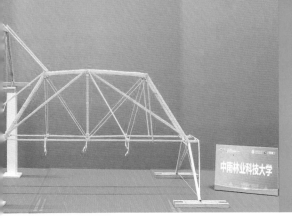

57 中南林业科技大学

作品名称	天桁健		
参赛队员	周 赛	熊 焦	蒋泽星
指导教师	袁 健	秦红禧	江学良

57.1 设计思路

基于本届赛题的特点和要求，我们的总体构思是构建一种能够适应所有标高桥墩的基本桁架梁体系，并且选择将其定位成上部结构模型，从而去除桥下净空的不确定性所带来的影响，而五种标高的桥墩均为单独设计。至于加载点的荷载，我们考虑最不利情况下和最理想情况下的工况，最后将桁架结构架设在桥墩上组成整体模型。

57.2 结构选型

根据本次大赛的赛题要求，我们选取了五种结构体系进行分析，即体系 1 斜拉式吊杆异形桁架拱桥、体系 2 纵向非对称肋下承式桁架拱桥、体系 3 中承式折线形桁架拱桥、体系 4 下承式桁架梁桥、体系 5 单向拉索下承式桁架梁桥。经过表 2-56 所示对比分析，我们最终选取体系 5。

表 2-56 体系 1、2、3、4、5 优缺点对比

体系对比	体系 1	体系 2	体系 3	体系 4	体系 5
优点	结构简单，受力明确，杆件易拼装，美观性良好	体系无长压杆，力径明确，内力较均匀，美观性较好	结构整体刚度大，压杆短，传力路径明确，承力较大	压杆及大截面腹杆数量减少，传力途径较明确	构造形式简单，刚度较大，易于拼接，传力路径明晰
缺点	压杆过长，长细比较大，易发生屈曲，且杆件消耗量偏大	不设受压腹杆，变形相对明显，偏载作用下易出现扭转	压杆数量多，不易拼接，桥面板放置困难	拉条数量明显增多，可拼接性较差，竹材耗费量大	体系的横向连接略弱，抗扭能力有待加强

体系 1、2、3、4、5 模型如图 2-207 所示。

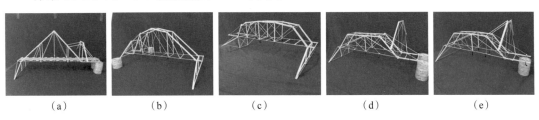

（a） （b） （c） （d） （e）

图 2-207 体系 1、2、3、4、5 模型图

（a）体系 1；（b）体系 2；（c）体系 3；（d）体系 4；（e）体系 5

57.3 计算分析

本结构采用 MIDAS Civil 进行结构建模及分析。计算分析结果如图 2-208 至图 2-210 所示。

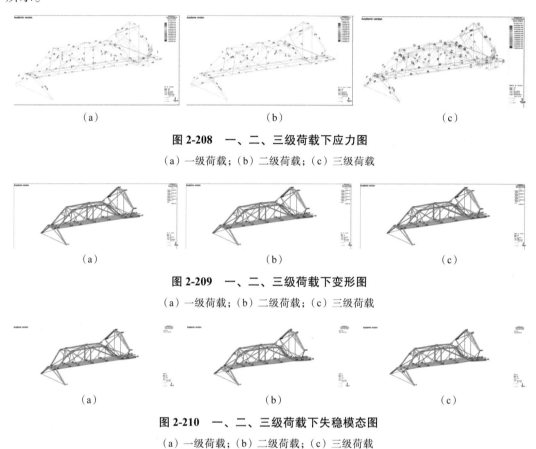

图 2-208 一、二、三级荷载下应力图
(a) 一级荷载；(b) 二级荷载；(c) 三级荷载

图 2-209 一、二、三级荷载下变形图
(a) 一级荷载；(b) 二级荷载；(c) 三级荷载

图 2-210 一、二、三级荷载下失稳模态图
(a) 一级荷载；(b) 二级荷载；(c) 三级荷载

57.4 专家点评

该模型③轴位置选择在 C、D 荷载面中间处，意在减小悬挑长度，又不让②轴、③轴跨度太大，如此则模型设计的关键是②轴、③轴之间的结构。该部分结构选择了桥面往上发展的桁架体系，类似拉杆拱，桥面处是拉杆；集中荷载通过拉杆作用到桁架节点，拉压杆布置合理。③轴处则采用梯形刚架结合竖向拉杆承受桥面的竖向荷载。结构传力路径清晰，体系设计合理。

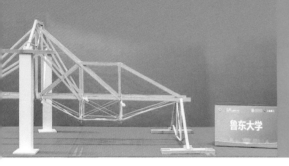

58　鲁东大学

作品名称	逐梦桥		
参赛队员	裴新宇	阎家豪	马媛烁
指导教师	贾淑娟	孟　雷	

58.1　设计思路

因本届赛题为变参数桥梁结构模型设计，应该根据设计参数要求及荷载工况选择合理的结构体系。在方案设计中，考虑基本的桥梁结构体系——梁式桥、拱式桥和斜拉桥，对上述体系进行组合设计。充分把握结构体系中梁受弯、拱与柱受压、索受拉的特点，结合竹皮、竹条的材料特性，进行方案的具体实施和构件截面设计。根据一级荷载工况情况，绘制弯矩图，分析整体结构的受力情况，合理布置构件。因 D 点荷载大小直接影响悬臂部分弯矩，当其荷载较大时，可考虑移动轴线③处支座，改变结构荷载分布，调整整体结构的正负弯矩大小。荷载布置中，遵循荷载偏心最大的原则，选择对结构较不利工况。

58.2　结构选型

我们根据赛题要求设计了4种结构体系。表2-57中列出了不同结构体系优缺点对比。

表2-57　体系1、2、3、4优缺点对比

体系对比	体系1	体系2	体系3	体系4
优点	根据受力选择截面，充分利用杆件性能；进一步减轻主桁架质量	传力路径清晰，充分发挥材料的力学性能；将竖向荷载转化为拱的轴向力	结构简单，传力路径明确；杆件截面统一，有利于制作和节点的加固；采用张弦结构，充分利用杆件性能	受桥下净空、支座顶面影响小；A、B、C点之间刚度大，可以承受较大荷载，二级荷载更占优势
缺点	拱的角度难以控制，实际制作难以处理；杆件过多，节点处容易破坏；荷载移动时由于内力的变化导致拱破坏	模型质量较大；桥面整体性不足，容易失稳；节点处理难度较大	纯受拉选择竹皮，可靠性不足；拉索预应力较难把控	杆件较多，部分杆件作用较小；张弦结构的作用不够明显

体系1、2、3、4模型如图2-211所示。

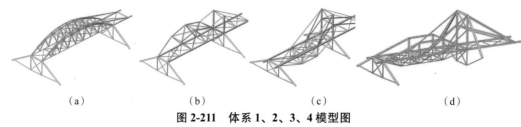

图 2-211　体系 1、2、3、4 模型图

（a）体系 1；（b）体系 2；（c）体系 3；（d）体系 4

58.3　计算分析

本结构采用 MIDAS Civil 进行结构建模及分析。计算分析结果如图 2-212 至图 2-214 所示。

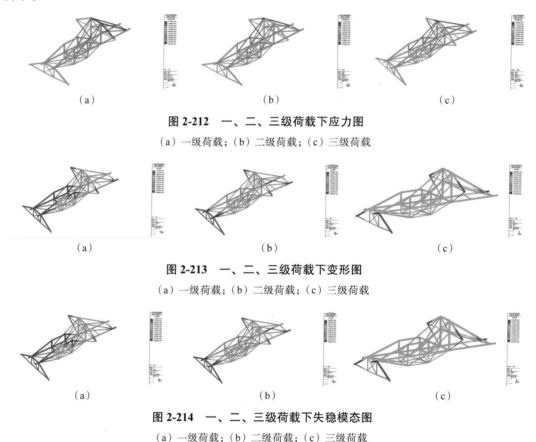

图 2-212　一、二、三级荷载下应力图

（a）一级荷载；（b）二级荷载；（c）三级荷载

图 2-213　一、二、三级荷载下变形图

（a）一级荷载；（b）二级荷载；（c）三级荷载

图 2-214　一、二、三级荷载下失稳模态图

（a）一级荷载；（b）二级荷载；（c）三级荷载

58.4　专家点评

该模型的③轴支座位置选在 C 荷载面位置，可减小该处荷载对结构纵向传力体系的影响，也将导致悬挑长度达到最大。该模型悬挑段仅设置一道斜拉杆，桥面压杆约束较少，计算长度较大，将导致压杆截面尺寸较大。②轴、③轴间结构采用桥面向上向下双向布置梯形桁架，整体上形成变截面桁架，提高承载能力。

59 河北水利电力学院

作品名称	起航桥		
参赛队员	张通宇	周　坤	赵国帆
指导教师	葛洪伟	祝睿娟	刘子苑

59.1 设计思路

本次结构设计大赛，要求设计变参数桥梁结构，为此考虑三种方案，分别为桁架桥、斜拉桥和刚架桥。桁架桥跨度较大，充分利用竹皮的抗拉性能，但抗扭能力差、整体稳定性差、材料不均、斜拉索有垂度效应；斜拉桥杆件只受拉、压，材料性能得到充分利用，但构造复杂，制造费工，质量大；刚架桥杆件数量少、制作简单、整体性好，但节点处理难度大。经过对以上三种结构体系的加载，并且结合所学的结构力学的知识进行分析，我们最终选择刚架体系。

59.2 结构选型

表 2-58 中列出了三种体系的优缺点对比。

表 2-58　体系 1、2、3 优缺点对比

体系对比	体系 1:桁架桥	体系 2:斜拉桥	体系 3:刚架桥
优点	跨度较大,充分利用竹皮的抗拉性能	杆件只受拉、压,材料性能得到充分利用	杆件数量少,制作简单、整体性好
缺点	抗扭能力差,整体稳定性差,材料不均,斜拉索有垂度效应	构造复杂,制造费工,质量大	节点处理难度大

59.3 计算分析

本结构采用 MIDAS Civil 进行结构建模及分析。计算分析结果如图 2-215 至图 2-217 所示。

图 2-215　一级荷载的强度分析

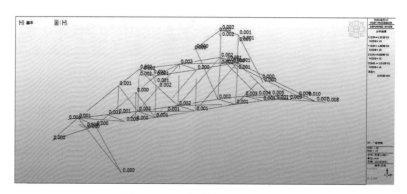

图 2-216 一级荷载的刚度分析

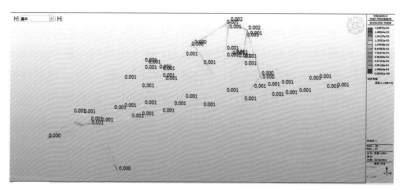

图 2-217 一级荷载的稳定分析

59.4 专家点评

该模型的③轴支座位置选在 C 荷载面位置。②轴、③轴支座处结构都采用了梯形刚架承受桥面荷载，③轴处模型同时设置了竖向压杆，压杆底部通过拉杆连接至③轴支座，形成两套桥面荷载的传力路径。②轴、③轴之间的结构体系选择了桥面向上发展的桁架体系，该体系的选择有利于赛题的变参数情况，然而在桥面下部有足够结构空间的前提下，依旧选择向上的桁架，相对于其他向下发展的桁架或张悬体系来说，在模型质量上可能较为不利。

60 阳光学院

作品名称	曦和		
参赛队员	朱建伟	康鸿杰	徐继乾
指导教师	陈建飞	程 怡	

60.1 设计思路

结构选型设计时应选择对抵抗竖向荷载和水平荷载有利的结构方案和布置，采取减少扭转和加强抗扭刚度、设计对称结构、分析结构薄弱部位、避免设计静定结构等措施，据此设计出安全可靠的结构。在结构布置方面，关键是受力明确，传力途径简单。试验表明，结构出现杆件或节点的破坏依然可以继续承载，但柱一旦失稳，整个结构将会完全倾覆。因此，结合以往结构设计竞赛经验，②轴桥柱及桥面主要构件采用固定矩形截面箱梁、柱。经过多次试验及计算，表明此种构件能够承受较大的竖向荷载及柱脚弯矩，可以完全承受上部结构传递的荷载。③轴桥柱主要构件采用固定矩形截面箱柱,搭配使用三角形截面桁架。

60.2 计算分析

本结构采用 MIDAS Civil 进行结构建模及分析。计算分析结果如图 2-218 至图 2-220所示。

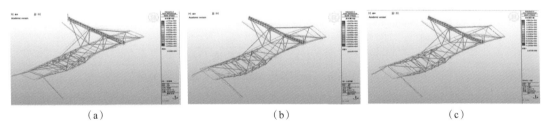

（a） （b） （c）

图 2-218 一、二、三级荷载下应力图

（a）一级荷载；（b）二级荷载；（c）三级荷载

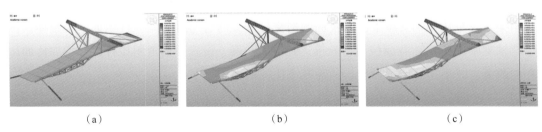

（a） （b） （c）

图 2-219 一、二、三级荷载下变形图

（a）一级荷载；（b）二级荷载；（c）三级荷载

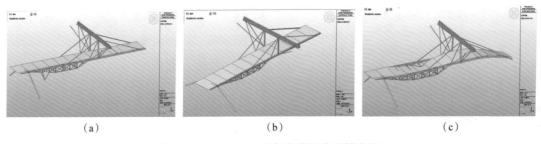

（a）　　　　　　　　　　（b）　　　　　　　　　　（c）

图 2-220　一、二、三级荷载下失稳模态图

（a）一级荷载；（b）二级荷载；（c）三级荷载

60.3　细部构造

节点部位是模型制作的一个关键，由于模型梁柱截面尺寸均较小，经过试验表明杆件间连接只需 502 胶水即可满足承载力要求。具体节点处理如图 2-221 所示。

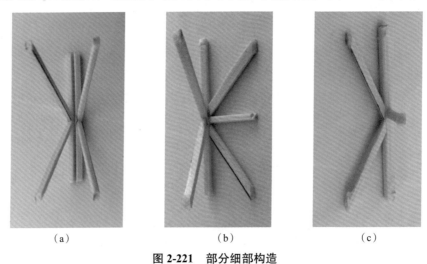

（a）　　　　　　　　　　（b）　　　　　　　　　　（c）

图 2-221　部分细部构造

（a）节点一实物图；（b）节点二实物图；（c）节点三实物图

60.4　专家点评

该模型③轴处设计了两套承受桥面竖向荷载的结构体系：一是水平布置的三角形截面桁架，二是从③轴支座下沉至桥面的斜交拉杆，两者通过竖向压杆组成一个整体。由于③轴支座选在 C 荷载面位置，悬挑达到最大长度，设置了两道斜拉杆，并增加桥面压杆的约束，减小压杆计算长度，从而减小压杆截面。

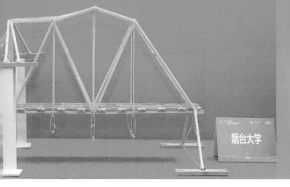

61　烟台大学

作品名称	向海而生		
参赛队员	边美端	王嘉骏	李显帅
指导教师	李雪梅	曲　慧	田　林

61.1　设计思路

根据赛题要求，我们提出了三种可行的结构方案：斜拉桥、梁式桥和桁架桥。斜拉桥可以看作是小跨径的公路桥，且对刚度有较高的要求，根据赛题要求结构会出现悬臂端，斜拉桥可以有效地平衡悬臂端荷载且对材料需求较小，可以很好地控制桥梁因所受荷载不同而导致竖直方向的位移变形。梁式桥有较好的承载弯矩的能力，也可以较好地控制使用中的变形，整体刚度较强，但是对桁架的构架要求比较严格，而且根据赛题中荷载的要求，结构是不均匀受力的，梁式桥对不均匀受力的性能比较薄弱，所适用的工况类别比较单一。桁架桥具有比较好的刚度，腹杆既可承拉也可承压，同时也可以较好地控制位移，用料较省，还可以根据所受荷载局部调整桁架结构，所以桁架桥也是不错的一种选型结构。

61.2　结构选型

根据赛题要求，我们考虑了三种体系，分别为斜拉桥、梁式桥和桁架桥。表2-59对三种体系的优缺点进行了对比。

表2-59　体系1、2、3优缺点对比

体系对比	体系1:斜拉桥	体系2:梁式桥	体系3:桁架桥
优点	平衡悬臂端荷载	整体刚度强,抗弯抗扭能力强	巧妙运用空间构架进行传力
缺点	拉皮受力过大断裂,造成冲击荷载	不能对不同挂点荷载进行很好的区别应对,造成材料浪费	杆件种类繁杂,制作难度大

体系1、2、3模型如图2-222所示。

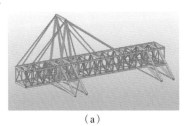 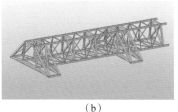

（a）　　　　　　　　　　（b）　　　　　　　　　　（c）

图2-222　体系1、2、3模型图
（a）体系1；（b）体系2；（c）体系3

61.3 计算分析

本结构采用 MIDAS Civil 进行结构建模及分析。计算分析结果如图 2-223 至图 2-225 所示。

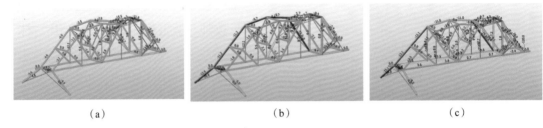

（a）　　　　　　　　　　（b）　　　　　　　　　　（c）

图 2-223　一、二、三级荷载下应力图

（a）一级荷载；（b）二级荷载；（c）三级荷载

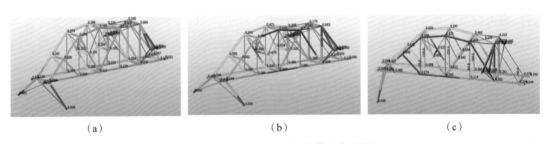

（a）　　　　　　　　　　（b）　　　　　　　　　　（c）

图 2-224　一、二、三级荷载下变形图

（a）一级荷载；（b）二级荷载；（c）三级荷载

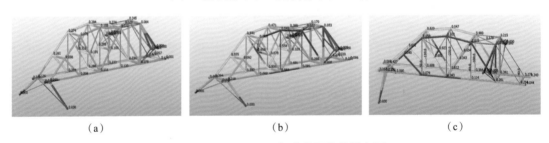

（a）　　　　　　　　　　（b）　　　　　　　　　　（c）

图 2-225　一、二、三级荷载下失稳模态图

（a）一级荷载；（b）二级荷载；（c）三级荷载

61.4 专家点评

该模型③轴位置选择在 C、D 荷载面中间处，意在减小悬挑长度，又不让②轴、③轴跨度太大，如此则模型设计的关键是②轴、③轴之间的结构。该部分结构选择了桥面往上发展的桁架体系，类似拉杆拱，桥面处是拉杆。由于拱高度太大，虽然有利于减小拱体中的压力，但是导致压杆长度太长，模型质量太大，且缺少足够约束，易失稳。

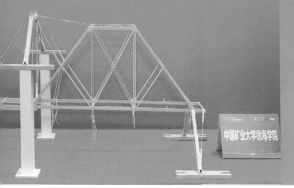

62　中国矿业大学徐海学院

作品名称	归一		
参赛队员	田思豪	苏亚鹏	祝　晨
指导教师	刘玉田	谢　伟	

62.1　设计思路

我们首先分析目前经典桥梁结构的特点，充分利用制作材料的力学特点，优选符合本赛题要求的结构形式；然后从平面、纵断面、横断面及三维空间出发，全方位、多角度分析，确定模型的空间形态及几何尺寸；利用数值模拟软件（迈达斯）计算典型加荷模式下结构的受力和变形，尽可能地选择适用能力强的结构及杆件形式；模型设计过程中，充分考虑后期制作的难易程度及模型质量的可靠性，确保在搬运、称量、安装等各个环节保持理想的结构状态；全面考虑竹皮等材质不均匀性以及制作过程中的误差等不可控因素，预留充足的安全系数，确保模型能顺利完成加卸载。通过对比梁式桥、刚构桥、拱式桥、斜拉桥和悬索桥的结构特点，最终选择了"梁式桥+斜拉桥"的组合方式。

62.2　结构选型

经典的桥梁结构形式为梁式桥、刚构桥、拱式桥、斜拉桥和悬索桥五种，各桥型优缺点对比见表2-60。

表2-60　体系优缺点对比

桥型对比	优点	缺点
梁式桥、刚构桥	模型结构简单,传力路径明确	两支座间跨中正弯矩和③轴支座负弯矩较大,需要采用较高的梁体断面,桥下净高控制难度较大
拱式桥	采用下承式拱桥可以有效减小桥梁建筑高度,有利于桥下净高的控制	主拱圈制作难度大,右侧悬臂段荷载不好处理
斜拉桥	可将荷载直接通过拉索传递给索塔,传力路径简单、明确	主梁承受拉索的水平分力,索塔左右两侧荷载不对称,模型纵桥向整体稳定性和横桥向抗扭能力较弱
悬索桥	桥型跨越能力大,可将③轴支座设置在右侧界限附近	传力路径复杂,模型整体柔性较大,抗扭能力较弱,且支座所在纵桥向安装位置只有10cm,主缆在支座板上的锚固较为困难

62.3　计算分析

本结构采用 MIDAS Civil 进行结构建模及分析。计算分析结果如图 2-226 至图 2-228 所示。

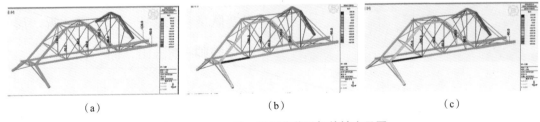

(a)　　　　　　　　　　(b)　　　　　　　　　　(c)

图 2-226　一、二、三级荷载下杆件轴力云图

（a）一级荷载；（b）二级荷载；（c）三级荷载

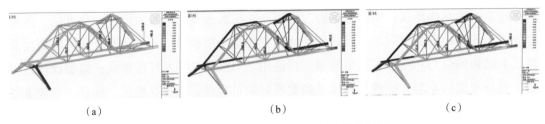

(a)　　　　　　　　　　(b)　　　　　　　　　　(c)

图 2-227　一、二、三级荷载下垂直位移云图

（a）一级荷载；（b）二级荷载；（c）三级荷载

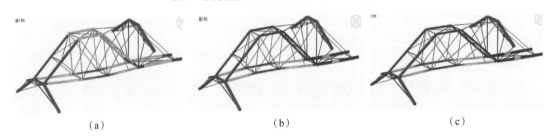

(a)　　　　　　　　　　(b)　　　　　　　　　　(c)

图 2-228　一、二、三级荷载下失稳模态图

（a）一级荷载；（b）二级荷载；（c）三级荷载

62.4　专家点评

该模型的③轴支座位置也选在靠近 C 荷载面的位置，意在适当减小悬挑长度的同时，减少 C 位置荷载对结构的影响。②轴、③轴支座处结构都采用了梯形刚架承受桥面荷载。②轴、③轴之间的结构体系选择了桥面向上发展的桁架体系，该体系的选择有利于赛题的变参数情况，然而在桥面下部有足够结构空间的前提下，依旧选择向上的桁架，且该模型的桁架高度太大，在模型质量上可能较为不利。

63　盐城工学院

作品名称	火花棱镜		
参赛队员	杨　骑	蒋津义	潘志文
指导教师	丁超峰	周友新	朱　华

63.1　设计思路

今年的赛题，与以往有两点明显不同：变参数较多，比赛的流程更为复杂。根据这两个特点，我们首先尝试了梁桥这一最简单的模型结构体系，通过软件模拟、模型制作、结构加载，发现③轴支座和加载变量对梁桥的受力和变形影响特别大。第二个模型在第一个梁桥模型的基础上设置了斜拉条，发现斜拉条的合理设置可以将桥梁杆件的内力和变形优化很多，沿着这个思路，结合不同变量的变化，我们通过软件分析对方案优化，最终将第一个模型的桁架式主梁优化为单侧单杆、中间用连系杆相连，这样的好处是不再受下部净空参数变化的影响；又根据试做模型的实测挠度和软件模拟分析对斜拉条进行优化，最终决定采用斜拉桥体系。

63.2　结构选型

根据本次赛题的特点和加载的要求，我们考虑了梁桥和斜拉桥两种结构体系。表2-61中列出了梁桥体系与斜拉桥体系优缺点的对比。

表 2-61　体系 1、2 优缺点对比

体系对比	体系 1:梁桥	体系 2:斜拉桥
优点	采用钢筋混凝土建造的梁桥能就地取材、工业化施工、耐久性好、适应性强、整体性好且美观；这种桥型在设计理论及施工技术上都发展得比较成熟	梁体尺寸较小，使桥梁的跨越能力增大；受桥下净空和桥面标高的限制小；抗风稳定性优于悬索桥，且不需要集中锚定构造；便于无支架施工
缺点	结构本身的自重大，约占全部设计荷载的30%~60%，且跨度越大其自重更显著增大，大大限制了其跨越能力	由于是多次超静定结构,计算复杂;索与梁或塔的连接构造比较复杂;施工中高空作业较多,且技术要求严格

体系1、2模型如图2-229所示。

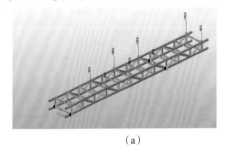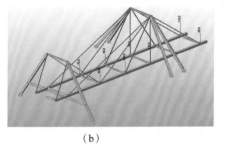

（a）　　　　　　　　　　　　　　（b）

图 2-229　体系 1、2 模型图

（a）体系 1；（b）体系 2

63.3　计算分析

本结构采用 MIDAS Civil 进行结构建模及分析。计算分析结果如图 2-230 至图 2-232 所示。

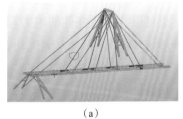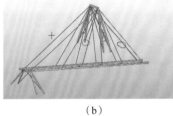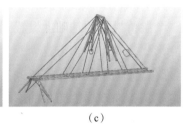

（a）　　　　　　　　　　（b）　　　　　　　　　　（c）

图 2-230　一、二、三级荷载下应力图

（a）一级荷载；（b）二级荷载；（c）三级荷载

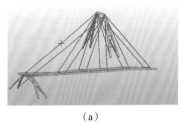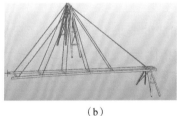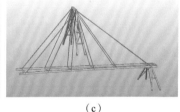

（a）　　　　　　　　　　（b）　　　　　　　　　　（c）

图 2-231　一、二、三级荷载下变形图

（a）一级荷载；（b）二级荷载；（c）三级荷载

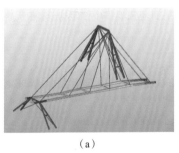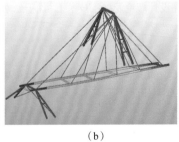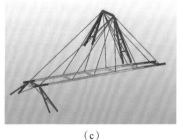

（a）　　　　　　　　　　（b）　　　　　　　　　　（c）

图 2-232　一、二、三级荷载下失稳模态图

（a）一级荷载；（b）二级荷载；（c）三级荷载

63.4 专家点评

该模型的③轴支座位置选在 C 荷载面位置,可减小该处荷载对结构纵向水平传力体系的影响。该模型在③轴处的竖向传力体系,也选择 A 型塔来汇聚桥面拉杆拉力;该模型的塔尖较高,保证小球滚动的同时降低桥面体系的内力,减小桥面压杆尺寸和②轴、③轴之间的结构高度。桥面结构体系、拉点位置设置以及部分斜拉杆的必要性,值得商榷。

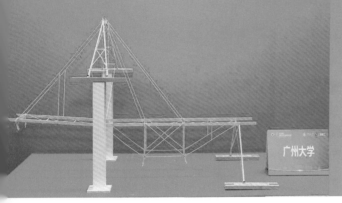

64　广州大学

作品名称	跨越	
参赛队员	陈东卫　张可顺　林志豪	
指导教师	暴　伟　于志伟	

64.1　设计思路

根据赛题的特点，我们提出了4种可行的结构体系。体系1是桁架梁桥，杆件受力均匀，形式简单，但受净空参数限制较大。体系2是斜拉桥，传力路径清晰，适用不同支座高度，但过于依赖前后砝码平衡，适用条件苛刻。体系3是下承式桁架+斜拉体系，为自平衡体系，能有效控制跨中位移，无须考虑桥下净空参数影响，但涉及细长杆受压稳定问题，对③轴高度参数适用范围小，跨中下弦杆刚度较小，影响移动荷载。体系4是斜拉+桁架体系，可灵活应对各种变参数，桥面刚度大，移动荷载的动力影响小，但整体拼接较为复杂，桥面与③轴支座结构柔性连接，桥身纵向位移较大。综合对比4种体系的强度、刚度、稳定性、材料的利用率以及结构所适用的工况等问题，我们最终确定体系4——桁架+斜拉体系为模型结构方案。

64.2　结构选型

我们根据赛题要求设计了4种结构体系。各体系的优缺点对比如表2-62所示。

表2-62　体系1、2、3、4优缺点对比

体系名称	优点	缺点
体系1	杆件受力均匀,形式简单	受净空参数限制较大
体系2	传力路径清晰,适用不同支座高度	过于依赖前后砝码平衡,适用条件苛刻
体系3	自平衡体系,有效控制跨中位移,无须考虑桥下净空参数影响	涉及细长杆受压稳定问题,对③轴高度参数适用范围小,跨中下弦杆刚度较小,影响移动荷载
体系4	灵活应对各种变参数,桥面刚度大,移动荷载的动力影响小	整体拼接较为复杂,桥面与③轴支座结构柔性连接,桥身纵向位移较大

体系1、2、3、4模型如图2-233所示。

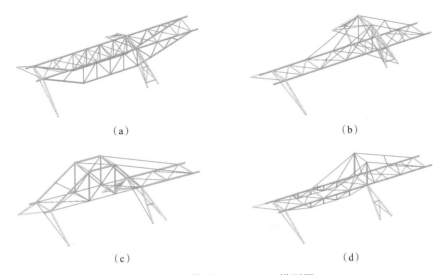

（a）　　　　　　　　　　　　　　（b）

（c）　　　　　　　　　　　　　　（d）

图 2-233　体系 1、2、3、4 模型图

（a）体系 1；（b）体系 2；（c）体系 3；（d）体系 4

64.3　计算分析

本结构采用 MIDAS Civil 进行结构建模及分析。计算分析结果如图 2-234 至图 2-236
所示。

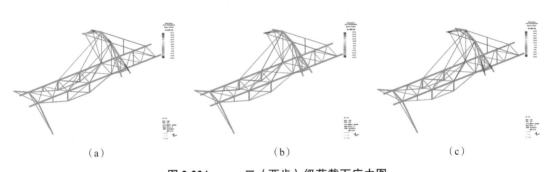

（a）　　　　　　　　　　　　（b）　　　　　　　　　　　　（c）

图 2-234　一、二（两步）级荷载下应力图

（a）一级荷载；（b）二级荷载（第一步）；（c）二级荷载（第二步）

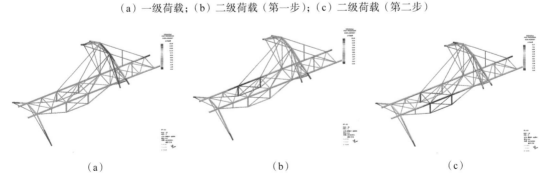

（a）　　　　　　　　　　　　（b）　　　　　　　　　　　　（c）

图 2-235　一、二（两步）级荷载下变形图

（a）一级荷载；（b）二级荷载（第一步）；（c）二级荷载（第二步）

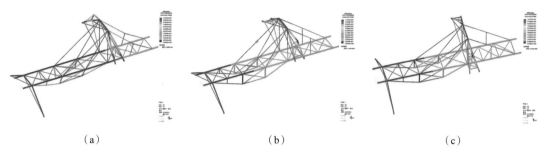

（a）　　　　　　　　　（b）　　　　　　　　　（c）

图 2-236　一、二（两步）级荷载下失稳模态图

（a）一级荷载；（b）二级荷载（第一步）；（c）二级荷载（第二步）

64.4　专家点评

该模型的③轴支座位置选在 C 荷载面位置，可减小该处荷载对结构纵向水平传力体系的影响。该模型③轴支座处采用的是 A 型塔架承受桥面拉杆拉力。通过尽量提升塔高，降低桥面压杆压力和斜拉杆拉力。②轴、③轴间结构体系则采用梯形张悬结构，充分利用桥下净空，提升承载能力。桥面压杆通过增加杆件约束，减小计算长度，从而减小杆件截面。结构体系简单，传力路径清晰，杆件设计合理。

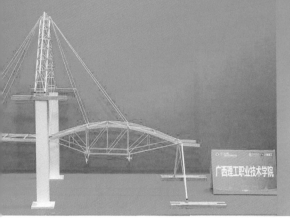

65　广西理工职业技术学院

作品名称	理工时空队		
参赛队员	韦林辰	王志辉	曾国凯
指导教师	王华阳	韩祖丽	胡顺新

65.1　设计思路

综合考虑赛题的各类因素，在对比整体采用桁架结构的体系1和③轴支座采用斜拉结构的体系2后，对V_1及V_2支座进行优化得到体系3。V_1处支撑优化成带拉杆的支撑杆，V_2处将主塔和桥面以下的支撑用空间桁架拱来代替。空间桁架的基本单元是正椎体，是相互错开的上正方形（格子）和下正方形，具有较高的空间稳定性，同时保留斜拉体系，可增加悬挑端的竖向荷载承载力。桥身优化为桁架和拱联合组成的结构体系，减少了桥身的弯矩，刚柔并济。这一创新使得体系3的受力更为合理，大幅减少了结构自重，其外形优美，横看似蛟、卧观成龙，同时结构简单、传力路径明确。

65.2　结构选型

我们根据赛题要求设计了3种结构体系。表2-63中列出了各体系的优缺点对比，经过对各体系方案的比选，我们最终选择体系3作为本次竞赛的参赛模型。

表2-63　体系1、2、3优缺点对比

体系对比	体系1	体系2	体系3
优点	制作简单,连接点较少	采用张弦结构,稳定性好,结构传力路径合理	结构轻盈,稳定性好,传力路径合理
缺点	荷重比大,受力合理度欠佳	V_2处支座及主塔需采用较多材料,荷重比偏大	结构制作略微复杂,连接点较多

体系1、2、3模型如图2-237所示。

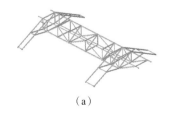
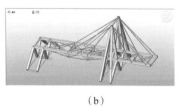

（a）　　　　　　　　　　　　（b）　　　　　　　　　　　　（c）

图2-237　体系1、2、3模型图

（a）体系1；（b）体系2；（c）体系3

65.3　计算分析

本结构采用 MIDAS Civil 进行结构建模及分析。计算分析结果如图 2-238 至图 2-240 所示。

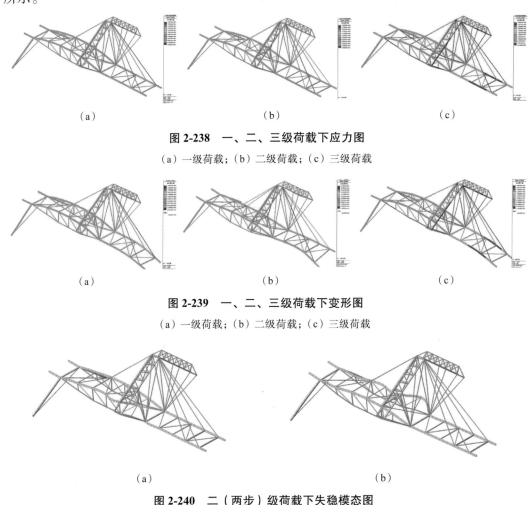

(a)　　　　　　　　　　(b)　　　　　　　　　　(c)

图 2-238　一、二、三级荷载下应力图

（a）一级荷载；（b）二级荷载；（c）三级荷载

(a)　　　　　　　　　　(b)　　　　　　　　　　(c)

图 2-239　一、二、三级荷载下变形图

（a）一级荷载；（b）二级荷载；（c）三级荷载

(a)　　　　　　　　　　　(b)

图 2-240　二（两步）级荷载下失稳模态图

（a）二级荷载（第一步）；（b）二级荷载（第二步）

65.4　专家点评

该模型的③轴支座位置选在 C 荷载面位置，可减小该处荷载对结构纵向水平传力体系的影响。模型③轴处采用了格构式 A 型塔承受桥面拉杆拉力，塔顶塔底的截面较小，抗弯能力较弱，受力特征类似三铰拱，由于有拉杆拉在塔身中部，因此塔身上会有弯矩存在；塔身高度较高，可减小拉杆和桥面压杆的内力。②轴、③轴间结构采用变截面张悬结构，结合桥面起拱，增加结构高度，提升承载能力。

66　铜仁学院

作品名称	驭梦		
参赛队员	吴　浪	郭　强	秦国烽
指导教师	曾　祥	杨友山	

66.1　设计思路

由于竖向静荷载加载时以模型荷载比来体现模型结构的合理性和材料利用效率，所以要尽量减轻结构质量，因此结构不能太复杂，杆件要尽量少尽量轻。桥梁模型在承受静荷载后，铅球还要在模型上滚动，铅球上桥的一瞬间，会受到一个水平的冲击力，结构不仅要受竖直向下的力，还要受横向的力，所以结构要承受来自多个方向的力。我们最终选择了"桁架+斜拉"的体系，并通过实践不断细化设计，最终使结构的质量更轻，制作更简单。

66.2　结构选型

针对不同参数，我们设计了三种结构体系。表 2-64 中列出了三种体系的优缺点对比。

表 2-64　体系 1、2、3 优缺点对比

体系对比	体系 1	体系 2	体系 3
优点	此结构承载能力较好，在一级荷载受力节点处变形不是很大，端部拉索能分担模型中部和悬挑出去的大部分荷载，且在标高为 140 mm 时可采用此支座	当待定参数为 $-160 \sim -10$ mm 时，采用该支座有很强的应变性，我们可以改变竖向支座的高度，使其对应 V_2 的标高，使模型的受力更加明确	这种结构形式精简，质量轻，制作简单，③轴支座采用梯形支座，当标高高于桥面 65 mm 时可采用此支座
缺点	只能应对 V_2 标高为 140 mm 的情况	只能应对 V_2 为 $-160 \sim -10$ mm 的情况	只能应对 V_2 标高在桥面 65 mm 处的情况

体系 1、2、3 模型如图 2-241 所示。

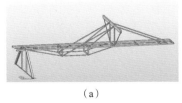
（a）

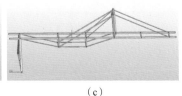
（c）

图 2-241　体系 1、2、3 模型图
（a）体系 1；（b）体系 2；（c）体系 3

66.3 计算分析

本结构采用 MIDAS Civil 进行结构建模及分析。计算分析结果如图 2-242、图 2-243 所示。

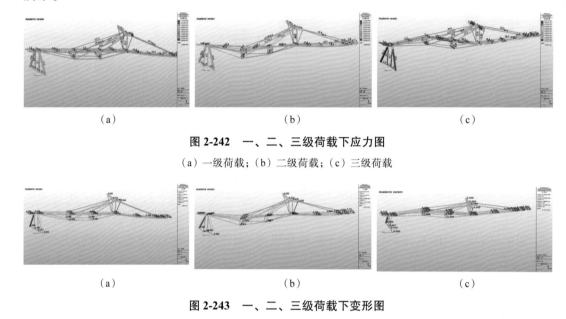

（a）　　　　　　　　　　（b）　　　　　　　　　　（c）

图 2-242　一、二、三级荷载下应力图

（a）一级荷载；（b）二级荷载；（c）三级荷载

（a）　　　　　　　　　　（b）　　　　　　　　　　（c）

图 2-243　一、二、三级荷载下变形图

（a）一级荷载；（b）二级荷载；（c）三级荷载

66.4 专家点评

该模型的③轴支座位置选在 C 荷载面位置，可减小该处荷载对结构纵向水平传力体系的影响。该模型③轴处设计了两套承受桥面竖向荷载的结构体系：一是水平布置的实腹梁，二是从③轴支座下沉至桥面的斜交拉杆，两者通过竖向压杆组成一个整体。由于③轴支座选在 C 荷载面位置，悬挑达到最大长度；然而仅设置了一道斜拉杆，且桥面压杆的约束不足，压杆计算长度较大，从而导致压杆截面较粗。

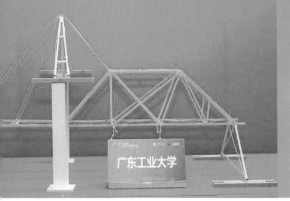

67　广东工业大学

作品名称	创想通天堑		
参赛队员	郑文韬	李梓洋	郑卓彬
指导教师	朱　江	何嘉年	陈士哲

67.1　设计思路

由于本次比赛存在极其复杂多样的荷载工况，因此无法逐一试验所有具体工况。将各种工况分类，然后设计出适应每种类型极限荷载的模型，并能够针对不同的荷载大小有效减重，成为设计的难题。除此之外，还要考虑桥梁的刚度。一般情况下，当模型质量越小，桥梁刚度越小，其加载过程中的挠度就越大，而赛题要求在第一级荷载作用下位移测试点的最大允许挠度限值±10mm。总体而言，适用于该赛题的桥梁体系有桁架箱型梁桥、桁架梁桥和组合式悬臂梁桥，其中组合式悬臂梁桥主要由张弦和斜拉两种结构按桥梁弯矩包络图结合。通过试验，我们发现桁架梁桥自重较大，于是优先选用了桁架桥和组合式桥梁结构。

67.2　结构选型

通过表2-65列出了两种体系的优缺点对比。

表2-65　体系1、2优缺点对比

体系对比	体系1：格构式桥墩桁架箱型梁桥	体系2：A字形桥墩桁架箱型梁桥
优点	模型的刚度大，挠度小。上弦杆长度短，受压失稳可能性小。下弦杆部分受拉，可进行分段布置变截面杆件，减小细长杆受压失稳的可能性且可达到减轻模型自重的目的。采用格构式桥墩，模型整体承载力大，稳定性高	模型采用A字形桥墩，结构传力路径明确。利用桁架结构下弦杆件受拉，避免出现较长受压杆件，减少因杆件失稳而导致结构失效的可能性。模型自重较轻
缺点	模型传力路径复杂。杆件、节点多，上弦杆与支撑体系衔接处节点受力复杂，强度要求高，制作时间长，对手工要求高	模型采用A字形桥墩，整体刚度低，挠度大，应力重分布的可能性增大。桥墩与桥身连接处节点难处理

体系1、2模型如图2-244所示。

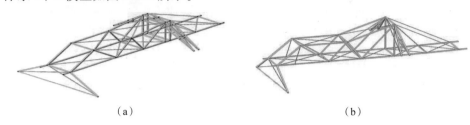

（a）　　　　　　　　　　　　（b）

图 2-244　体系 1、2 模型图

（a）体系 1；（b）体系 2

67.3　计算分析

本结构采用 MIDAS Civil 进行结构建模及分析。计算分析结果如图 2-245 至图 2-247 所示。

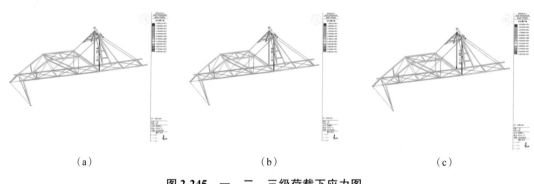

（a）　　　　　　　　（b）　　　　　　　　（c）

图 2-245　一、二、三级荷载下应力图

（a）一级荷载；（b）二级荷载；（c）三级荷载

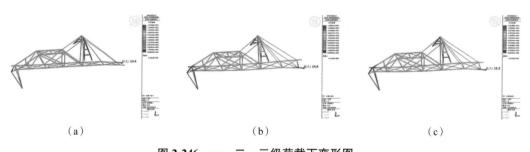

（a）　　　　　　　　（b）　　　　　　　　（c）

图 2-246　一、二、三级荷载下变形图

（a）一级荷载；（b）二级荷载；（c）三级荷载

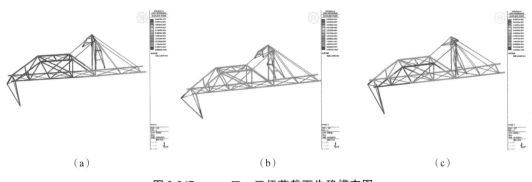

(a)　　　　　　　　　　　　　(b)　　　　　　　　　　　　　(c)

图 2-247　一、二、三级荷载下失稳模态图

（a）一级荷载；（b）二级荷载；（c）三级荷载

67.4　专家点评

　　该模型的③轴支座位置选在 C 荷载面位置。③轴支座处采用双层梯形刚架承受桥面拉杆拉力，为减小桥面拉杆和压杆的内力，梯形刚架高度设计得较高。②轴、③轴之间的结构体系选择了桥面向上发展的拱桁架体系，该体系的选择有利于赛题的变参数情况，然而在桥面下部有足够结构空间的前提下，相对来说在模型质量上可能较为不利。

68　齐齐哈尔大学

作品名称	齐大桥不塌队		
参赛队员	申沙令	郑　易	刘　凯
指导教师	屈恩相	王　丽	张　宇

68.1　设计思路

根据赛题描述，我们利用桥梁专业的大型有限元分析计算软件 MIDAS Civil 建立全桥模型，针对前期不同方案构想，进行方案对比。体系 1 是三角形桁架体系，传力路径明确，受力合理，杆件承受轴向力，材料能充分利用，自重较轻，跨越能力大，但结构复杂，节点较多，不易操作且整体性较差。体系 2 是梁拱组合桥，传力路径明确，承载力高，跨越能力大，受荷载工况影响敏感性小，但自重大，局部节点受力复杂，受荷载工况影响安全系数低。体系 3 是双腿梁拱组合桥，在发挥体系 2 优点的基础上，受荷载影响安全系数高，但自重稍大，针对本赛题不占优势。经对比考虑后，我们最终选择了梁拱组合桥。

68.2　结构选型

表 2-66 中列出了三种体系优缺点对比。

表 2-66　体系 1、2、3 优缺点对比

体系对比	体系 1	体系 2	体系 3
优点	传力路径明确，受力合理，杆件承受轴向力，材料能充分利用，自重较轻，跨越能力大	传力路径明确，承载力高，跨越能力大，受荷载工况影响敏感性小	在发挥体系 2 优点的基础上，受荷载影响安全系数高
缺点	结构复杂，节点较多，不易操作且整体性较差	自重大，局部节点受力复杂，受荷载工况影响安全系数低	自重稍大

体系 1、2、3 模型如图 2-248 所示。

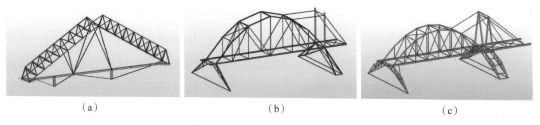

(a)　　　　　　　　　　　(b)　　　　　　　　　　　(c)

图 2-248　体系 1、2、3 模型图

(a) 体系 1；(b) 体系 2；(c) 体系 3

68.3　计算分析

本结构采用 MIDAS Civil 进行结构建模及分析。计算分析结果如图 2-249 至图 2-251 所示。

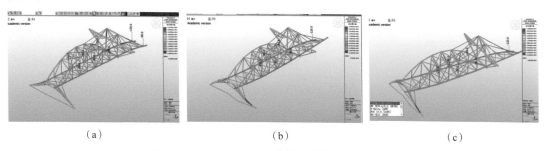

(a)　　　　　　　　　　　(b)　　　　　　　　　　　(c)

图 2-249　一、二、三级荷载下整体组合应力云图

(a) 一级荷载；(b) 二级荷载；(c) 三级荷载

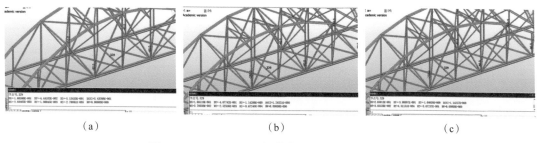

(a)　　　　　　　　　　　(b)　　　　　　　　　　　(c)

图 2-250　一、二、三级荷载下测点位移变形图

(a) 一级荷载；(b) 二级荷载；(c) 三级荷载

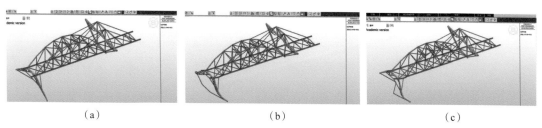

(a)　　　　　　　　　　　(b)　　　　　　　　　　　(c)

图 2-251　一、二、三级荷载下失稳模态图

(a) 一级荷载；(b) 二级荷载；(c) 三级荷载

68.4　专家点评

　　该模型③轴支座位置选在靠近 C 荷载面的位置，在尽量减小悬臂长度的同时，又不希望②轴、③轴跨度太大。模型②轴、③轴间的桥面纵向水平传力体系，选择了曲线拱结构，造型优美。然而，集中荷载作用下的合理拱线一般为折线拱，在赛题规定的荷载（集中荷载为主）工况下，曲线拱的合理性值得商榷。

69　运城职业技术大学

作品名称	鑫辰世桥		
参赛队员	谢李鑫	吴辰阳	宋世杰
指导教师	贾昊凯	赵　转	

69.1　设计思路

我们综合分析了材料的受力特性、荷载布置和边界条件等，采用了桁架结构模式。遵循着使用构件少、传力直接、荷载分配合理的原则连接，竖向加载点的模型结构应具备足够的刚度，禁止加载过程中产生大位移，改变荷载传力模式。通过桁架主体结构承受桥梁两侧的荷载。针对加载过程中存在的不对称荷载，对结构进行了局部加强，在悬臂段通过设置拉索减轻结构的自重；为避免桥梁两侧受力不均导致结构发生扭转，特意在桥面中加入剪刀撑增强结构整体稳定性，提升抗扭性能，防止结构在不对称受力及荷载偏移中导致桥面扭转过大破坏。同时由于第三级为移动荷载，铅球在滚动过程中不仅会产生移动荷载效应，还会出现冲击效应，剪刀撑的设置可以减少此荷载对结构产生的影响，保证结构的整体强度、刚度和稳定性。

69.2　结构选型

我们根据赛题要求设计了3种结构体系：桁架式，斜拉桁架式（鱼腹型），斜拉桁架式。表2-67列出了各体系的优缺点对比。

表 2-67　体系 1、2、3 优缺点对比

体系对比	体系 1:桁架式	体系 2:斜拉桁架(鱼腹型)	体系 3:斜拉桁架式
优点	结构承载能力好，只承受轴向拉压	自重小，制作时间短，杆件少，主体采用桁架结构，整体性好	主体采用桁架结构，受力简单明确，稳定性良好
缺点	自重较大，制作时间长，杆件较多	结构承载能力一般	支座通过拉索连接，在所加荷载大时，容易出现黏结问题，导致结构破坏，制作时间较长

体系 1、2、3 模型如图 2-252 所示。

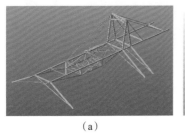 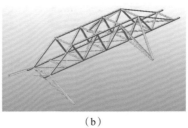 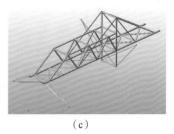

（a） （b） （c）

图 2-252　体系 1、2、3 模型图

（a）体系 1；（b）体系 2；（c）体系 3

69.3　计算分析

本结构采用 MIDAS Civil 进行结构建模及分析。计算分析结果如图 2-253、图 2-254 所示。

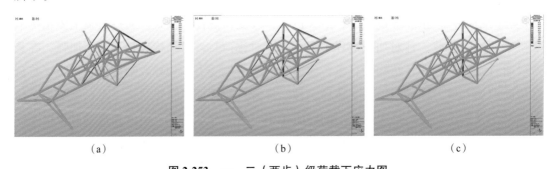

（a） （b） （c）

图 2-253　一、二（两步）级荷载下应力图

（a）一级荷载；（b）二级荷载（第一步）；（c）二级荷载（第二步）

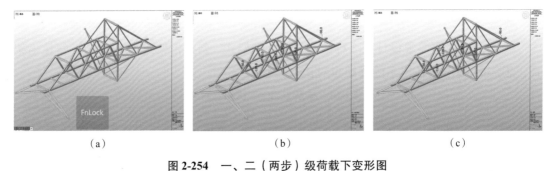

（a） （b） （c）

图 2-254　一、二（两步）级荷载下变形图

（a）一级荷载；（b）二级荷载（第一步）；（c）二级荷载（第二步）

69.4　专家点评

该模型的③轴支座位置选在 C 荷载面位置。②轴、③轴之间的结构体系选择了桥面向上发展的桁架体系，该体系的选择有利于赛题的变参数情况，因为赛题对桥面上方的空间没有约束；然而在桥面下部有足够结构空间的前提下，依旧选择向上的桁架，相对于其他向下发展的桁架或张悬体系来说，在模型质量上可能较为不利。

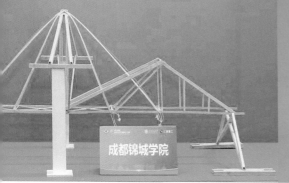

70 成都锦城学院
（原四川大学锦城学院）

作品名称	锦瑟桥		
参赛队员	张燕宗	宋文刚	胡加杰
指导教师	张爱玲	郭慧珍	方冬慧

70.1 设计思路

在满足赛题要求下，通过合理设计，用更少的材料，实现较大的结构强度、刚度，并在加载全过程满足竖向静力荷载、移动荷载和水平冲击荷载的要求。首先应选择合理的结构体系，通过多个结构体系进行比选实验，分别从制作工艺、受力路径、结构自重、结构刚度、稳定性等多方面考虑，选出独塔斜拉与桁架桥梁组合体系。然后需考虑不同桥下净空、不同荷载工况下结构的承载力，以及不同支座高度下支座的设计，较完整地考虑不同参数情况下结构的承载能力。最后需从不同的桥型找灵感，取其精华去其糟粕，以优化整体桥梁体系。

70.2 结构选型

在赛前筹备期间，我们根据赛题要求，进行了多个结构体系模型的设计并试验。表 2-68 中列出了赛前设计结构体系的优缺点对比。

表 2-68 体系 1、2、3 优缺点对比

体系对比	体系 1	体系 2	体系 3
优点	传力路径简单，受力明确	横向稳定性好，受力明确	构件简单，所有杆件均能发挥作用，制作方便，受力明确
缺点	承载力低，易侧向失稳	制作复杂，部分杆件不能充分发挥作用，质量较大	富余度小，制作要求高

体系 1、2、3 模型如图 2-255 所示。

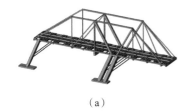

（a）　　　　　　　　　（b）　　　　　　　　　（c）

图 2-255 体系 1、2、3 模型图

（a）体系 1；（b）体系 2；（c）体系 3

70.3　计算分析

本结构采用 MIDAS Civil 进行结构建模及分析。计算分析结果如图 2-256 至图 2-258 所示。

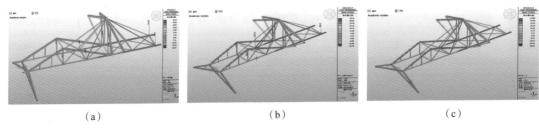

（a）　　　　　　　　　　　（b）　　　　　　　　　　　（c）

图 2-256　一、二、三级荷载下应力图

（a）一级荷载；（b）二级荷载；（c）三级荷载

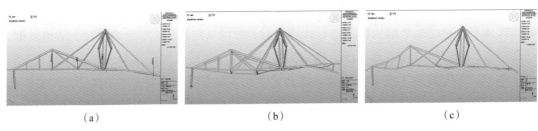

（a）　　　　　　　　　　　（b）　　　　　　　　　　　（c）

图 2-257　一、二、三级荷载下变形图

（a）一级荷载；（b）二级荷载；（c）三级荷载

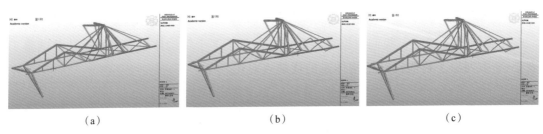

（a）　　　　　　　　　　　（b）　　　　　　　　　　　（c）

图 2-258　一、二、三级荷载下失稳模态图

（a）一级荷载；（b）二级荷载；（c）三级荷载

70.4　专家点评

该模型的③轴支座位置选在 C 荷载面位置。③轴采用 A 型塔塔架承受桥面斜拉杆的拉力，竖向拉杆拉在了 A 型塔的塔身上，将使塔身产生弯矩，导致塔身截面尺寸较大。②轴、③轴间结构采用桥面向上的三角形桁架，三角形上部压杆较长，约束不足，计算长度较长，将导致压杆截面较大。

71 重庆建筑工程职业学院

作品名称	道桥代表队
参赛队员	郝 黎 冯 杰 黄承宇
指导教师	黄春蕾 段 鹏 蒋云锋

71.1 设计思路

桥梁结构要承受较大的分散竖向荷载和水平移动荷载,我们考虑采用斜拉桥的桥型。充分利用竹材抗拉性能优于抗压性能这一特性,力求将分散的荷载集中于主塔,再通过主塔将荷载传递到③轴支座。通过调节③轴与②轴的距离 L,来达到一级荷载、二级荷载下主塔两侧(左侧:主跨部分;右侧:悬挑部分)的力平衡。由于一级荷载对主跨跨中沉降有限制要求,故主跨部分考虑采用桁架或加劲梁结构,主梁高度取桥梁的允许建筑高度,从而最大限度提高主跨部分的结构刚度。悬挑部分需考虑 D 轴的荷载参数,运用斜拉条和主梁作柔性支撑。

71.2 结构选型

我们根据赛题要求设计了 3 种结构体系。表 2-69 中列出了 3 种体系的优缺点对比。经过方案对比分析,我们拟采用"吊"+加劲梁的结构体系(体系 3)。

表 2-69 体系 1、2、3 优缺点对比

体系对比	体系 1:"撑"+加劲梁	体系 2:"悬带+类桁架"+加劲梁	体系 3:"吊"+加劲梁
优点	腹杆受拉,可以减轻主梁自重,减少吊绳用量。设计简单,传力路径清晰,荷载比较高	腹杆受拉,可以减轻主梁自重,同时减少吊绳用量。支撑系统特别稳定,有很好的刚度,对模型结构抗扭、抗偏载、抗沉降有很好的效果	腹杆受拉,可以减轻主梁自重,同时减少吊绳用量。传力路径明确,结构稳定,具有较好的抵抗偏载的能力,可以有效减小支撑系统的质量
缺点	主梁加劲梁结构抗扭能力不及桁架结构;斜撑抵抗偏载的能力有限;压弯构件,不适于竹材	主梁加劲梁结构抗扭能力不及桁架结构;支撑系统结构较复杂,主要受力节点较多,对加固处理精度要求高,质量较大	主梁加劲梁结构抗扭能力不及桁架结构;桥面及主塔的横向偏移较大,对移动荷载不利

体系 1、2、3 模型如图 2-259 所示。

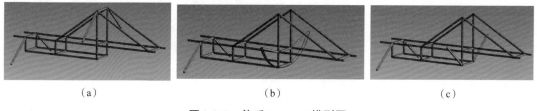

（a） （b） （c）

图 2-259 体系 1、2、3 模型图

（a）体系 1；（b）体系 2；（c）体系 3

71.3 计算分析

本结构采用 MIDAS Civil 进行结构建模及分析。计算分析结果如图 2-260 至图 2-262 所示。

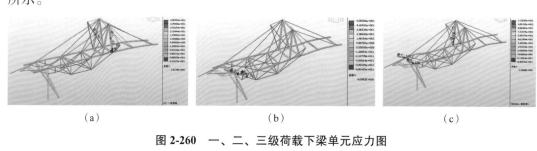

（a） （b） （c）

图 2-260 一、二、三级荷载下梁单元应力图

（a）一级荷载；（b）二级荷载；（c）三级荷载

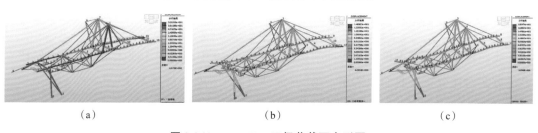

（a） （b） （c）

图 2-261 一、二、三级荷载下变形图

（a）一级荷载；（b）二级荷载；（c）三级荷载

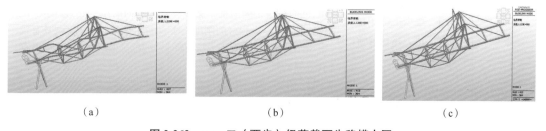

（a） （b） （c）

图 2-262 一、二（两步）级荷载下失稳模态图

（a）一级荷载；（b）二级荷载（第一步）；（c）二级荷载（第二步）

71.4 专家点评

该模型的③轴支座位置选在 C 荷载面位置,可减小该处荷载对结构纵向水平传力体系的影响。该模型在③轴处选择了梯形刚架来承受桥面拉杆拉力,同时设置了连接桥面的③轴支座下沉拉杆共同承受支座处的荷载。这两套系统共同承受桥面拉杆拉力。②轴、③轴间采用桥面往下发展的张悬体系,充分利用桥下净空,增加张悬梁的高度,提高承载能力。

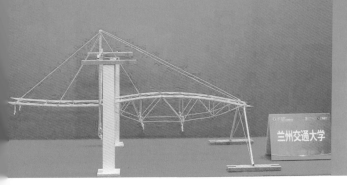

72　兰州交通大学

作品名称	三角之巅
参赛队员	郑秋松　余　阳　党泽昊
指导教师	杨　军

72.1　设计思路

由于所提供材料只有竹皮纸和竹条，且对模型挠度有限制，而使用 1mm×6mm 竹条制作的杆件较柔，主跨部分需要有效结构刚度支撑，因此选择桁架结构和斜拉结构。前期设计出了体系1、2，在加载过程中，使各梁单独承受该侧荷载，横向仅用很少的联系来避免失稳情况发生，将加载中偏载引发的桥梁整体扭转问题彻底解决。但由于体系1制作较为费时，质量较大，随后对主要受力结构三轴依照传力路径进行优化，得到体系2。但体系1、2对于荷载点 A、B 的变形控制得不是很好，且杆件均为竹皮纸制作，强度、刚度受湿度影响较大，制作时间也较长。因此在 A、B 加载点附近增设桁架结构，提供额外刚度，且桁架上下弦均为拱形，应力分布更加合理，从而得到体系3。

72.2　结构选型

我们根据赛题要求设计了3种结构体系。表2-70列出了各体系的优缺点对比。

表 2-70　体系 1、2、3 优缺点对比

体系对比	体系 1	体系 2	体系 3
优点	模型在加载过程中不存在扭转问题，利用了竹材很好的抗拉强度	优点同体系1，且优化了传力路径，缩短制作时长，减轻模型质量	缩短制作时间，充分利用竹材很好的抗拉强度，结构应力分布更为合理，模型可靠度高
缺点	模型制作时间较长，且质量较大，传力路径不够直接，模型效率低	会增大跨间梁的轴力，且三轴质量重，模型制作烦琐	—

体系1、2、3模型如图2-263所示。

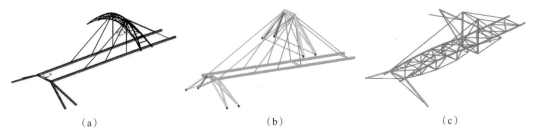

（a）　　　　　　　　　　　（b）　　　　　　　　　　　（c）

图 2-263　体系 1、2、3 模型图

（a）体系1；（b）体系2；（c）体系3

72.3 计算分析

本结构采用 MIDAS Civil 进行结构建模及分析。计算分析结果如图 2-264 至图 2-266 所示。

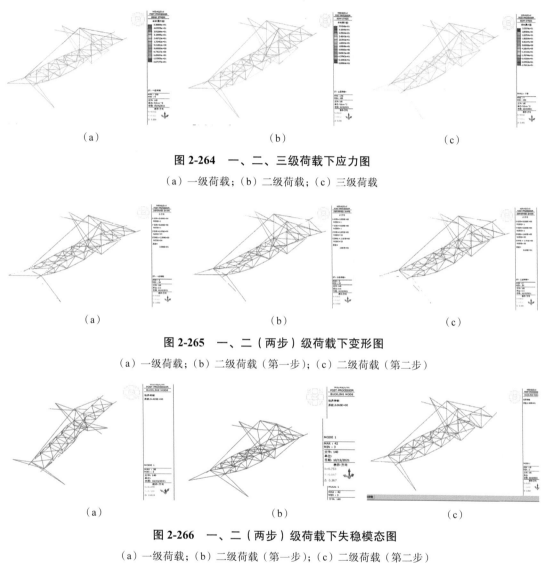

图 2-264 一、二、三级荷载下应力图

（a）一级荷载；（b）二级荷载；（c）三级荷载

图 2-265 一、二（两步）级荷载下变形图

（a）一级荷载；（b）二级荷载（第一步）；（c）二级荷载（第二步）

图 2-266 一、二（两步）级荷载下失稳模态图

（a）一级荷载；（b）二级荷载（第一步）；（c）二级荷载（第二步）

72.4 专家点评

该模型的③轴支座位置选在 C 荷载面位置，可减小该处荷载对结构纵向水平传力体系的影响。该模型在③轴处选择了 H 型塔来承受桥面拉杆拉力，塔底通过③轴处的下沉拉杆连接至支座；充分利用桥下净空，将 H 型塔塔底延伸至最低，尽量减小支座下沉拉杆与竖直方向的角度，减小拉杆拉力。桥面②轴、③轴间则采用三角形张悬体系，充分利用桥下净空结合桥面起拱，增加承载能力。

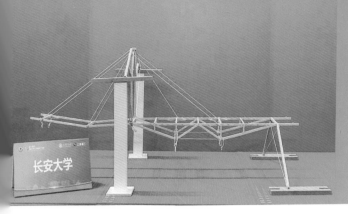

73　长安大学

作品名称	破风		
参赛队员	潘家冬	陈　旭	沈新隆
指导教师	王　步	李　悦	

73.1　设计思路

考虑到赛题中要求的多种工况，首先对于桥身进行了设计，提出梁式桥和组合桥两种体系。梁式桥以桁架作为桥梁的主要抗弯结构，通过对桁架的受力情况进行分析，桁架上部受压，下部受拉，桁架下部采用拉带进行连接。此种结构稳定性较好，传力路径明确，加载效果好。组合桥是将梁式桥与斜拉桥进行组合，通过调节③轴支座空间位置，可以使③轴支座两侧荷载互相分担受力，使作用在桁架上面的力减小。通过两种体系的对比，最终选择优化空间较大的体系2，并通过模型加载试验，不断优化模型。

73.2　结构选型

考虑到赛题中要求的多种工况，我们首先对于桥身进行了设计。经过讨论提出了两种可行的结构体系。表2-71列出了各体系优缺点的对比。

表2-71　体系1、2优缺点对比

体系对比	体系1	体系2
优点	稳定性强	传力路径明确,质量小
缺点	质量大	稳定性较差

体系1、2模型如图2-267所示。

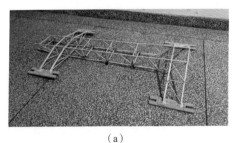

（a）　　　　　　　　　　　　（b）

图2-267　体系1、2模型图

（a）体系1；（b）体系2

73.3 计算分析

本结构采用 MIDAS Civil 进行结构建模及分析。计算分析结果如图 2-268 至图 2-270 所示。

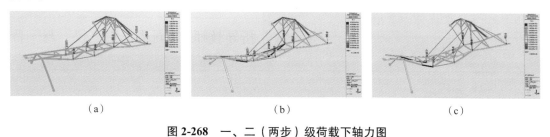

（a）　　　　　　　　　　（b）　　　　　　　　　　（c）

图 2-268　一、二（两步）级荷载下轴力图

（a）一级荷载；（b）二级荷载（第一步）；（c）二级荷载（第二步）

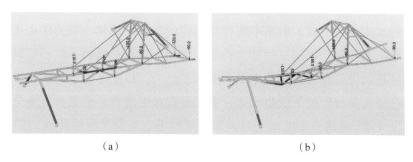

（a）　　　　　　　　　　（b）

图 2-269　一、二级荷载下变形图

（a）一级荷载；（b）二级荷载

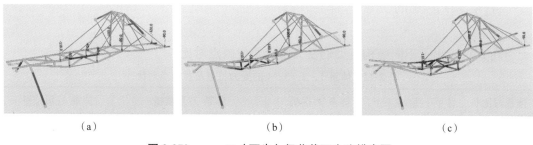

（a）　　　　　　　　　　（b）　　　　　　　　　　（c）

图 2-270　一、二（两步）级荷载下失稳模态图

（a）一级荷载；（b）二级荷载（第一步）；（c）二级荷载（第二步）

73.4 专家点评

该模型的③轴支座位置选在 C 荷载面位置，可减小该处荷载对结构纵向水平传力体系的影响。②轴采用单斜柱支撑，并设置斜拉杆提升抗扭性能。该模型总体为斜拉体系，②轴、③轴之间采用梯形桁架，提升桥面的抗弯和抗扭性能。汇聚于 C 轴的力通过上部三折线拱和下层三折线索两条传力路径传至支座。

74 河南城建学院

作品名称	豫建		
参赛队员	张家诚	曾兴涛	宋 毅
指导教师	宋新生	王 仪	赵 晋

74.1 设计思路

赛题最大的特点是待定参数形式和数量极多,使得桥梁模型工况环境不确定,首要的工作是减少模型应对各种工况结构的种类。工程结构的各种受力构件,总是离不开拉、压和弯曲三种基本受力方式,由基本构件所组成的各种结构物,在力学上可以归结为梁式、拱式、悬吊式三种。以这三种基本桥型为依据,分别对梁桥、拱桥、悬索桥和斜拉桥进行对比分析。梁桥在竖向荷载作用下无水平反力,以受弯为主;拱桥以拱肋为主要承重构件,在竖向荷载作用下拱肋承压,支承处有水平推力;悬索桥能充分发挥高强钢丝悬索的抗拉性能;桥塔承受缆索通过索鞍传来的垂直荷载及水平荷载,传到下部结构;斜拉桥以桥塔承压、缆索受拉、梁体受弯组合,斜拉桥主要承重的是主梁。通过比较各种桥型,最终确定斜拉桥与上承式桁架梁桥的组合桥梁。

74.2 结构选型

表 2-72 列出了不同结构类型的受力特点及优缺点对比。

表 2-72 体系 1、2、3、4 的受力特点及优缺点对比

体系对比	体系 1:梁桥	体系 2:拱桥	体系 3:悬索桥	体系 4:斜拉桥
受力特点	在竖向荷载作用下无水平反力,以受弯为主	以拱肋为主要承重构件,在竖向荷载作用下拱肋承压,支承处有水平推力	充分发挥高强钢丝悬索的抗拉性能;桥塔承受垂直荷载及水平荷载,传到下部结构	桥塔承压,缆索受拉,梁体受弯组合
优点	适应性强,整体性好;桥型结构简单,设计理论比较成熟	跨越能力较大;外形美观;节省材料,经济合理	悬索桥较其他桥型而言可以充分利用材料的强度;跨度特大,自重较轻	主梁弯矩与挠度显著减小,故其跨越能力强
缺点	结构本身自重大,且跨度越大其自重所占荷载的比值越大	作为一种推力结构,对基础要求较高;由于建筑高度较大,对稳定性不利	悬索是柔性结构,刚度较小;当活载作用时,悬索会产生几何变形,桥跨结构产生较大挠曲变形;风振响应、车振响应大	计算过程较为复杂;对节点处的连接要求较高;柔度较大,受荷载后变形较大

74.3 计算分析

本结构采用 MIDAS Civil 进行结构建模及分析。计算分析结果如图 2-271 至图 2-273 所示。

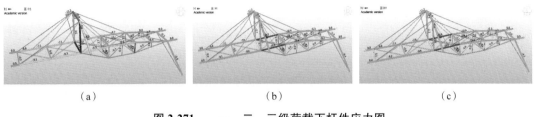

（a）　　　　　　　　　　（b）　　　　　　　　　　（c）

图 2-271　　一、二、三级荷载下杆件应力图

（a）一级荷载；（b）二级荷载；（c）三级荷载

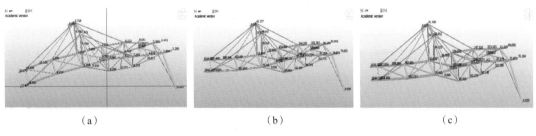

（a）　　　　　　　　　　（b）　　　　　　　　　　（c）

图 2-272　　一、二、三级荷载下变形图

（a）一级荷载；（b）二级荷载；（c）三级荷载

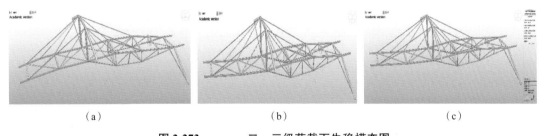

（a）　　　　　　　　　　（b）　　　　　　　　　　（c）

图 2-273　　一、二、三级荷载下失稳模态图

（a）一级荷载；（b）二级荷载；（c）三级荷载

74.4 专家点评

方案采用斜拉桥与上承式桁架梁桥的组合桥梁结构体系。②轴、③轴间采用上弦起拱的桁架体系，增加了结构的强度和刚度。③轴支座位置选在 C 荷载面位置。③轴横向结构体系采用鱼腹式桁架，具有较高的效率。在内力较小的两端部位设置了轻型外伸桁架以减小结构自重。

75　北京建筑大学

作品名称	梦想造桥队		
参赛队员	李刘欢	刘子轩	谭希学
指导教师	苑　泉	侯苏伟	吴宜峰

75.1　设计思路

根据实践与分析，发现桥梁在受到偏心荷载时会出现较大扭矩，并且在一级荷载时，会在桥梁跨中设置挠度测试，所以需要设计出合理的结构来增加桥梁的刚度来抵抗变形。并且在三级加载时，需要对部分的结构和节点进行特别设计以提高强度。根据赛题要求，考虑 3 个体系：体系 1 选择桁架梁桥结合斜拉桥的结构体系，通过桁架来提高桥主体的刚度，并且利用大赛不限制桥上净空的特点，使用双塔柱的结构形式来提高桥梁跨越能力。体系 2 对支座承重柱进行重新设计，为双塔柱斜拉桥的体系。体系 3 为了解决双塔柱受力不均匀的问题，设计了单塔柱斜拉桥，此体系跨越能力极强，并且合理利用了竹材顺纹受拉强度高的特性。在跨中设计了鱼腹梁，提高了跨中的刚度，使桥梁跨中挠度明显降低；在支座两端用竹片横向连接，明显减少桥塔的沉降量。通过 MIDAS Civil 建模和实际模型加载，我们最终选择体系 3。

75.2　结构选型

三种体系的优缺点对比见表 2-73。

表 2-73　体系 1、2、3 优缺点对比

体系对比	体系 1	体系 2	体系 3
优点	桁架梁结构使得桥梁刚度较大，抵抗变形的能力强	节点与构件数量少，且大部分为空心，大幅度减少了自重；重新设计后的支座承载能力极强；桥梁在承载非偏心荷载时跨越能力较强；桥梁跨中的三角形设计可以大幅度减小跨中挠度	构件与节点数量较少，自重和制作时间大幅度减少；桥梁在承载偏心与非偏心荷载时跨越能力较强；桥塔较为稳定，不会出现失稳破坏；跨中刚度较大，挠度在合理范围内；用竹片横向连接两端，明显减少了桥塔的沉降量；可以通过调节下塔柱来适配多个支座高度参数
缺点	节点和构件较多导致自重大；承重柱设计不成熟，导致承载力较小	在承受偏心荷载时双塔柱受力不均匀，会导致大幅度的扭转，导致变形过大	拉索结构内力与应力较大，需要挑选无瑕疵的竹材进行制作

体系 1、2、3 模型如图 2-274 所示。

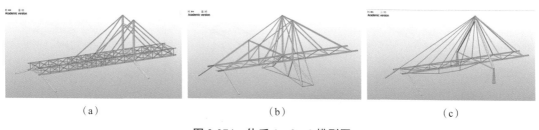

（a）   （b）   （c）

图 2-274   体系 1、2、3 模型图

（a）体系 1；（b）体系 2；（c）体系 3

75.3   计算分析

本结构采用 MIDAS Civil 进行结构建模及分析。计算分析结果如图 2-275 至图 2-277 所示。

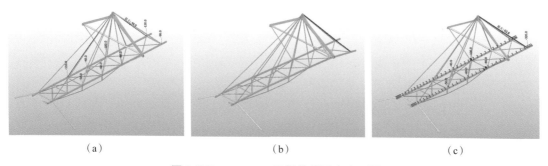

（a）   （b）   （c）

图 2-275   一、二、三级荷载下应力云图

（a）一级荷载；（b）二级荷载；（c）三级荷载

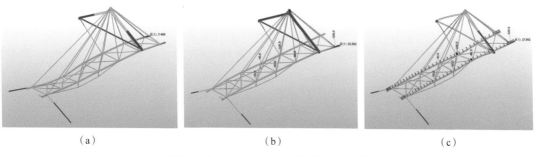

（a）   （b）   （c）

图 2-276   一、二、三级荷载下变形图

（a）一级荷载；（b）二级荷载；（c）三级荷载

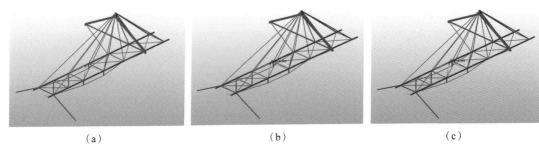

(a)   (b)   (c)

图 2-277　一、二、三级荷载下失稳模态图

（a）一级荷载；（b）二级荷载；（c）三级荷载

75.4　专家点评

在③轴设置两根压杆，纵向桥梁结构通过 12 根拉杆悬吊，拉杆交会于③轴两根压杆的顶部交点，结构简单，概念清晰。

76 华北水利水电大学

作品名称	刚柔相济		
参赛队员	杨清华	谢海光	肖嘉辰
指导教师	韩爱红	陈记豪	程远兵

76.1 设计思路

根据赛题要求，为实现模型大跨度，我们选择斜拉桥作为参赛桥型。考虑 3 个结构体系：体系 1 为双索塔桁架斜拉桥，加上荷载之后跨中挠度和位移均较大，但强度、刚度和稳定性要求难以满足；体系 2 在③轴线位置架设一个 A 型索塔，主要由拉条来传递静力荷载，另外由两根主梁中间的横梁来控制扭转变形；体系 3 模型确定为在③轴线处设立一榀刚架，由刚架和拉条来承担静力荷载，在②轴线的地方设立一组腿，在 A、B、C、D 加载点加上下弦杆，建立一个张弦体系，控制其位移和挠度，能够增强其稳定性和刚度。经过多次模型测试，最终选择变形小，自重轻，具有可靠的强度、刚度和稳定性的体系 3 作为决赛模型的备选方案。

76.2 结构选型

表 2-74 中列出了三种体系的优缺点对比。

表 2-74 体系 1、2、3 优缺点对比

体系对比	体系 1	体系 2	体系 3
优点	自重轻	变形小	变形小，自重轻，具有可靠的强度、刚度和稳定性
缺点	强度和刚度不够	稳定性差	拉条黏结面积小

体系 1、2、3 模型如图 2-278 所示。

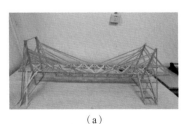 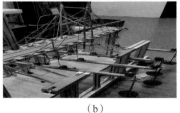 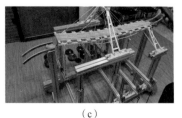

（a） （b） （c）

图 2-278 体系 1、2、3 模型图

（a）体系 1；（b）体系 2；（c）体系 3

76.3 计算分析

本结构采用 MIDAS Civil 进行结构建模及分析。计算分析结果如图 2-279 至图 2-281 所示。

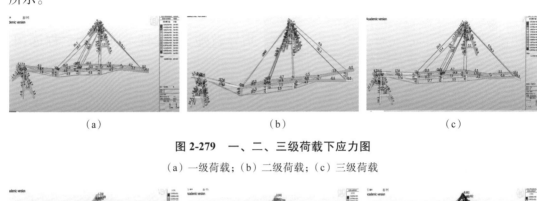

（a）　　　　　　　　　　　（b）　　　　　　　　　　　（c）

图 2-279　一、二、三级荷载下应力图

（a）一级荷载；（b）二级荷载；（c）三级荷载

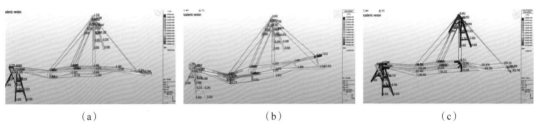

（a）　　　　　　　　　　　（b）　　　　　　　　　　　（c）

图 2-280　一、二、三级荷载下变形图

（a）一级荷载；（b）二级荷载；（c）三级荷载

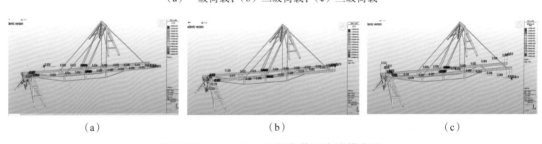

（a）　　　　　　　　　　　（b）　　　　　　　　　　　（c）

图 2-281　一、二、三级荷载下失稳模态图

（a）一级荷载；（b）二级荷载；（c）三级荷载

76.4 专家点评

在③轴设置 4 根压杆（对称布置在Ⓑ轴两侧，每侧 2 根），顶部相交于Ⓑ轴，压杆之间设置水平连杆，增加抗失稳性能。纵向桥梁通过 8 根拉杆悬吊于③轴压杆的顶部交会点。②轴的支撑方式与③轴类似。桥面纵梁下部部分区域设置了张弦，但是高度较浅，效率值得怀疑。

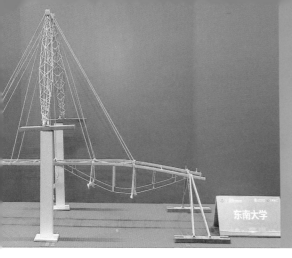

77   东南大学

作品名称	木头佬		
参赛队员	万　理	吴初恒	何佳晔
指导教师	查　涌	孙泽阳	戚家南

77.1   设计思路

根据赛题解读，方案构思主要考虑折线塔复合梁斜拉桥、直线塔复合梁斜拉桥和格构式塔复合梁斜拉桥 3 个体系。折线塔复合梁斜拉桥主跨为张弦梁，边跨为悬臂梁，以③轴桥塔为中心，向两边梁体张拉斜索，形成斜拉桥体系。直线塔复合梁斜拉桥将③轴的折线塔改为通长直杆，减小了弯矩，让竖向荷载的传递更直接。同时，增大①轴处的塔高度，主跨跨中增加了斜拉索，用于分担主塔承受的竖向荷载，同时增大桥梁竖向刚度。格构式塔复合梁斜拉桥将原先的通长杆件更换为承载力更高、自重更轻的棱形格构式柱，有效解决了③轴塔的失稳问题，同时也能降低①轴的塔高，有利于减轻结构自重。

77.2   结构选型

我们根据赛题要求设计了 3 种结构体系。表 2-75 中分别列出了三种体系的优缺点。

表 2-75   体系 1、2、3 优缺点对比

体系对比	体系 1	体系 2	体系 3
优点	自重较轻	刚度较大，桥梁挠度较小，传力路径较短	刚度较大，承载力最高，传力路径较短，自重最轻
缺点	ⓒ轴桥塔传力路径长，刚度小，且塔身转折处弯矩较大，不利于桥塔受压	自重较大，ⓒ轴桥塔压杆长细比过大，易失稳	棱形格构柱制作工艺较复杂

体系 1、2、3 模型如图 2-282 所示。

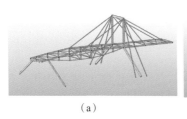
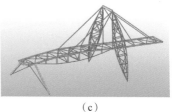

（a）　　　　　　　　　　（b）　　　　　　　　　　（c）

图 2-282　体系 1、2、3 模型图

（a）体系 1；（b）体系 2；（c）体系 3

77.3　计算分析

本结构采用 MIDAS Civil 进行结构建模及分析。计算分析结果如图 2-283 至图 2-285 所示。

（a）　　　　　　　　　　　（b）　　　　　　　　　　　（c）

图 2-283　一、二、三级荷载下各单元应力图

（a）一级荷载；（b）二级荷载；（c）三级荷载

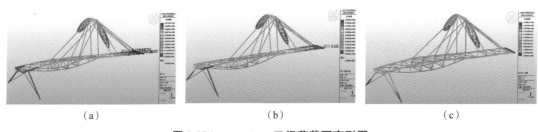

（a）　　　　　　　　　　　（b）　　　　　　　　　　　（c）

图 2-284　一、二、三级荷载下变形图

（a）一级荷载；（b）二级荷载；（c）三级荷载

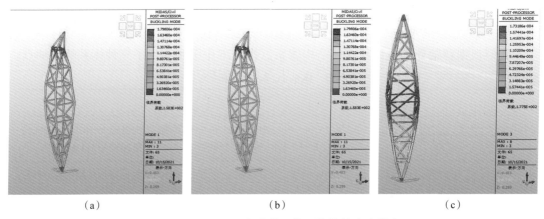

（a）　　　　　　　　　　　（b）　　　　　　　　　　　（c）

图 2-285　一、二、三级荷载下梭形格构柱失稳模态图

（a）一级荷载；（b）二级荷载；（c）三级荷载

77.4　专家点评

在③轴对称于⑧轴设置两个梭形格构柱。梭形格构柱具有抗失稳能力强的优点，但是也有节点数量多的缺点，对制作加工的要求较高。该结构的另一个特点是在②轴、③轴之间的纵向结构采用了无斜腹杆的张弦梁，由于本赛题荷载主要为集中荷载，斜腹杆的缺失对抵抗集中载荷较为不利。

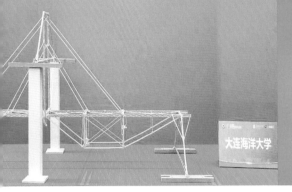

78 大连海洋大学

作品名称	彼岸之眸		
参赛队员	李林强	张 鑫	孙银忠
指导教师	杨 鑫	牟瑛娜	李 敏

78.1 设计思路

根据赛题要求，结构设计遵循基本结构与附属结构协同受力原则、强节点强锚固原则和拉杆多压杆少原则。初步考虑斜拉桥、桁架桥和拱桥三个方案。斜拉桥模型效率较高，附属结构能够与基本结构协同受力，能够充分发挥悬臂段承载力，结构多余约束较少，能够提高模型效率。桁架桥结构是由两片桁架组成，主梁形成了开阔的闭合截面，对于偏载工况具有较高的模型效率。拱桥模型效率较高，主要承重构件为拱圈，只要增加拱圈的横向联系，防止其发生侧向失稳，就可以获得较高的模型效率。通过对比分析，最终采用体系1与体系2的组合方案，即采用斜拉桥+桁架主梁的组合方式，一方面兼顾了基本结构与附属结构协同受力，另一方面也考虑到了主梁由于需要抵抗偏载而设计成闭口截面的要求。

78.2 结构选型

经过表2-76中三种方案体系的优缺点对比，我们最终采用体系1与体系2的组合方案，即采用斜拉桥+桁架主梁的组合方式。

表 2-76 体系 1、2、3 优缺点对比

体系对比	体系1:斜拉桥体系	体系2:桁架体系	体系3:拱桥体系
优点	通过斜拉索,基本结构和附属结构可以共同受力;自重较轻;压杆较少,失稳风险低	变形较小;截面开阔,抗扭性能好,抵抗偏载能力强;布置灵活,计算简单	外形美观;节点少,连接破坏风险小;拱圈以受压为主,弯矩小,能够充分发挥材料强度
缺点	变形较大;抗扭性能差,抗偏载能力弱;参数变化对体系影响大	自重较大;节点多,连接破坏风险大	容易发生侧向失稳;支座需要钢钉固定,提供水平推力或平衡拱脚水平推力;计算分析复杂

体系1、2、3模型如图2-286所示。

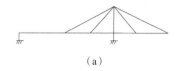 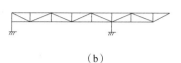 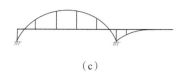

(a)   (b)   (c)

图 2-286   体系 1、2、3 模型图

(a) 体系 1；(b) 体系 2；(c) 体系 3

78.3   计算分析

本结构采用 MIDAS Civil 进行结构建模及分析。计算分析结果如图 2-287 至图 2-289 所示。

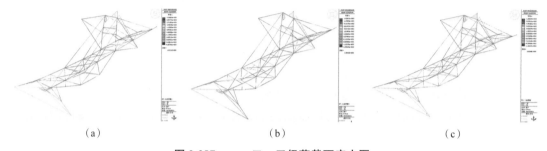

(a)   (b)   (c)

图 2-287   一、二、三级荷载下应力图

(a) 一级荷载；(b) 二级荷载；(c) 三级荷载

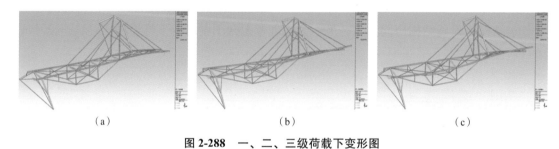

(a)   (b)   (c)

图 2-288   一、二、三级荷载下变形图

(a) 一级荷载；(b) 二级荷载；(c) 三级荷载

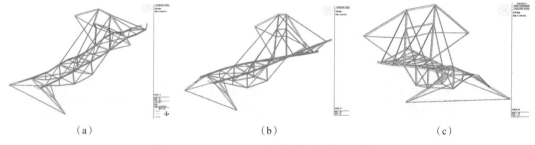

(a)   (b)   (c)

图 2-289   一、二、三级荷载下失稳模态图

(a) 一级荷载；(b) 二级荷载；(c) 三级荷载

78.4   专家点评

该结构造型匀称，比例协调。如果说有需要进一步推敲的地方，可能在两处零杆处。一处是纵桁架靠近②轴、位于③轴侧的一根竖腹杆，另一处为③轴、④轴间的斜拉杆。

79 武夷学院

作品名称	恰好少年		
参赛队员	戴宏旸	何宇轩	刘千禧
指导教师	雷能忠	钟瑜隆	赵俊松

79.1 设计思路

针对本次变参数桥梁设计，采用跨中下弦桁架结构和大跨度悬臂结构。对于跨中下弦桁架结构，根据不同桥下净空，选取不同结构方案，并进行对比分析；对于大跨度悬臂结构，采用对不同高度的桥塔对应的斜拉索的受力和变形分析。考虑本次赛题的多变性，结合实际加载试验操作和建模软件的计算分析，本次模型整体采用单塔斜拉桥模式，针对三种不同高度的斜拉桥对比方案，对斜拉塔的选择采用 250 mm 高度，同时对桥塔的细部节点、自身材料刚度要满足对应的抗弯要求。同时针对不同桥下净空高度，选取不同方案，并在桥下净空较小时对杆件节点进行局部加强。

79.2 结构选型

我们根据赛题要求设计了 3 种结构体系。表 2-77 中列出了不同参数的跨中桁架结构的桥下净空的方案比对。

表 2-77 体系 1、2、3 优缺点对比

体系对比	体系 1：-50 mm 桥下净空	体系 2：-100 mm 桥下净空	体系 3：-150 mm 桥下净空
优点	模型质量较轻，外形结构美观	内部空间良好，形式简单美观，易于拼接，整体性强，变形不易导致下沉挠度过大	整体性最强，结构抗竖向荷载能力最好，处理简单，对节点要求不高
缺点	内部空间较小，节点处理复杂，对单根杆件的要求非常高，刚度不够，部分杆件长细比过大	对主梁的要求较高，需要主梁具有一定的抗侧变形能力，对节点要求高，自重偏大	自重最大，对主梁的抗压应力要求最高

体系 1、2、3 模型如图 2-290 所示。

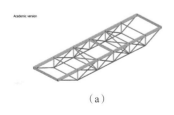

（a）	（b）	（c）

图 2-290 体系 1、2、3 模型图

（a）体系 1；（b）体系 2；（c）体系 3

79.3 计算分析

本结构采用 MIDAS Civil 进行结构建模及分析。计算分析结果如图 2-291 至图 2-293 所示。

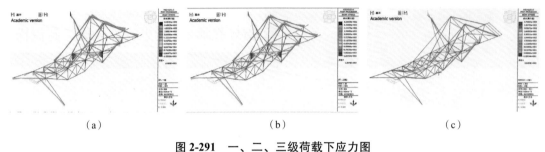

（a） （b） （c）

图 2-291 一、二、三级荷载下应力图

（a）一级荷载；（b）二级荷载；（c）三级荷载

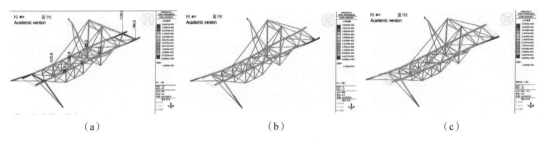

（a） （b） （c）

图 2-292 一、二、三级荷载下变形图

（a）一级荷载；（b）二级荷载；（c）三级荷载

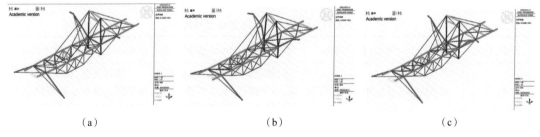

（a） （b） （c）

图 2-293 一、二、三级荷载下失稳模态图

（a）一级荷载；（b）二级荷载；（c）三级荷载

79.4 专家点评

该结构采用斜拉与桁架结合的结构体系，此类体系特别适合赛题中移动悬挂荷载过程中产生的内力变化。总体看，结构合理，没有明显体系设计缺陷。结构设计中的一个特点：在③轴处，由桥梁向支座传力的主构件仅为设置在 C 截面的两根拉杆，另外，在主拉杆两侧各设置了一根拉杆，以保证桥梁结构的纵向平衡。

80　浙江大学

作品名称	求是大桥		
参赛队员	乔　凌	郑骥宇	杨嘉琦
指导教师	陈相权	万华平	邹道勤

80.1　设计思路

在对本次赛题研读后，在面对荷载分布、简支梁部分桥下净空高度（以下简称净空）、桥梁主要支撑结构（即③轴）支座高度的不确定性时，选取可同时满足三种可能性的 50 mm 桥下高度制作简支梁部分桥身。根据支座高度的不同，桥梁的支撑结构可以分为拱、梁、悬吊三种形式，适应场合不同。根据现场抽签情况，最终选择拱作为支撑结构。

80.2　结构选型

我们初选拱、梁、悬吊三种形式作为桥梁支撑结构，其适用范围分别为：拱式结构主要适用于支座高度为 −160 mm、−85 mm，即支座高度低于桥面的情况，采取在拱脚处钉入自攻螺丝的方式，对其进行水平方向的约束；梁的形式主要适用于支座高度为 −10 mm，即支座高度基本与桥面平齐的情况，组合梁下方的空间桁架结构能有效控制结构扭转变形；悬吊式结构主要适用于支座高度为 65 mm、140 mm，即支座高度高于桥面的情况，结构主要受拉，竹材杆件受拉性能良好。

拱、梁和悬吊三种支撑结构如图 2-294 所示。

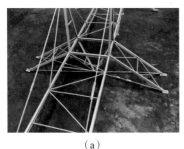 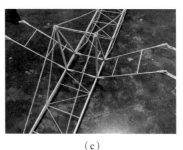

（a）　　　　　　　　　　　（b）　　　　　　　　　　　（c）

图 2-294　拱、梁和悬吊三种支撑结构

（a）拱；（b）梁；（c）悬吊

80.3　计算分析

本结构采用 MIDAS Gen 进行结构建模及分析。计算分析结果如图 2-295、图 2-296 所示。

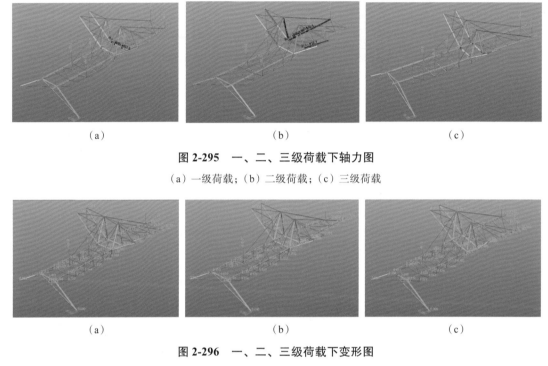

（a）　　　　　　　　　　　（b）　　　　　　　　　　　（c）

图 2-295　一、二、三级荷载下轴力图

（a）一级荷载；（b）二级荷载；（c）三级荷载

（a）　　　　　　　　　　　（b）　　　　　　　　　　　（c）

图 2-296　一、二、三级荷载下变形图

（a）一级荷载；（b）二级荷载；（c）三级荷载

80.4　专家点评

整体结构为桁架+斜拉的结构体系，结构的侧立面图与弯矩图相匹配，结构形式较为合理。③轴横向结构为向下发展的拉索结构，结构效率较高。同时从③轴支座向柱顶设置了拉杆，以有效防止结构侧向扭动。

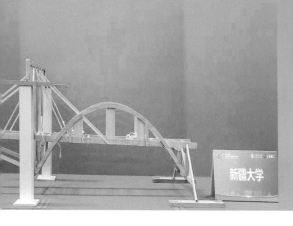

81　新疆大学

作品名称	天山阳光桥
参赛队员	王梦阳　陈　辉　马小宇
指导教师	马财龙　韩风霞

81.1　设计思路

桥梁可分为简支梁桥、拱桥、斜拉桥、悬索桥和连续刚构桥等，还有众多组合形式的桥梁结构。遵循桥模型质量轻、变形小和稳定性强的原则，兼顾手工制作的难易程度，我们在备赛的过程中制作了梁-桁架组合桥、斜拉桥和梁-拱-斜拉索组合桥模型。梁-桁架组合桥在加载过程中承载力较好，通过三级加载并且其变形满足要求；斜拉桥加载过程中，由于索塔设计不够合理，导致结构局部破坏；梁-拱-斜拉索组合桥很好地限制了变形，整体性很好，成功通过三级加载。通过数值模拟和制作的模型加载结果来看，梁-拱-斜拉索组合桥具有明显的优势，特别是中承拱-斜拉索组合梁桥。

81.2　结构选型

通过对比表 2-78 中梁-桁架组合桥、斜拉桥和梁-拱-斜拉索组合桥的优缺点，我们正式比赛中选择梁-中承拱-斜拉索组合桥，中承拱、斜向拉索、主梁作为主体结构。

表 2-78　体系 1、2、3 优缺点对比

体系对比	体系 1:梁-桁架组合桥	体系 2:斜拉桥	体系 3:梁-拱-斜拉索组合桥
优点	坚固,变形小,易制作	充分利用竹皮的良好抗拉性能,易制作	坚固,变形小且质量轻
缺点	质量较大	质量大,强度、刚度不足	结构复杂,不易制作

体系 1、2、3 模型如图 2-297 所示。

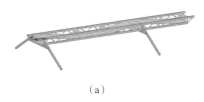
（a）

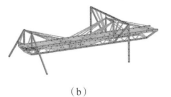
（b）

（c）

图 2-297　体系 1、2、3 模型图

（a）体系 1；（b）体系 2；（c）体系 3

81.3 计算分析

本结构采用 MIDAS Civil 进行结构建模及分析。计算分析结果如图 2-298 至图 2-300 所示。

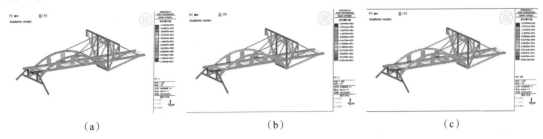

（a）　　　　　　　　　　　（b）　　　　　　　　　　　（c）

图 2-298　一、二、三级荷载下应力图

（a）一级荷载；（b）二级荷载；（c）三级荷载

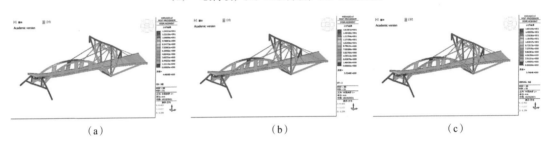

（a）　　　　　　　　　　　（b）　　　　　　　　　　　（c）

图 2-299　一、二、三级荷载下变形图

（a）一级荷载；（b）二级荷载；（c）三级荷载

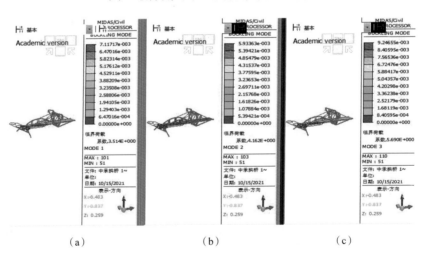

（a）　　　　　　　　　　　（b）　　　　　　　　　　　（c）

图 2-300　一、二、三级荷载下失稳模态图

（a）一级荷载；（b）二级荷载；（c）三级荷载

81.4 专家点评

该结构②轴、③轴之间选用了与众不同的拱形结构体系，但是由于在拱脚处无法提供水平推力，使得仅有位于桥面上部的拱体发挥结构作用。

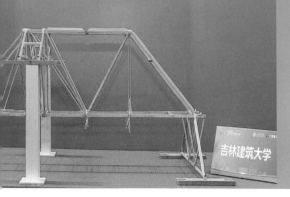

82　吉林建筑大学

作品名称	几木队		
参赛队员	张文鹏	张创纪	潘　东
指导教师	李广博	闫　铂	牛　雷

82.1　设计思路

对于本次竞赛，运用空间结构的构造原理，并结合自身知识储备，从而设计出一种材料消耗相对较少，同时结构刚度及强度均满足竞赛要求的结构模型。空间桁架具有稳定性好、对材料性质运用充分、易于制作等优点，拉索结构对大跨度桥梁又有良好的控制作用。基于以上分析，我们设计了三种结构体系：体系 1，主体为四边形桁架结构，传力路径简单明了，模型效率适中；体系 2，主体为桥下张弦结构，支座部分减少变形，整体体系稳定，传力路径清晰，模型效率较高；体系 3，主体为桥上桁架结构，桥上桁架可有效避免净空限制，也可为支座制作预留空间，杆件使用较少，整体体系稳定，传力路径清晰，模型效率极高。由于体系 3 的结构较轻，并且该结构的桥梁自身抗弯抗扭能力强，有较好的稳定性。

82.2　结构选型

通过表 2-79 中三种体系的优缺点对比，我们选定结构体系 3 作为最终的方案。

表 2-79　体系 1、2、3 优缺点对比

体系对比	体系 1	体系 2	体系 3
优点	制作简单，传力结构简单	传力路径清晰，下腹式结构	杆件使用少，较多地利用拉杆，结构体系稳定
缺点	质量上可操作空间较小	节点制作复杂，模型质量大	对支座的制作要求比较高

体系 1、2、3 模型如图 2-301 所示。

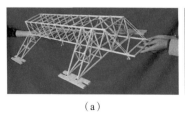
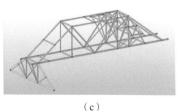

（a）　　　　　　　　　　　（b）　　　　　　　　　　　（c）

图 2-301　体系 1、2、3 模型图

（a）体系 1；（b）体系 2；（c）体系 3

82.3 计算分析

本结构采用 MIDAS Civil 进行结构建模及分析。计算分析结果如图 2-302 至图 2-304 所示。

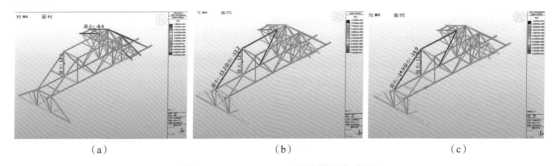

（a）　　　　　　　　　　（b）　　　　　　　　　　（c）

图 2-302　一、二、三级荷载下应力图

（a）一级荷载；（b）二级荷载；（c）三级荷载

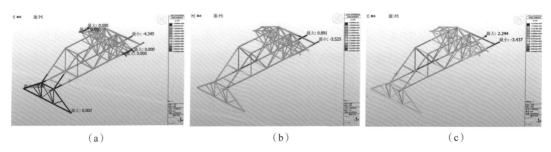

（a）　　　　　　　　　　（b）　　　　　　　　　　（c）

图 2-303　一、二、三级荷载下变形图

（a）一级荷载；（b）二级荷载；（c）三级荷载

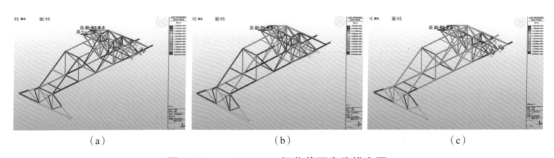

（a）　　　　　　　　　　（b）　　　　　　　　　　（c）

图 2-304　一、二、三级荷载下失稳模态图

（a）一级荷载；（b）二级荷载；（c）三级荷载

82.4 专家点评

该结构充分利用结构上部空间，纵向结构为巨型下承式桁架，结构体系清晰，受力合理。但是从结构效率的角度分析，该结构体系中由于存在较多的长压杆（特别是桁架上弦），相较于主要依靠拉杆传力的结构而言，材料的利用率不高。

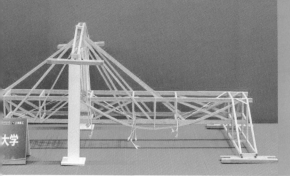

83 青海民族大学

作品名称	勇拓
参赛队员	罗国绪　王宝正　马成海
指导教师	李双营　张 韬

83.1 设计思路

我们充分利用材料的不同力学性能,分析桥梁各受力杆件的拉压状态,结合悬索桥、拱桥、高架桥等各类桥的优缺点,对所设计桥的结构进行完善。以拱为主,斜拉为辅的特点进行设计。第一种方案,对制作采用拉压结合的方式,增加预应力结构,增大杆件的自身强度,减小施加荷载后的杆件变形,结构自身刚度大,但没有形变空间,易发生刚性破坏。第二种方案,采用拱结构,充分利用材料的特性,组成杆支撑、条牵拉的结构,传力路径沿拉条方向,有形变空间,但结构自身刚度较小,应注意形变范围。

83.2 结构选型

我们根据赛题要求设计了两种结构体系。表2-80中列出了各体系的优缺点对比。

表 2-80 体系 1、2 优缺点对比

体系对比	体系 1	体系 2
优点	结构自身刚度大	有形变空间
缺点	没有形变空间,易发生刚性破坏	结构自身刚度较小,应注意形变范围

83.3 计算分析

本结构采用 MIDAS Civil 进行结构建模及分析。计算分析结果如图 2-305 至图 2-307 所示。

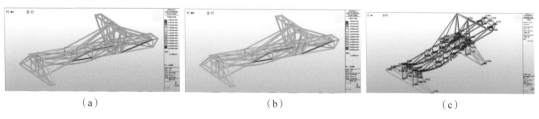

（a）　　　　　　　　　　　（b）　　　　　　　　　　　（c）

图 2-305 一、二、三级荷载下应力图

（a）一级荷载；（b）二级荷载；（c）三级荷载

图 2-306 一、二、三级荷载下变形图

（a）一级荷载；（b）二级荷载；（c）三级荷载

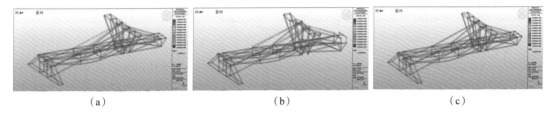

图 2-307 一、二、三级荷载下失稳模态图

（a）一级荷载；（b）二级荷载；（c）三级荷载

83.4 专家点评

该结构体系存在不够简单的缺陷，在③轴、④轴之间，上部采用斜拉结构，下部为桁架；在②轴、③轴之间，上部采用斜拉结构，下部采用张弦结构；桁架和张弦结构之间又存在部分重叠。

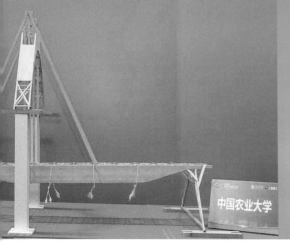

84　中国农业大学

作品名称	破晓		
参赛队员	郭晨广	高　阳	郭子轩
指导教师	党　争	庄金钊	梁宗敏

84.1　设计思路

根据赛题要求，经讨论分析，我们初步确定三种结构体系。体系 1 根据桥梁的受力特点，考虑将桥身做成高跨比较小的拱型，桥身使用桁架体系，以提高桥身的承载力和刚度，同时达到减轻自重的目的。体系 2 针对桥下净空顶面标高 −100mm 和 −150mm 的情况，允许设计高度增大，确定了倒三角形状的桥身设计方案，通过倒三角将 A、B 加载截面的荷载传递到三角形的顶点，再将节点处的向下的力，通过拉索构件，把力传到②轴和③轴支座处。体系 3 针对体系 1 竖向强度不足和体系 2 抗扭刚度不足的问题，设计了抗扭刚度大、强度高的箱型桥身，经过加载测试达到预期效果。最终选择抗扭和抗弯刚度大的体系 3。

84.2　结构选型

根据赛题要求，经讨论分析，我们初步确定了三种结构体系。表 2-81 中列出了三种不同结构体系的优缺点对比。

表 2-81　体系 1、2、3 优缺点对比

体系对比	体系 1	体系 2	体系 3
优点	自重较轻	自重较轻，传力路径简单	抗扭和抗弯刚度大
缺点	制作工艺困难，节点处理复杂，难以实现理论结果	抗扭刚度低	自重较重

体系 2、3 模型如图 2-308 所示。

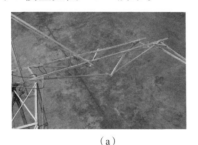
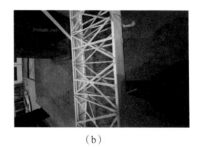

（a）　　　　　　　　　　　　（b）

图 2-308　体系 2、3 模型图

（a）体系 2；（b）体系 3

84.3 计算分析

本结构采用 MIDAS Civil 进行结构建模及分析。计算分析结果如图 2-309 至图 2-311 所示。

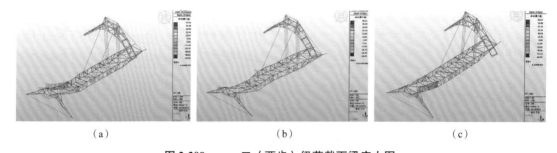

（a）　　　　　　　　　　（b）　　　　　　　　　　（c）

图 2-309　一、二（两步）级荷载下梁应力图

（a）一级荷载；（b）二级荷载（第一步）；（c）二级荷载（第二步）

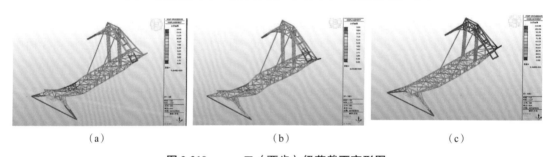

（a）　　　　　　　　　　（b）　　　　　　　　　　（c）

图 2-310　一、二（两步）级荷载下变形图

（a）一级荷载；（b）二级荷载（第一步）；（c）二级荷载（第二步）

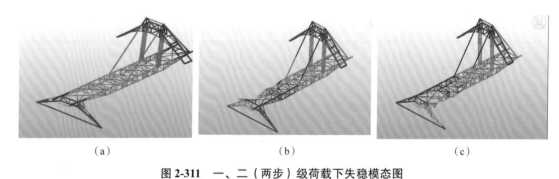

（a）　　　　　　　　　　（b）　　　　　　　　　　（c）

图 2-311　一、二（两步）级荷载下失稳模态图

（a）一级荷载；（b）二级荷载（第一步）；（c）二级荷载（第二步）

84.4 专家点评

纵梁采用桁架+蒙皮的结构形式，增加了结构刚度，同时由于蒙皮的存在，加固了桁架节点，对安全性也有所提升，但此方案也存在模型质量较大的缺陷。

85　长春建筑学院

作品名称	长建大桥		
参赛队员	薛亚萌	曾云鑫	朱万臣
指导教师	杜春海	常秋影	李厚萱

85.1　设计思路

对于这次结构设计竞赛，我们初步考虑桁架桥、斜拉桥、悬索桥的设计方案。桁架桥指的是以桁架作为上部结构主要承重构件的桥梁。斜拉桥是由承压的塔、受拉的索和承弯的梁体组合起来的一种结构体系。悬索桥，指的是以通过索塔悬挂并锚固于两端的缆索作为上部结构主要承重构件的桥梁。考虑到赛题的要求和实际情况中不同结构的受力性能的差异，以及结构性能和制作工艺，选用能充分发挥杆件的潜力、节约用材的桁架桥结构。桥梁杆件截面为空心杆件及竹条形式，截面形状较规则，制作起来相对容易，同时空心杆件的材料主要分布在外围，使得柱子有较大的惯性矩，抗弯性能好，承载能力高。

85.2　结构选型

对于这次结构设计竞赛，通过表 2-82 各体系的优缺点对比，我们最终确定以桁架为主体的结构体系。

表 2-82　体系 1、2、3 优缺点对比

体系对比	体系 1:桁架桥	体系 2:斜拉桥	体系 3:悬索桥
优点	能充分发挥杆件的潜力,节约用材	跨越能力更大,斜拉索的水平力由梁承受,施工操作简单	跨越能力最大,结构灵活,它适合大风和地震区的需要
缺点	结构设计复杂,施工较复杂	不易对斜拉索进行索力调整、施工观测与控制	大风情况下交通必须暂时被中断,不宜作为重型铁路桥梁结构

85.3　计算分析

本结构采用 MIDAS Civil 进行结构建模及分析。计算分析结果如图 2-312 至图 2-314 所示。

图 2-312　一、二、三级荷载下应力图

（a）一级荷载；（b）二级荷载；（c）三级荷载

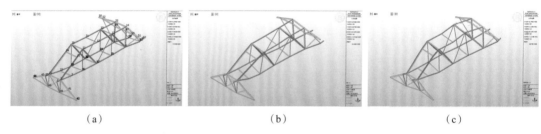

图 2-313　一、二、三级荷载下变形图

（a）一级荷载；（b）二级荷载；（c）三级荷载

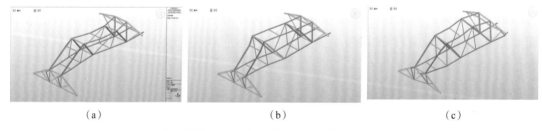

图 2-314　一、二、三级荷载下失稳模态图

（a）一级荷载；（b）二级荷载；（c）三级荷载

85.4　专家点评

　　该结构充分利用结构上部空间，纵向结构为巨型下承式桁架，结构中拉杆和压杆区分明确，体系清晰，受力合理。但是从结构效率的角度分析，该结构体系中由于存在较多的长压杆（特别是桁架上弦），相较于主要依靠拉杆传力的结构而言，材料的利用率不高。

86　内蒙古工业大学

作品名称	砼之队		
参赛队员	王　坤	梁佳辉	张沛桥
指导教师	陈　辉	李荣彪	

86.1　设计思路

比赛要求在现场设计制作一座桥梁，承受分散作用的竖向集中静荷载以及桥面移动荷载，模型构件允许尺寸为长度1200mm、宽度270mm。因此，我们从所给材料性能、结构选型及结构体系的受力方式、构件布置、对结构的加载方式、多工况内力分析等方面对结构方案进行构思，设计了上拱桥+门式架和下桁架桥+斜拉桥两种体系。每种体系分为两个部分，即跨中受力部分和三轴支座设计。上拱桥+门式架模型稳定性强、可靠性高，稳定系数高，但模型质量较大；下桁架桥+斜拉桥模型质量较轻，但模型稳定性弱，挠度不易控制。

86.2　结构选型

根据结构设计赛题要求，我们设计了两种体系，表2-83中列出了两种体系优缺点对比。

表2-83　体系1、2优缺点对比

体系对比	体系1	体系2
优点	模型稳定性强、可靠性高,稳定系数高	模型质量较轻
缺点	模型质量较大	模型稳定性弱,挠度不易控制

体系1、2模型如图2-315所示。

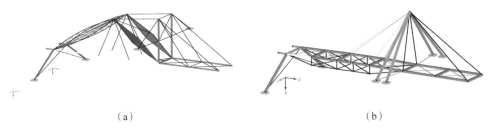

（a）　　　　　　　　　　　　　　　（b）

图2-315　体系1、2模型图

（a）体系1；（b）体系2

86.3 计算分析

本结构采用 RFEM 进行结构建模及分析。计算分析结果如图 2-316 至图 2-318 所示。

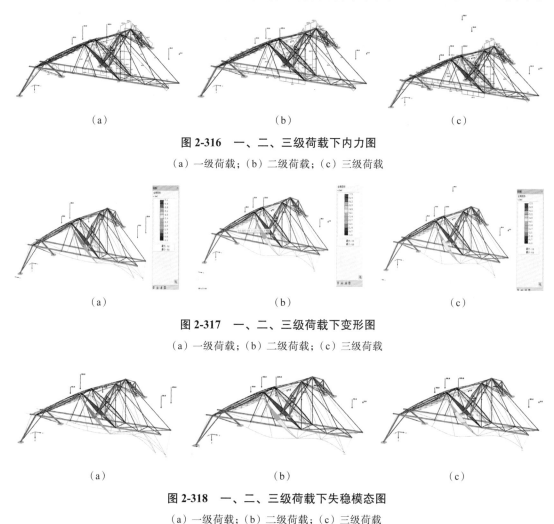

（a）　　　　　　　　　（b）　　　　　　　　　（c）

图 2-316　一、二、三级荷载下内力图

（a）一级荷载；（b）二级荷载；（c）三级荷载

（a）　　　　　　　　　（b）　　　　　　　　　（c）

图 2-317　一、二、三级荷载下变形图

（a）一级荷载；（b）二级荷载；（c）三级荷载

（a）　　　　　　　　　（b）　　　　　　　　　（c）

图 2-318　一、二、三级荷载下失稳模态图

（a）一级荷载；（b）二级荷载；（c）三级荷载

86.4 专家点评

结构体系选择了上拱桥+门式架的形式，拱桥压杆采用梭形格构柱以提高抗失稳能力。结构体系新颖，传力合理。③轴采用三折线拱的形式将荷载传至支座。在以上结构方案中，由于压杆较多，结构质量偏大。

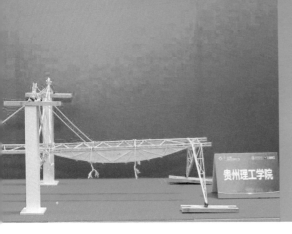

87　贵州理工学院

作品名称	安桥·康桥
参赛队员	周　毅　龙金成　陈　锐
指导教师	沈汝伟

87.1　设计思路

从不同桥梁结构受力特点出发，不同情况选用不同结构。但在多次模型计算中，无论是桁架桥还是拱桥、斜拉桥、悬索桥、鱼腹梁式桥，如果只选择单种桥梁结构体系，要么承载力较低，要么刚度较小，要么稳定性差，对此，根据实际情况，我们拟采用两种或两种以上的结构类型进行组合，形成一种空间受力体系。首先采用MIDAS Civil创建模型，对模型进行受力分析、比较，确定方案，制作实际结构模型并进行加载试验，再根据试验结果对模型进一步优化、修改，重新制作模型再次试验。结合赛题要求并综合对比桁架桥、拱桥、斜拉桥、悬索桥、鱼腹梁式桥5种结构体系的受力特点、整体稳定性、结构的抗力、自重、制作的难易程度等方面，经过数百次的整体模型计算，数次结构模型加载试验以及对杆件的力学测试，最终选用的桥梁结构方案为鱼腹梁式+斜拉。

87.2　结构选型

我们根据赛题要求设计了5种结构体系：斜拉桥、拱桥、悬索桥、桁架桥、鱼腹梁式斜拉桥。表2-84列出了体系1、2、3、4、5优缺点对比。

表2-84　体系1、2、3、4、5优缺点对比

体系对比	体系1:斜拉桥	体系2:拱桥	体系3:悬索桥	体系4:桁架桥	体系5:鱼腹梁式斜拉桥
优点	梁体尺寸较小,桥梁的跨越能力较大	桥面传来的压力转化为轴向压力	桥梁跨越度大,将承受的荷载转化为拉力	受力明确,桁架杆件只承受轴向力,没有多余的赘余力	闭合薄壁截面刚度大,整体受力性能好
缺点	柔性结构,变形较大	多孔拱桥需设单向推力墩	刚度较小,改变几何形状,产生较大的挠曲变形	节点强度要求高,施工复杂	施工难度大,两端抗剪强度较弱

体系1、2、3、4、5模型如图2-319所示。

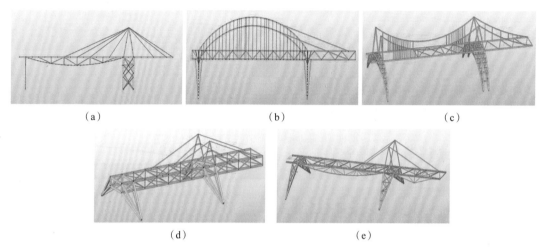

(a)   (b)   (c)

(d)   (e)

2-319 体系 1、2、3、4、5 模型图

（a）体系 1；（b）体系 2；（c）体系 3；（d）体系 4；（e）体系 5

87.3 计算分析

本结构采用 MIDAS Civil 进行结构建模及分析。计算分析结果如图 2-320 至图 2-322 所示。

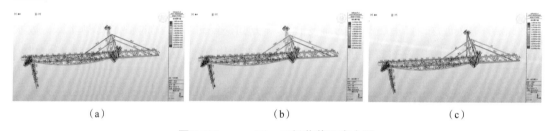

（a）   （b）   （c）

图 2-320 一、二、三级荷载下应力图

（a）一级荷载；（b）二级荷载；（c）三级荷载

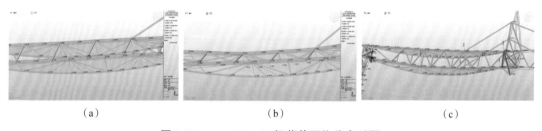

（a）   （b）   （c）

图 2-321 一、二、三级荷载下位移变形图

（a）一级荷载；（b）二级荷载；（c）三级荷载

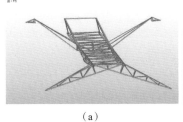 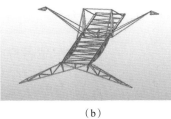 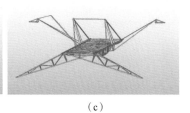

（a） （b） （c）

图 2-322　一、二、三级荷载下失稳模态图

（a）一级荷载；（b）二级荷载；（c）三级荷载

87.4　专家点评

该结构的纵向结构形状与弯矩图匹配，②轴、③轴之间采用鱼腹桁架+蒙皮的结构形式，增大了结构刚度，同时由于蒙皮的存在，加固了桁架节点，对安全性也有所提升，但此方案也存在模型质量较大的缺陷。③轴采用拉索悬吊方式将荷载传至支座，结构体系明确，传力路径清晰合理。

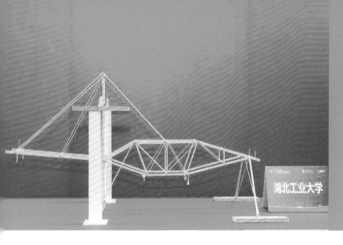

88 湖北工业大学

作品名称	飖屃		
参赛队员	杨泽成	李民浩	张雨菲
指导教师	苏 骏	余佳力	李 扬

88.1 设计思路

围绕模型设计基本思路，我们关注结构的功能和外观的同时，也看重结构体系的合理性、实用性，结构方案最主要是"平衡"：简单与复杂之间的平衡、承载安全与艺术美之间的平衡、刚与柔之间的平衡以及材料各方面性能间的平衡。结合参数组合差异对结构方案、传力路径、模型效率等进行比对，经过初步的分析和试验研究，我们遴选出张弦式腹杆150mm形、张弦式腹杆100mm形、下承式形和张弦式腹杆50mm形四种模型体系。综合考虑各体系优缺点，最终选择适用于所有工况的张弦式腹杆50mm形模型体系作为竞赛模型的首选。

88.2 结构选型

表2-85中列出了4种结构体系的优缺点。综合对比，体系4在整体结构受力形式上较优，拟将其作为首选。

表 2-85 体系 1、2、3、4 优缺点对比

体系对比	体系 1	体系 2	体系 3	体系 4
优点	质量轻，制作快	质量较轻，杆件荷载利用率大	适用于所有高度和工况	适用于所有高度和工况
缺点	适用范围小	主杆受力太大，风险大	质量大，杆件过多	制作速度慢，杆件多

体系 1、2、3、4 模型如图 2-323 所示。

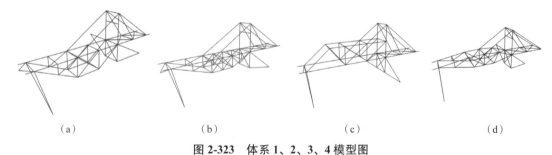

图 2-323 体系 1、2、3、4 模型图

(a) 体系 1；(b) 体系 2；(c) 体系 3；(d) 体系 4

88.3　计算分析

本结构采用SAP2000进行结构建模及分析。计算分析结果如图2-324至图2-326所示。

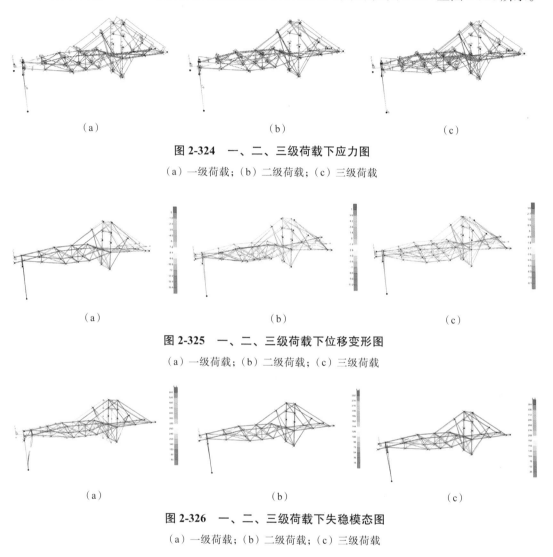

（a）　　　　　　　　　　　（b）　　　　　　　　　　　（c）

图 2-324　一、二、三级荷载下应力图

（a）一级荷载；（b）二级荷载；（c）三级荷载

（a）　　　　　　　　　　　（b）　　　　　　　　　　　（c）

图 2-325　一、二、三级荷载下位移变形图

（a）一级荷载；（b）二级荷载；（c）三级荷载

（a）　　　　　　　　　　　（b）　　　　　　　　　　　（c）

图 2-326　一、二、三级荷载下失稳模态图

（a）一级荷载；（b）二级荷载；（c）三级荷载

88.4　专家点评

该结构充分利用比赛规则，将②轴、③轴之间的桥面抬升，以获取结构空间。②轴、③轴之间采用凸透镜式桁架结构，刚度较大。③轴横向传力结构采用拉索，通过调整拉索倾角的方式减小拉索受力，双层拉索的设置可以为纵桥提供一定的抗扭转能力。

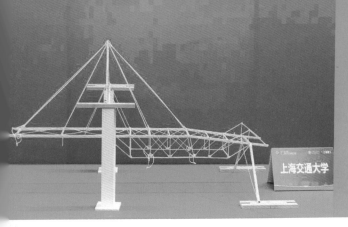

89　上海交通大学

作品名称	思源队		
参赛队员	李昕宇	陆启华	王佳乐
指导教师	宋晓冰	陈思佳	

89.1　设计思路

根据赛题模型尺寸及约束条件分析，整个结构可以看作简支连续梁，结构需要承受②轴、③轴之间的正弯矩以及③轴支座及外伸段的负弯矩。同时，结构模型需要抵抗不对称荷载造成的扭转倾覆，并满足位移限值。综合选型要求，主要考虑拱斜拉体系和桁架斜拉体系。通过软件模拟分析和实际模型加载，两种结构体系各有优缺点，都可以承受规定的荷载，满足赛题要求，但由于结构形式的限制，拱斜拉体系的压杆较长，模型总重难以降低，基于材料集中使用与制作轻质高强结构的原则，选择桁架斜拉体系作为参赛模型，并通过桁架上弦折角起坡，增加桁架高度，减小桥下净空参数变化对结构设计的影响，同时减小上弦压杆和下弦拉条轴力，让材料利用更有效。

89.2　结构选型

拱斜拉体系和桁架斜拉体系的优缺点对比如表 2-86 所示。经综合对比，选择桁架斜拉体系作为参赛模型。

表 2-86　体系 1、2 优缺点对比

体系对比	体系 1:拱斜拉体系	体系 2:桁架斜拉体系
优点	整体稳定性好,刚度大,能抵抗扭矩和倾覆,三级加载可靠度高,参数变化影响较小	整体稳定性好,刚度大,能抵抗扭转和倾覆,能很好控制质量,制作组装较快
缺点	质量控制不容易,制作组装较难	受桥下净空参数影响较大,三级加载可靠度较低

体系 1、2 模型如图 2-327 所示。

（a）　　　　　　　　　　　　　（b）

图 2-327　体系 1、2 模型图

（a）体系 1；（b）体系 2

89.3 计算分析

本结构采用 RFEM 进行结构建模及分析。计算分析结果如图 2-328 至图 2-330 所示。

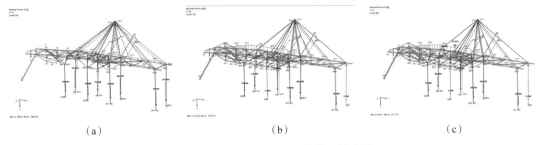

     (a)   (b)   (c)

图 2-328　一、二、三级荷载下轴力图

（a）一级荷载；（b）二级荷载；（c）三级荷载

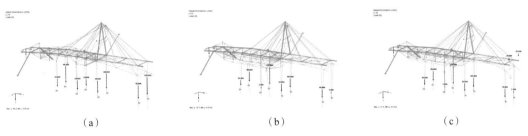

     (a)   (b)   (c)

图 2-329　一、二、三级荷载下位移变形图

（a）一级荷载；（b）二级荷载；（c）三级荷载

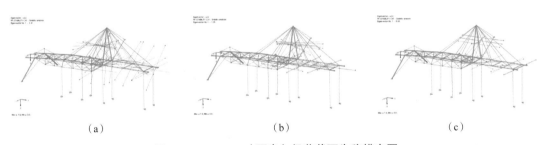

     (a)   (b)   (c)

图 2-330　一、二（两步）级荷载下失稳模态图

（a）一级荷载；（b）二级荷载（第一步）；（c）二级荷载（第二步）

89.4　专家点评

  该模型③轴支座选择在 C 荷载面位置，尽量减小②轴、③轴跨度的同时，减小 C 荷载面对桥面纵向体系的影响。该模型与大部分模型不同的是③轴处选择 A 型塔来承受桥面拉杆拉力，而该 A 型塔塔底并非在③轴支座处，而是在桥面，塔底通过③轴处的下沉拉杆连接至支座，尽量减少压杆的同时提高塔的稳定性。桥面体系悬臂端压杆通过增加约束减小计算长度，②轴、③轴间则采用变截面张悬体系，结合桥面起拱尽量提高抗弯能力；②轴与桥面间的小悬挑，也增设了一个三角形桁架来抵抗移动荷载。模型体系设计合理，传力路径清晰，模型制作细致。

90　武昌首义学院

作品名称	竿头		
参赛队员	陈一飞	覃小明	胡圣杰
指导教师	王麒麟	段纪成	肖长永

90.1　设计思路

模型结构选型需遵循的基本原则是结构的安全性和经济性。如何将结构所承受的荷载以最简单的路径传递到底板（支座），并合理控制结构变形，是结构模型首先要解决的问题。本次结构模型考虑桁架、张弦和悬索3个体系。桁架体系杆件主要承受轴向拉力或压力，从而能充分利用材料的强度，在跨度较大时可比实腹梁节省材料、减轻自重和增大刚度。张弦体系能较大地减小主梁跨中弯矩与位移，张弦桥主缆非线性影响较小，张弦桥结构具有弹性受力的特点。悬索体系通过索塔悬挂并锚固于两岸，从缆索垂下吊杆把桥面吊住，以减小荷载所引起的挠度变形。通过对比分析，我们最终选择张弦体系。

90.2　结构选型

基于赛题要求、制作环节等各个方面的综合考虑，我们设计了3种结构模型：桁架体系、张弦体系、悬索体系。表2-87中列出了几个体系的优缺点。

表2-87　体系1、2、3优缺点对比

体系对比	体系1：桁架体系	体系2：张弦体系	体系3：悬索体系
优点	可以稳定承重	支撑比较稳定	支撑稳定
缺点	整体的质量过大	主杆的位移大	现场制作过于麻烦

90.3　计算分析

本结构采用MIDAS Civil进行结构建模及分析。计算分析结果如图2-331至图2-333所示。

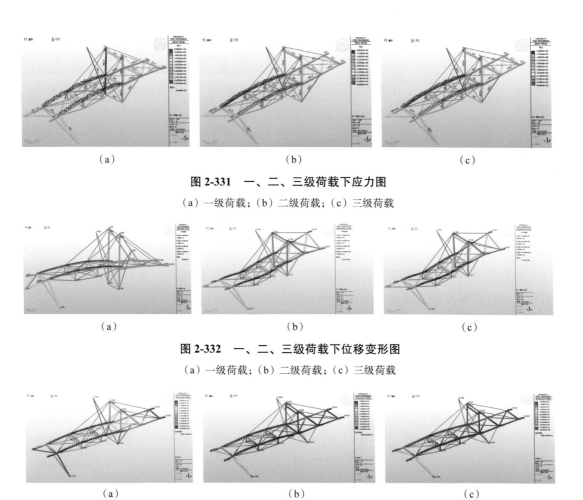

图 2-331　一、二、三级荷载下应力图

(a) 一级荷载；(b) 二级荷载；(c) 三级荷载

图 2-332　一、二、三级荷载下位移变形图

(a) 一级荷载；(b) 二级荷载；(c) 三级荷载

图 2-333　一、二、三级荷载下失稳模态图

(a) 一级荷载；(b) 二级荷载；(c) 三级荷载

90.4　专家点评

该结构体型匀称，传力合理。②轴、③轴之间的弧形桁架上弦对模型制作有一定的挑战。计算模型与实物模型对应较好。

91　上海师范大学

作品名称	能工"桥"匠		
参赛队员	巫文康	汪志艳	黄宇凌
指导教师	陈　旭　李　亚		

91.1　设计思路

经过赛题分析，竖向静荷载取值较大，单跨内竖向荷载最大可达630N，第二级加载需要移动竖向静荷载，移动后桥面两侧加载点竖向静荷载相差较大，结构同时承受较大的弯矩和扭矩。因此，选用桁架式结构。以③轴支座标高−85mm、竖向静荷载760N的工况为例，简述桥梁模型设计方案：主体结构采用桁架体系，采用下承式桁架结构（即桥面位于主桁架下部），避免了桥下净空要求，通过调节腹杆数量和位置提高主体结构抗弯及抗扭性能。通过 MIDAS 软件进行受力分析，竖向挠度符合要求，杆件应力小于材料强度，但质量偏重。于是通过更改杆件截面、简化节点构造等方式优化结构方案，减小模型质量，结构荷载比更佳。

91.2　细部构造

模型杆件的截面包括圆形截面、矩形截面、工字型截面和箱型截面。其中，圆形截面采用0.2mm竹皮包裹2mm×2mm的竹条；矩形截面采用3mm×3mm或2mm×2mm竹条拼接；工字型截面采用1mm×6mm竹条拼接；箱型截面采用1mm×6mm的竹条拼接；竹条间通过胶水连接。

节点是结构传力与模型制作的关键部位，图 2-334 所示为上弦杆、下弦杆、悬臂端节点和支座节点的构造示意图。

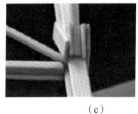

（a）　　　　　　　　（b）　　　　　　　　（c）　　　　　　　　（d）

图 2-334　模型节点细部构造

（a）上弦杆节点；（b）下弦杆节点；（c）悬臂端节点；（d）③轴支座节点

91.3 计算分析

本结构采用 MIDAS Civil 进行结构建模及分析。计算分析结果如图 2-335 至图 2-337 所示。

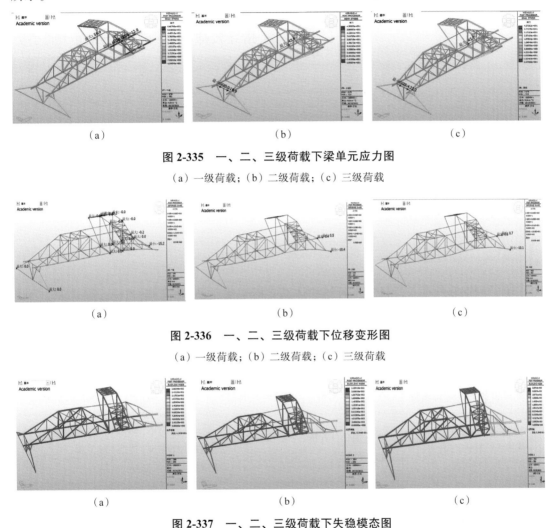

（a）　　　　　　　　　　　（b）　　　　　　　　　　　（c）

图 2-335　一、二、三级荷载下梁单元应力图

（a）一级荷载；（b）二级荷载；（c）三级荷载

（a）　　　　　　　　　　　（b）　　　　　　　　　　　（c）

图 2-336　一、二、三级荷载下位移变形图

（a）一级荷载；（b）二级荷载；（c）三级荷载

（a）　　　　　　　　　　　（b）　　　　　　　　　　　（c）

图 2-337　一、二、三级荷载下失稳模态图

（a）一级荷载；（b）二级荷载；（c）三级荷载

91.4 专家点评

模型采用下承式桁架结构体系，拉杆和压杆设置合理。③轴处通过两个平行的透镜式桁架将桥梁传递过来的竖向荷载吊起，并传至支座。整个结构体系略显复杂，且对不均匀分布载荷作用产生的扭转作用缺乏空间抵抗能力。

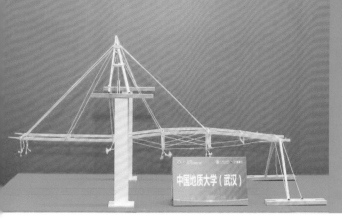

92 中国地质大学(武汉

作品名称	地大鸿鹄队		
参赛队员	蔡志蓝	杨乙飞	崔晨昊
指导教师	张美霞	张伟丽	周小勇

92.1 设计思路

在满足强度、刚度和稳定性的前提下，对模型起关键作用的是结构承重方式的选择。在结构选型中，我们对各种结构形式进行了比较详尽的理论分析和试验比较，着重分析结构自重和荷载分布，以期取最不利情况下，使结构能够安全承载，达到较大效率比。

92.2 结构选型

我们根据赛题要求设计了5种结构体系：桁架桥、悬索桥、梁式桥、拱式桥、斜拉桥。根据表2-88中各体系的优缺点对比，我们选择有较强受荷能力的桁架桥，针对特定受力较大的节点结合悬索斜拉共同承担荷载。

表2-88 体系1、2、3、4、5优缺点对比

体系对比	体系1：桁架桥	体系2：悬索桥	体系3：斜拉桥	体系4：梁式桥	体系5：拱式桥
优点	能充分发挥杆件的潜力，节约用材	受力均匀，有很强的跨越能力	梁体尺寸较小，跨越能力较大	结构简单，整体性好且美观，适应性强，耐久性好	跨越能力大，外形美观，构造较简单
缺点	结构设计复杂，计算很麻烦	整体刚度小，需要极大的力锚定两端	索与塔的连接比较复杂，计算复杂	自重较大，跨越能力低	对于地基要求较高，需要采取特殊措施承受推力

体系1、2、3、4、5示意如图2-338所示。

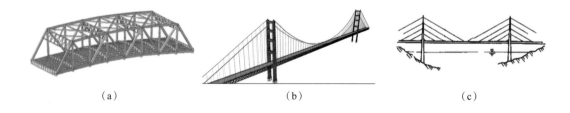

(a)   (b)   (c)

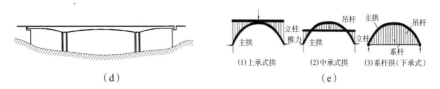

(d)

(1)上承式拱　(2)中承式拱　(3)系杆拱（下承式）

图 2-338　体系 1、2、3、4、5 示意图

（a）体系 1；（b）体系 2；（c）体系 3；（d）体系 4；（e）体系 5

92.3　计算分析

本结构采用 MIDAS Civil 进行结构建模及分析。计算分析结果如图 2-339 至图 2-341 所示。

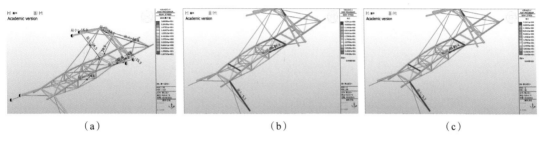

（a）　　　　　　　　　　（b）　　　　　　　　　　（c）

图 2-339　一、二、三级荷载下应力图

（a）一级荷载；（b）二级荷载；（c）三级荷载

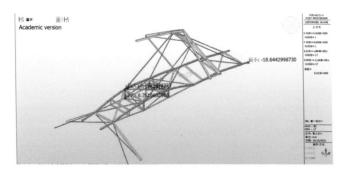

图 2-340　模型第一荷载下位移变形图

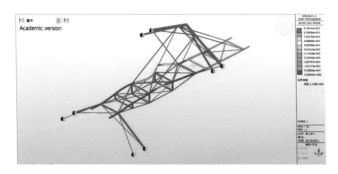

图 2-341　模型失稳模态图

92.4　专家点评

该结构的特点是③轴支座与 C 截面重合，设置金字塔式的压杆结构，但是与之连接的斜拉杆并非交会于金字塔尖，而是分别连接于金字塔的半高处。这种处理方式有优点也有缺点：优点是压杆的计算长度减小了，有利于稳定；缺点是结构对称，但是载荷并不对称，致使压杆产生弯矩，不利于压杆稳定。

93　南宁学院

作品名称	卧龙		
参赛队员	覃　涛	朱昌文	陈庆铨
指导教师	沈建增	黄家聪	朱　杰

93.1　设计思路

结构模型设计的思路应该从结构的安全性、可靠性、经济性出发，而基础是对结构方案的了解。在做结构方案的时候首先应该考虑的就是结构的传力路径、稳定性等内容，模型的传力路径越简单越短，结构的效率就会越高，在做方案设计时的原则就是使结构的压力传力路径越短越好，因为拉杆的稳定性易保证，压杆易出现失稳破坏。又因赛题的参数不确定等因素的影响，结构方案的设计极为复杂，我们根据所学知识以及结合资料，提出桁架结构、拱结构、悬索结构、斜拉结构、张弦梁结构这五种方案，通过参数组合差异分析模型效率，并进行方案比选，我们确定了组合结构方案。

93.2　结构选型

上述五种方案模型结构体系的优缺点对比如表2-89所示。

表2-89　体系1、2、3、4、5优缺点对比

体系对比	优点	缺点
体系1:桁架结构	承载力大,稳定性好,刚度大,节点处理简单,制作工艺简单	节点多,杆件多,质量较大
体系2:拱结构	承载力大,稳定性好	节点处理难,制作工艺复杂,质量大
体系3:悬索结构	制作简单,充分利用材料	跨中挠度大,对支座稳定性要求高,节点处理麻烦
体系4:斜拉结构	制作简单,充分利用材料性能	对支座稳定性要求高,节点处理麻烦
体系5:张弦梁结构	上刚下柔,性能发挥充分,承载力大	节点处理麻烦,制作要求高

体系1、2、3、4、5模型如图2-342所示。

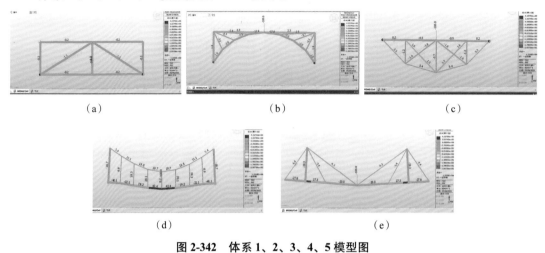

（a）　　　　　　　　　　（b）　　　　　　　　　　（c）

（d）　　　　　　　　　　　　（e）

图2-342　体系1、2、3、4、5模型图

（a）体系1；（b）体系2；（c）体系3；（d）体系4；（e）体系5

93.3　计算分析

本结构采用MIDAS Civil进行结构建模及分析。计算分析结果如图2-343至图2-345所示。

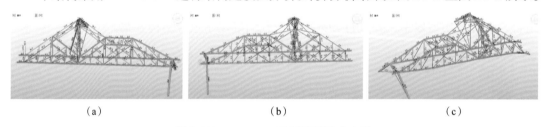

（a）　　　　　　　　　　（b）　　　　　　　　　　（c）

图2-343　一、二、三级荷载下应力图

（a）一级荷载；（b）二级荷载；（c）三级荷载

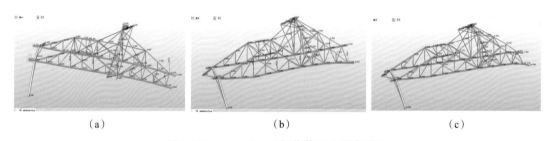

（a）　　　　　　　　　　（b）　　　　　　　　　　（c）

图2-344　一、二、三级荷载下位移变形图

（a）一级荷载；（b）二级荷载；（c）三级荷载

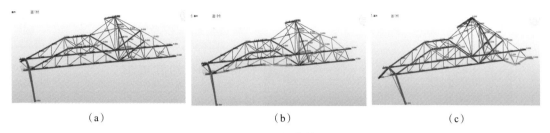

图 2-345　一、二、三级荷载下失稳模态图

（a）一级荷载；（b）二级荷载；（c）三级荷载

93.4　专家点评

该结构②轴、③轴之间采用下承式梯形桁架结构，③轴、④轴之间采用下承式三角形桁架，两部分之间通过斜拉杆将荷载传至 C 截面，并通过斜压杆传至支座。由于第三级荷载较小，③轴、④轴间的三角形桁架有些"发力过猛"，值得商榷。

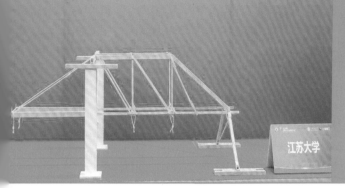

94　江苏大学

作品名称	超静定组	
参赛队员	唐晓雅　黄海瑞　华优明	
指导教师	王　猛　张富宾	

94.1　设计思路

考虑到荷载的随机性，将模型设计为对称结构，同时要尽量使结构体系简单、传力路径明确，减少多余杆件，充分发挥各杆件的承载力。我们结合目前常见的梁桥、拱桥、桁架桥、悬索桥、斜拉桥等桥梁结构形式的结构特点，进行结构设计。桁架梁桥作为主受力体系能尽快将荷载传递到支座；下承式结构，可以规避桥下净空要求；③轴支座位置不定，但是根据弯矩平衡原则，应选取③轴为距离②轴700 mm的位置，与 C 加载点位置接近。通过分析，最终选用对称的桁架结构作为主体，将 C 加载点位置作为③轴支座位置，D 加载点采用悬臂结构并采用竹条拉接。竖向荷载通过上部结构传到②轴、③轴，再通过4（或6）根杆件将力直接传到支座，从而使整个体系的传力途径简单、合理、明确。

94.2　结构选型

目前常见的桥梁结构形式主要有梁桥、拱桥、桁架桥、悬索桥、斜拉桥等。这些结构体系的优缺点如表2-90所示。

表2-90　体系1、2、3、4、5优缺点对比

体系对比	体系1:梁桥	体系2:拱桥	体系3:桁架桥	体系4:斜拉桥	体系5:悬索桥
受力特性	用梁作桥身主要承重结构	存在较大水平推力，最大主应力沿拱桥作用	杆件只受轴心拉力或压力	拉索主要受力，将力传给支座	由悬索作为主要承重构件
优点	适用于跨度较小的情况，结构简单	充分利用材料的抗压性能	设计、制作、安装均简便，适应跨度范围很大	跨度较大时易于使用，美观	悬索受拉，无弯曲和疲劳引起的应力折减
缺点	相邻两跨之间存在异向转角	水平推力较大，制作复杂	结构空间大，侧向刚度小	设计复杂，对支座要求高，加工难度大	受侧向荷载影响较大，节点较复杂
结合赛题分析	适用于小跨度，不考虑采用	跨度较大导致拱形太小，不考虑采用	跨度适合，结构简单，传力路径明确，支座可匹配本赛题，可采用	不适用于本赛题中跨度桥梁，且加工复杂，故不考虑采用	桥梁稳定性差，结构复杂，材料利用不充分，不考虑采用

94.3 计算分析

本结构采用 MIDAS Civil 进行结构建模及分析。计算分析结果如图 2-346 至图 2-348 所示。

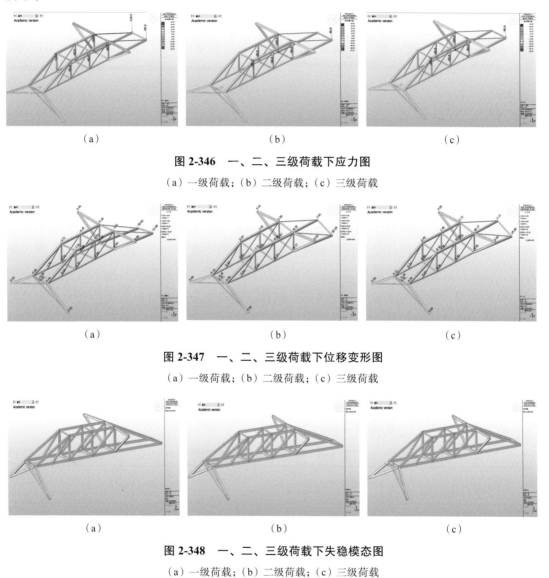

图 2-346 一、二、三级荷载下应力图

(a)一级荷载；(b)二级荷载；(c)三级荷载

图 2-347 一、二、三级荷载下位移变形图

(a)一级荷载；(b)二级荷载；(c)三级荷载

图 2-348 一、二、三级荷载下失稳模态图

(a)一级荷载；(b)二级荷载；(c)三级荷载

94.4 专家点评

模型采用下承式桁架结构体系，③轴支座设置在 C 截面，并通过梯形桁架将荷载传至支座。该结构纵向总体上由两个平面桁架构成，两个体系之间的协同作用较少。

95　同济大学

作品名称	甲方快乐桥		
参赛队员	吴　言	刘昊辰	庞皓俊
指导教师	罗　烈	郭小农	闫　伸

95.1　设计思路

结构在承受拉力时利用效率最高，承受压力时利用效率次之，而受弯时效率最低。桁架结构的构件受力性质主要为拉压，因此桁架方案很适用于所给材料的特性。根据赛题要求，我们建立了下承式和上承式两种桁架模型方案，适用于不同的桥下净空高度情况。若桥下净空的高度较小，或者遇到其他不适合使用上承式结构的工况，则选用下承式桁架体系，该体系构件受力性质清晰，容易分析内力大小，结构整体刚度大，测点变形小，受压杆件的计算长度小。若桥下净空的高度较大，或者遇到其他不适合使用下承式结构的工况，则选用上承式桁架体系，该体系结构充分发挥竹材的受拉能力，构件效率高，使得模型质量较轻。

95.2　结构选型

根据赛题要求，我们设计了两种桁架模型方案，适用于不同的桥下净空高度情况。表 2-91 中列出了不同结构体系的优缺点对比。

表 2-91　体系 1、2 优缺点对比

体系对比	体系 1	体系 2
优点	构件受力性质清晰；容易分析内力大小；结构整体刚度大；测点变形小；受压杆件的计算长度小	结构充分发挥竹材的受拉能力,构件效率高,使得模型质量较轻
缺点	节点的设计复杂；节点处依靠材料的剪切来传力；受压构件的内力值很大,需要零杆减小计算长度	桥面主梁承受较大的压力,计算长度大,需要大量的零杆减小计算长度；结构刚度小,测点的向下位移较大；荷载悬挂点的节点设计复杂

体系 1、2 模型如图 2-349 所示。

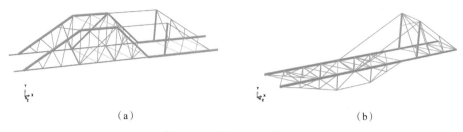

（a）　　　　　　　　　　　　　　　（b）

图 2-349　体系 1、2 模型图

（a）体系 1；（b）体系 2

95.3　计算分析

本结构采用 ABAQUS 进行结构建模及分析。计算分析结果如图 2-350、图 2-351 所示。

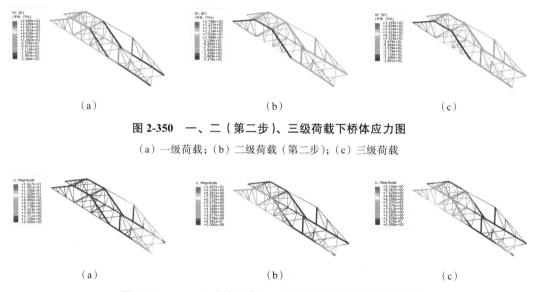

（a）　　　　　　　　　　　　（b）　　　　　　　　　　　　（c）

图 2-350　一、二（第二步）、三级荷载下桥体应力图

（a）一级荷载；（b）二级荷载（第二步）；（c）三级荷载

（a）　　　　　　　　　　　　（b）　　　　　　　　　　　　（c）

图 2-351　一、二（第二步）、三级荷载下桥体位移变形图

（a）一级荷载；（b）二级荷载（第二步）；（c）三级荷载

95.4　专家点评

该结构②轴、③轴之间采用拉杆拱，拱体由三折线压杆构成，拉杆位于桥面。③轴通过下沉式拉杆将荷载传至支座。③轴、④轴支架则采用斜拉悬臂结构。该结构纵向总体上由两个平面传力体系构成，两个体系之间的协同作用较少。

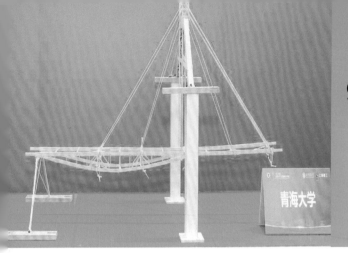

96　青海大学

作品名称	昆仑桥		
参赛队员	侯　飞	宁晓雨	李一哲
指导教师	杨青顺	张元亮	

96.1　设计思路

鉴于比赛的加载质量大，且挠度变形量控制严格，桥型结构不能采用单一的梁桥、拱桥或悬索桥，因此，必须采用组合体系桥梁。为使桥面平整，便于施加三级荷载，模型主体结构采用梁式桥。为了增强模型的整体抗弯强度和抗弯刚度，布置了斜拉悬索。用 1mm×6mm 及 2mm×2mm 的竹条作为斜拉悬索。节点用竹粉加固。桥身主体为斜拉桥，桥面下用拱结构支撑桥面。拱形结构受力合理，可增大桥身截面，增加其承载力和抗弯刚度。下部结构主要采用箱型截面，截面内部每隔一段距离布置一道 3mm×3mm 的小木条，增加其刚度和强度，以增强桥梁的整体性和稳定性。

96.2　结构选型

我们根据赛题要求设计了 5 种结构体系。表 2-92 列出了各体系的优缺点对比。

表 2-92　体系 1、2、3、4、5 优缺点对比

工况	体系 1：−160mm	体系 2：−85mm	体系 3：−10mm	体系 4：65mm	体系 5：140mm
优点	传力路径明确，路径简单	利用竹条抗拉起共同作用	斜拉发挥作用大	斜拉发挥作用大	斜拉发挥作用大
缺点	斜拉没有充分发挥作用	支座角度小，受力容易剪切破坏	桥面强度过大	桥面强度过大	桥面强度过大

体系 1、2、3、4、5 模型如图 2-352 所示。

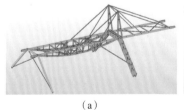
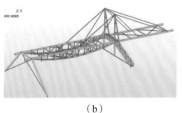
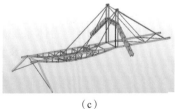

(a)　　　　　　　　　　(b)　　　　　　　　　　(c)

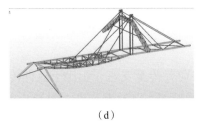
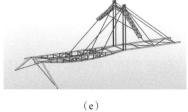

(d)　　　　　　　　　　　　　　　(e)

图 2-352　体系 1、2、3、4、5 模型图

（a）体系 1；（b）体系 2；（c）体系 3；（d）体系 4；（e）体系 5

96.3　计算分析

本结构采用 MIDAS Civil 进行结构建模及分析。计算分析结果如图 2-353 至图 2-355 所示。

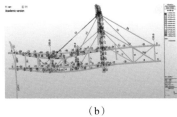
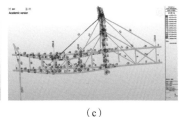

（a）　　　　　　　　　　　（b）　　　　　　　　　　　（c）

图 2-353　一、二（第二步）、三级荷载下应力图

（a）一级荷载；（b）二级荷载（第二步）；（c）三级荷载

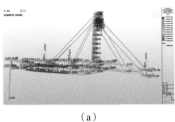
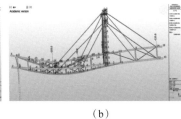
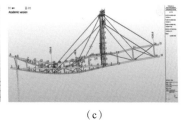

（a）　　　　　　　　　　　（b）　　　　　　　　　　　（c）

图 2-354　一、二（第二步）、三级荷载下位移变形图

（a）一级荷载；（b）二级荷载（第二步）；（c）三级荷载

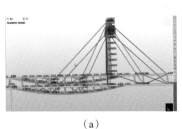
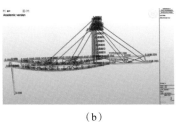
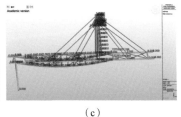

（a）　　　　　　　　　　　（b）　　　　　　　　　　　（c）

图 2-355　一、二、三级荷载下失稳模态图

（a）一级荷载；（b）二级荷载；（c）三级荷载

96.4　专家点评

　　模型在③轴处选择了三折线压杆拱体系将荷载传至支座，相比于拉杆传力，结构效率偏低。②轴、③轴之间的桁架高度偏低，刚度偏弱，当 D 截面荷载被移出时，②轴、③轴之间的跨中弯矩将增大，高度偏小的桁架将受到考验。

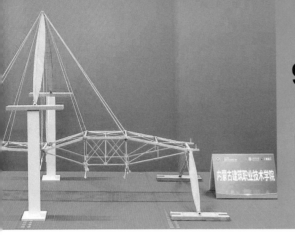

97 内蒙古建筑职业技术学院

作品名称	善建筑成队		
参赛队员	于健康	赵 健	杨 晴
指导教师	赵嘉玮	孙煦东	李 婕

97.1 设计思路

根据赛题要求,我们主要考虑桁架桥、系杆拱桥和斜拉桥三种结构形式。桁架桥由主桥架、横向及纵向连接体系、桥门架和支腿组成,稳定性好,安全储备高,制作简单,但自重大,材料性能不能被充分利用;系杆拱桥由主拱圈、系杆、梁体和支腿组成,能充分发挥梁体受弯性能和拱的受压性能,但节点受力复杂、水平推力大;斜拉桥是由桥塔、拉索、梁体和桥墩组合起来的一种结构体系,梁体内弯矩较小、自重小、抗弯刚度大、抗扭刚度大,但计算复杂,模型制作烦琐。通过计算分析和实际模型加载试验,最终确定采用斜拉桥体系。塔采用桁架梭外包竹皮的做法,拉索在立面上采用辐射式布置,全部锚固在塔顶,梁体采用鱼腹结构,这种结构强度、刚度、稳定性均较好,能够适应本次赛题所给的荷载工况。

97.2 结构选型

我们根据赛题要求设计了3种结构体系。表2-93中列出了各体系的优缺点对比。

表2-93 体系1、2、3优缺点对比

体系对比	体系1:桁架桥	体系2:系杆拱桥	体系3:斜拉桥
优点	稳定性好,安全储备高,制作简单	充分发挥梁体受弯性能和拱的受压性能	梁体内弯矩较小,自重小,抗弯刚度大,抗扭刚度大
缺点	自重大,材料性能不能被充分利用	节点受力复杂,水平推力大	计算复杂,模型制作烦琐

体系1、2、3模型如图2-356所示。

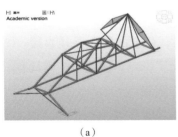

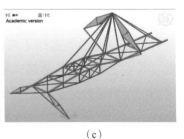

（a）　　　　　　　　　　　（b）　　　　　　　　　　　（c）

图2-356 体系1、2、3模型图

（a）体系1；（b）体系2；（c）体系3

97.3 计算分析

本结构采用 MIDAS Civil 进行结构建模及分析。计算分析结果如图 2-357 至图 2-359 所示。

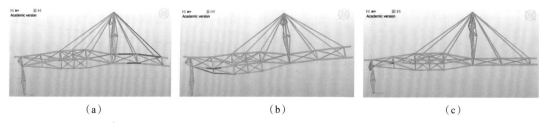

(a)   (b)   (c)

图 2-357　一、二（第二步）、三级荷载下应力图

（a）一级荷载；（b）二级荷载（第二步）；（c）三级荷载

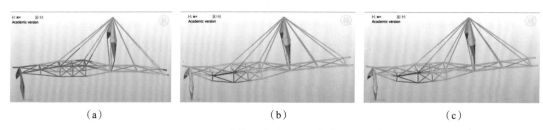

(a)   (b)   (c)

图 2-358　一、二（第二步）、三级荷载下位移变形图

（a）一级荷载；（b）二级荷载（第二步）；（c）三级荷载

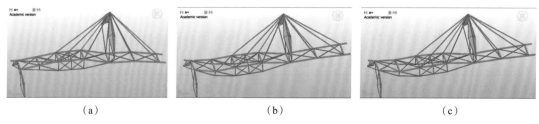

(a)   (b)   (c)

图 2-359　一、二、三级荷载下失稳模态图

（a）一级荷载；（b）二级荷载；（c）三级荷载

97.4 专家点评

模型在③轴处选择了两根枣核形压杆将荷载传至支座，荷载的传力路径直接。②轴、③轴之间采用凸透镜式桁架，刚度较大，由于斜拉杆交于一点，使整个结构具有一定的空间协同效应，在第二级移动荷载过程中有较好的结构表现。

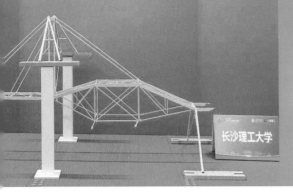

98　长沙理工大学

作品名称	风雨同舟		
参赛队员	陈雨飞	余想斌	卿　磊
指导教师	江　河	王　磊	付　果

98.1　设计思路

在结构满足承载力的前提下，进行各种不同结构方案的对比，考虑结构的传力路径、模型效率、力学性能、材料用量、模型质量以及制作难度等。此次结构方案的选型主要考虑拱结构+斜拉塔和桁架结构+斜拉塔两种。斜拉可以减小悬挑端挠度，满足悬挑端承载能力要求。拱在竖向荷载下会产生水平推力，然而正是由于推力的存在，拱的弯矩常比跨度、载荷相同的梁的弯矩小得多，并且主要是承受压力，根据赛题要求，选择折线拱结构。桁架优点在于结构简单，传力路径明确。各杆件只承受轴向拉力或压力，可以充分发挥材料的作用，节约材料，减轻结构质量。

98.2　结构选型

此次结构方案的选型主要有两种，一种是拱结构+斜拉塔，另一种是桁架结构+斜拉塔。表2-94中列出了两种体系的优缺点对比。

表2-94　体系1、2优缺点对比

体系对比	体系1:拱结构+斜拉塔	体系2:桁架结构+斜拉塔
优点	弯矩常比跨度、载荷相同的梁的弯矩小得多，并且主要是承受压力，因而更能发挥材料的作用，具有较高的经济性；一个合理的拱结构可以使得每一根杆件只受轴力，消除剪力、弯矩的影响	结构简单，传力路径明确；各杆件只承受轴向拉力或压力，可以充分发挥材料的作用，节约材料，减轻结构质量；适当结合桁架结构对提高效率比有一定帮助；用料很少，能减小模型质量；制作十分简单，传力路径短
缺点	制作难度过大，偏载容易发生失稳；材料用量较大，导致模型质量过大；传力路径远，效率较低等	相比于拱结构杆件弯矩较大，容易发生弯曲变形而产生破坏；杆件应力较大，容易发生破坏；整体稳定性相对较差

体系 1、2 模型如图 2-360 所示。

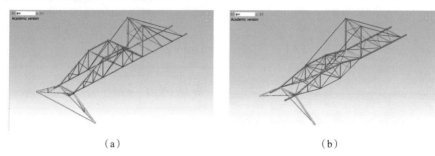

(a) (b)

图 2-360 体系 1、2 模型图

(a) 体系 1;(b) 体系 2

98.3 计算分析

本结构采用 MIDAS Civil 进行结构建模及分析。计算分析结果如图 2-361 至图 2-363 所示。

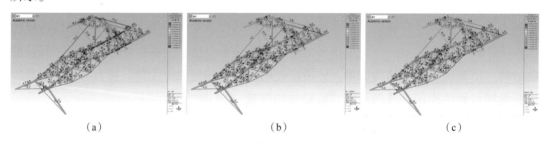

(a) (b) (c)

图 2-361 一、二(第二步)、三级荷载下应力图

(a) 一级荷载;(b) 二级荷载(第二步);(c) 三级荷载

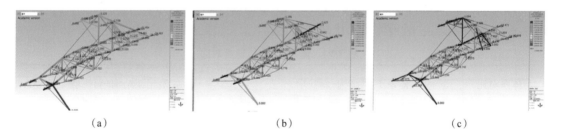

(a) (b) (c)

图 2-362 一、二(第二步)、三级荷载下位移变形图

(a) 一级荷载;(b) 二级荷载(第二步);(c) 三级荷载

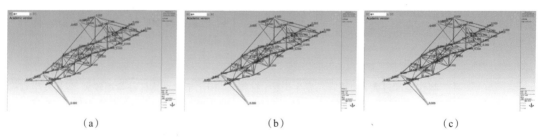

(a) (b) (c)

图 2-363 一、二、三级荷载下失稳模态图

(a) 一级荷载;(b) 二级荷载(第二步);(c) 三级荷载

98.4 专家点评

该模型③轴支座位置选在 C 荷载面位置,悬挑长度达到最大,通过增加桥面压杆的约束来减小计算长度,从而减小压杆截面。③轴处选择梯形刚架承受桥面斜拉杆拉力;同时设置门式塔,塔底通过下沉拉杆约束至③轴支座。②轴、③轴之间采用变截面桁架,充分利用桥下净空,结合桥面起拱,增大结构承载能力。模型传力路径设置清晰,杆件截面粗细选择合理,模型制作精细。

99 西北民族大学

作品名称	西北民大队		
参赛队员	李佳祺	何 贵	石贺元
指导教师	吴忠铁	高忠虎	

99.1 设计思路

结构本身应富有艺术美感，使力学与美学相互交融，使得结构简约而不简单，质地轻而强度高，节点便于连接与控制。我们初步考虑拱桥、斜拉桥和桁架桥等不同结构体系。斜拉桥主要由 A 型索塔、两个主梁、多个斜拉杆组成，传力路径明确，跨越能力大。荷载从梁上加载点通过拉条传递到拱顶，将弯矩主要转化为轴力，悬挑端是斜拉体系，跨越能力较大，造型美观。桁架结构造型简约、美观，主次结构分明，跨度大。通过对斜拉结构、拱结构、桁架结构的对比研究，同时降低结构设计参数过多的影响，最终选择桥面起拱加桁架和斜拉杆的组合桥梁形式。桥面起拱和桁架能够增加组合梁的刚度，控制桥面的竖向刚度，拱和桁架组合桥面将荷载通过拉条传递至塔顶，单塔采用纺锤形态，通过构造控制内外变形，可承担较大轴力，同时采用双塔斜拉的形式控制桥面的整体变形和承载能力。

99.2 结构选型

我们根据赛题要求设计了 4 种结构体系。表 2-95 中列出了 4 种体系的优缺点。经过结构体系的综合分析和测试，本次竞赛最终选择体系 4，其综合设计比较理想。

表 2-95 体系 1、2、3、4 优缺点对比

体系对比	体系 1	体系 2	体系 3	体系 4
名称	单杆斜拉桥	无推力组合体系下承式拱桥	桁架板桥	张弦+斜拉结构桥
优点	体系简单，传力路径简单	体系简单，传力路径简单，模型拼装比较方便，节点都为受压杆件	体系有桁架、拉条，受力均匀	体系简单，传力路径简单，质量轻
缺点	一级加载挠度不合格	质量相对较重	结构节点众多，模型制作复杂，质量较重。节点容易开裂	—

体系1、2、3、4模型如图2-364所示。

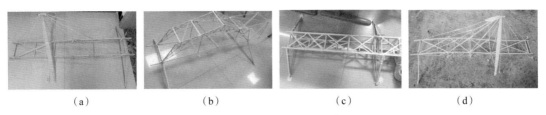

（a） （b） （c） （d）

图 2-364 体系1、2、3、4模型图

（a）体系1；（b）体系2；（c）体系3；（d）体系4

99.3 计算分析

本结构采用 MIDAS Civil 进行结构建模及分析。计算分析结果如图 2-365 至图 2-367 所示。

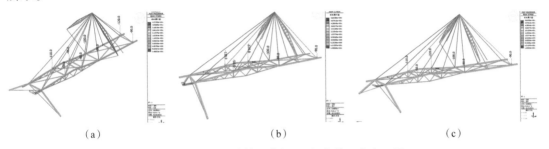

（a） （b） （c）

图 2-365 一、二（第二步）、三级荷载下应力云图

（a）一级荷载；（b）二级荷载（第二步）；（c）三级荷载

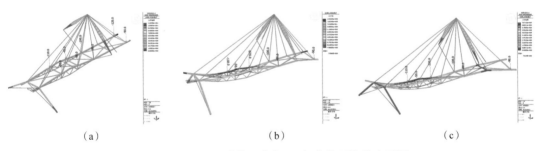

（a） （b） （c）

图 2-366 一、二（第二步）、三级荷载下位移变形图

（a）一级荷载；（b）二级荷载（第二步）；（c）三级荷载

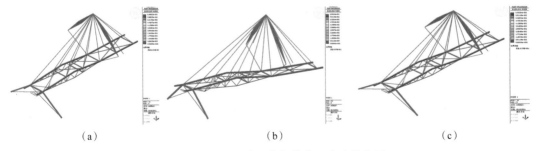

（a） （b） （c）

图 2-367 一、二（两步）荷载下失稳模态图

（a）一级荷载；（b）二级荷载（第一步）；（c）二级荷载（第二步）

99.4　专家点评

　　模型在③轴处选择了两根枣核形压杆将荷载传至支座，荷载传力直接。②轴、③轴之间采用凸透镜式桁架，但高度偏低。由于斜拉杆交于一点，使整个结构具有一定的空间协同效应，在第二级移动荷载过程中有较好的结构表现。

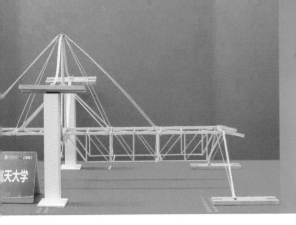

100　南京航空航天大学

作品名称	超级加倍		
参赛队员	陈康泽	许书艺	曹　洋
指导教师	程　晔　唐　敢　王法武		

100.1　设计思路

我们考虑采用桁架、桁架桥面+斜拉塔和桁架塔+单层桥面三种结构形式。首先考虑桁架结构，并根据三级动载在上桥面和下桥面以及支座形式，考虑三种桁架形式。由于桁架结构无法满足支座高度位于桁架桥面以上的情况，而赛题对结构上部空间不做限制，进一步考虑桁架桥面+斜拉塔结构形式，斜拉可有效减少桁架的位移与桁架弦杆的应力，使得桥面的质量减轻。桁架桥面刚度较好，但是制作复杂，对实际模型制作的要求较高。于是考虑桁架塔+单层桥面结构，该结构有很强的适用性，基本不受净空限制影响，支座标高改动对塔身影响也不大，极大地减少了方案优化的时间与难度。

100.2　结构选型

我们结合赛题要求，对比"桁架"、"桁架桥面+斜拉塔"以及"桁架塔+单层桥面"等3个可选方案，同时考虑降低模型质量，最终选择了"桁架塔+单层桥面"方案，并进行了相应的改进。

3个可选方案如图2-368所示。

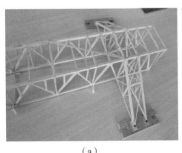
（a）

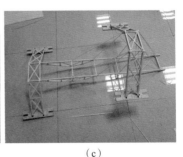
（c）

图2-368　3个可选方案

（a）方案1；（b）方案2；（c）方案3

100.3　计算分析

本结构采用 MIDAS Civil 进行结构建模及分析。计算分析结果如图 2-369 至图 2-371 所示。

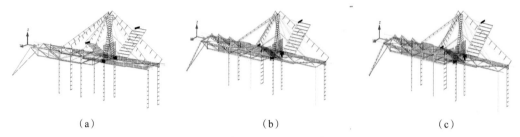

图 2-369　一、二（第二步）、三级荷载下轴力图

（a）一级荷载；（b）二级荷载（第二步）；（c）三级荷载

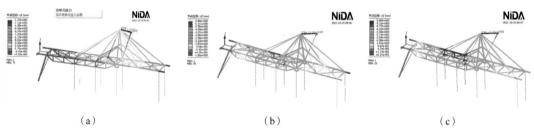

图 2-370　一、二（第二步）、三级荷载下 Z 方向位移变形图

（a）一级荷载；（b）二级荷载（第二步）；（c）三级荷载

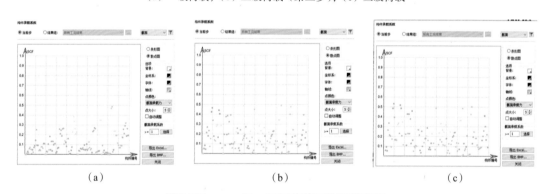

图 2-371　一、二、三级荷载下失稳模态图

（a）一级荷载；（b）二级荷载；（c）三级荷载

100.4　专家点评

结构整体采用斜拉+桁架的结构体系。塔柱顶交会于一点。③轴位于 C 截面，通过下沉式拉索结构将荷载传至支座。为减少塔柱的计算长度，侧向设置拉杆，但是在另外方向缺乏相应的处理。整个结构体系明确，传力合理。

101　长江师范学院

作品名称	挑战者队		
参赛队员	刘 赟	李宗泽	林 磊
指导教师	孙华银	李滟浩	游 强

101.1　设计思路

根据赛题规定，可以将模型结构大致看作简支带悬臂结构，纵桥向方向两支座间结构主要受正弯矩（③轴支座附近受反弯矩），悬臂段受反弯矩。横桥向方向，由于荷载的非对称性，结构存在横向受扭，关于Ⓑ轴对称的两个支座可以看作一座跨径600mm的受弯梁桥，支点处还可能存在受拉情况。由赛题分析，以"减小桥跨弯矩，加快荷载向支座传递"为指导思想，对梁桥结构和梁桥+斜拉桥组合结构进行方案对比。梁桥结构构造简单、制作快速、传力明确、方便计算，但纵桥向完全依靠梁截面抵抗正弯矩和反弯矩，传力路径远；梁桥+斜拉桥组合结构通过斜拉索，快速将跨中和悬臂端部荷载传递给支座，受力更优越，但结构制作偏复杂，计算难度较梁桥大，且与桥面板、移动铅球存在空间阻碍问题。

101.2　结构选型

我们主要以"减小桥跨弯矩，加快荷载向支座传递"为指导思想，对梁桥结构和梁桥+斜拉桥组合结构进行方案对比。表2-96中列出了梁桥与组合桥型的优缺点对比情况。

表2-96　体系1、2优缺点对比

体系对比	体系1：梁桥结构	体系2：梁桥+斜拉桥
优点	构造简单，制作快速，传力路径明确，方便计算	通过斜拉索，快速将跨中和悬臂端部荷载传递给支座，受力更优越
缺点	纵桥向完全依靠梁截面抵抗正弯矩和反弯矩，传力路径远	结构制作偏复杂，计算难度较梁桥大，且与桥面板、移动铅球存在空间阻碍问题

体系1、2模型如图2-372所示。

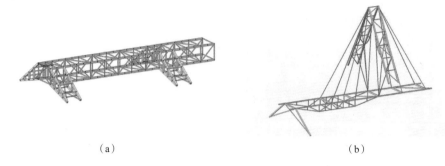

(a)　　　　　　　　　　　　　　　　　(b)

图2-372　体系1、2模型图

（a）体系1；（b）体系2

101.3　计算分析

本结构采用MIDAS Civil进行结构建模及分析。计算分析结果如图2-373至图2-375所示。

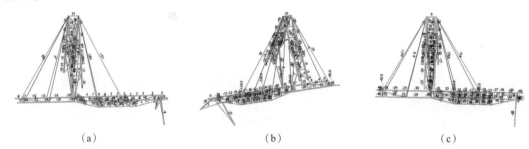

(a)　　　　　　　　　　(b)　　　　　　　　　　(c)

图2-373　一、二（第二步）、三级荷载下应力图

（a）一级荷载；（b）二级荷载（第二步）；（c）三级荷载

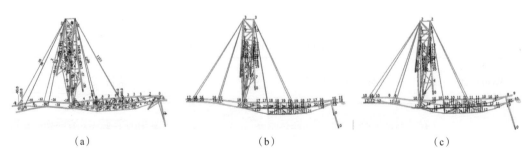

(a)　　　　　　　　　　(b)　　　　　　　　　　(c)

图2-374　一、二（第二步）、三级荷载下位移变形图

（a）一级荷载；（b）二级荷载（第二步）；（c）三级荷载

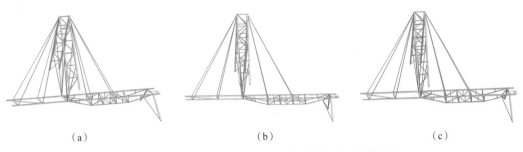

（a） （b） （c）

图 2-375 一、二（第二步）、三级荷载下失稳模态图

（a）一级荷载；（b）二级荷载（第二步）；（c）三级荷载

101.4 专家点评

模型在③轴处选择了两个梯状压杆将荷载传至支座，压杆的倾角较大，使得长度偏大，好处是内力较小，但是作为压杆的计算长度偏高。梯状压杆在平面内的水平支撑使压杆的计算长度降至很小，但是，在平面外则缺乏约束，计算长度并没有减少。②轴、③轴之间的桁架高度偏低，刚度偏小。

102　合肥工业大学

作品名称	三只松鼠		
参赛队员	龙　洋	郑学鹏	刘铭宇
指导教师	陈安英	王　辉	宋满荣

102.1　设计思路

我们针对轻量结构和加强结构，在不改变主体结构传力方式的情况下，用最轻的质量达到尽可能大的载重比，完成共三级加载，并符合结构的挠度、规避区、加载施加时间限制及结构完整性等的要求，初步考虑张弦梁-斜拉体系、塔架吊桥体系、三角拱-斜拉体系。张弦梁-斜拉体系结构明确，传力直接，整体性能好，但容易扭转失稳；塔架吊桥体系多为仅受拉构件，受力与传力较为清晰，但对单根杆件强度要求较高；三角拱-斜拉体系将三角拱与斜拉体系结合，结构更稳定，能够承受不对称的荷载，但模型质量不易控制。经过各种方案优缺点对比，并通过实际模型制作测试对比分析，最终确定选用最稳定可靠的三角拱-斜拉体系。

102.2　结构选型

表 2-97 中列出了张弦梁-斜拉体系、塔架吊桥体系、三角拱-斜拉体系的优缺点对比。

表 2-97　体系 1、2、3 优缺点对比

体系	体系 1:张弦梁-斜拉	体系 2:塔架吊桥	体系 3:三角拱-斜拉
优点	结构明确，传力直接，整体性能好	多为仅受拉构件，受力与传力较为清晰	三角拱与斜拉体系结合，结构更稳定，能够承受不对称的荷载
缺点	对单根杆件的强度要求比较高，容易发生扭转变形失稳	整体性较好，单根柱承重比较大，对单根杆件的强度要求较高	对构件的质量要严格控制，模型总质量浮动较大

体系 1、2、3 模型如图 2-376 所示。

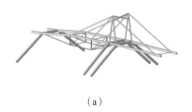
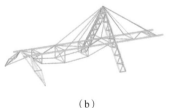

（a）　　　　　　　　（b）　　　　　　　　（c）

图 2-376　体系 1、2、3 模型图

（a）体系 1；（b）体系 2；（c）体系 3

102.3　计算分析

本结构采用 MIDAS Civil 进行结构建模及分析。计算分析结果如图 2-377 至图 2-379 所示。

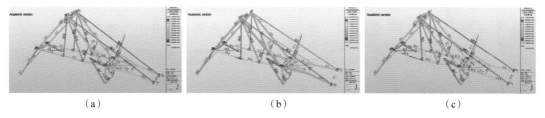

（a）　　　　　　　　　　（b）　　　　　　　　　　（c）

图 2-377　一、二（第二步）、三级荷载下应力图

（a）一级荷载；（b）二级荷载（第二步）；（c）三级荷载

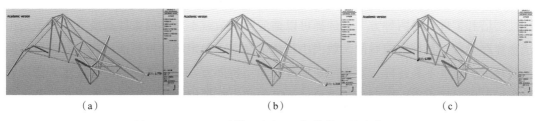

（a）　　　　　　　　　　（b）　　　　　　　　　　（c）

图 2-378　一、二（第二步）、三级荷载下位移变形图

（a）一级荷载；（b）二级荷载（第二步）；（c）三级荷载

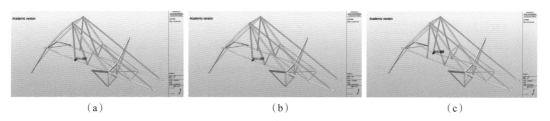

（a）　　　　　　　　　　（b）　　　　　　　　　　（c）

图 2-379　一、二（两步）级荷载下失稳模态图

（a）一级荷载；（b）二级荷载（第一步）；（c）二级荷载（第二步）

102.4　专家点评

模型②轴、③轴间采用三角形拉杆拱结构，拉杆同时作为桥面水平结构，A、B 截面的吊载通过拉杆传至拱顶。D 截面吊载通过斜拉杆和水平压杆形成的悬臂结构承受。③轴位于 C 截面，采用下沉式拉杆体系将荷载传至支座。结构体系简单，传力路径明确，结构体系中压杆数量不多，但是长度稍微偏长。

103　昆明理工大学

作品名称	漫道浮空		
参赛队员	农光辉	周婷婷	周　航
指导教师	史世伦	李晓章	

103.1　设计思路

针对赛题参数，对比分析下承式桁架桥、上承式张弦梁两种梁体系和斜拉体系的优缺点，选择适应性较大的斜拉体系。之后对不同塔桥结构的斜拉桥方案进行比较，对比刚性矮塔和柔性高塔两种方案，选择可以适应两侧荷载不对称的柔性高塔方案。最后由决赛赛题参数，根据塔前后侧荷载大小和桥下净空，确定斜拉桥桥面结构：若桥塔后侧荷载较重，挠度不易超标，则采用矩形薄壁箱型桥面方案；若塔前侧荷载较重，挠度容易超标，同时桥下净空限制较为严格（−50 mm），则采用鱼腹式桁架桥面方案；若塔前侧荷载较重，挠度容易超标，但桥下净空限制较大（−100 mm 或−150 mm），则采用下张弦矩形薄壁箱型桥面方案。

103.2　结构选型

结合对赛题参数的考虑，我们首先对梁体系和斜拉体系进行比较。表 2-98 中对两种体系的优缺点进行了比较，决定采用适应性较大的斜拉桥体系进行细化方案设计。

表 2-98　体系 1、2、3 优缺点对比

体系对比	体系 1:梁桥		体系 2:斜拉桥
	下承式桁架桥	上承式张弦梁	
优点	桁架桥整体刚度大，荷载作用下产生挠度小；结构规整，拼装方便，对模型制作要求较低；以桥面结构受弯为主，支承结构不受纵向水平力，柱脚的安装要求低	张弦梁结构刚度比桁架桥的略小，但比斜拉桥的大；同等梁高条件下，张弦梁受压杆件用量比桁架桥少，更轻；桥面以上构件较少，方便过球桥面板的铺设安装	结构轻巧；斜拉索受拉，有效利用竹材抗拉性能；主梁以受压为主，承受少量弯矩，对梁高的依赖大大减小；具有较大适应性
缺点	单根杆件受力较大，对压杆制作质量要求高；对于不同的③轴支座标高，需要考虑多种支承方案	仅在桥下净空限制宽松时适合采用，不具有通用性；对于不同的③轴支座标高，需要考虑多种支承方案	柔性较大，挠度控制是关键；结构模型制作、组装难度较大

103.3 计算分析

本结构采用 MIDAS Civil 进行结构建模及分析。计算分析结果如图 2-380 至图 2-382 所示。

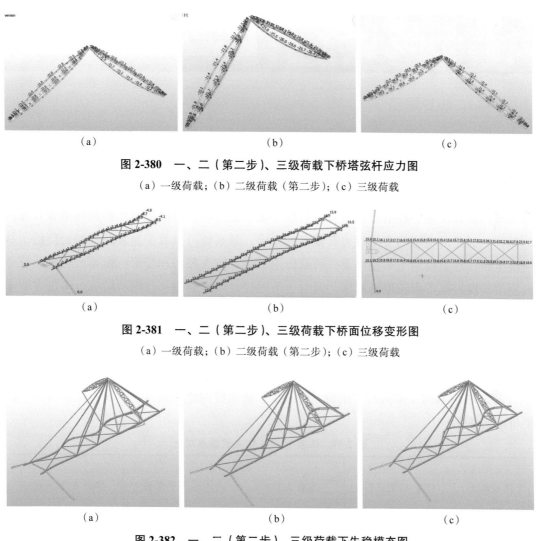

(a)　　　　　　　　　　(b)　　　　　　　　　　(c)

图 2-380　一、二（第二步）、三级荷载下桥塔弦杆应力图

（a）一级荷载；（b）二级荷载（第二步）；（c）三级荷载

(a)　　　　　　　　　　(b)　　　　　　　　　　(c)

图 2-381　一、二（第二步）、三级荷载下桥面位移变形图

（a）一级荷载；（b）二级荷载（第二步）；（c）三级荷载

(a)　　　　　　　　　　(b)　　　　　　　　　　(c)

图 2-382　一、二（第二步）、三级荷载下失稳模态图

（a）一级荷载；（b）二级荷载（第二步）；（c）三级荷载

103.4　专家点评

模型在③轴对称于Ⓑ轴设置两个梭形格构柱。梭形格构柱具有抗失稳能力强的优点，但是也有节点数量多的缺点，对制作加工的要求较高。桥梁纵向采用斜拉结构，桥面结构采用单根压弯杆件。整个结构体系极简，传力合理。

104　华北理工大学

作品名称	天翊		
参赛队员	贾若彤	马　啸	贾木天
指导教师	武立伟	张汉杰	巴　颖

104.1　设计思路

针对本赛题的设计，分别考虑梁式桥、拱桥、桁架桥、悬索桥的设计方案。下面定性地分析上述桥型的优势和不足。梁式桥有较好的承载弯矩的能力，也可以较好地控制使用中的变形，但桥梁的稳定性较差，桥梁的抗扭能力面临较大挑战；拱桥最大主应力沿拱桥曲面而作用，而沿拱桥垂直方向最小主应力为零，可以很好地控制桥梁竖直方向的位移，但是对支座的支撑能力有较高的要求；悬索桥可以看作是大跨径的公路桥，从刚度上讲，悬索桥属于柔性体系，荷载作用下会有较大振动和变形；桁架桥具有比较好的刚度，腹杆既可承拉也可承压，同时也可以较好地控制位移且用料较省。考虑多变荷载下，对桥面刚度要求较高，选择桁架桥作为设计方案。

104.2　结构选型

表 2-99 中列出了梁式桥、拱桥、桁架桥、悬索桥的优缺点对比。我们最后选择了桁架桥结构体系。

表 2-99　体系 1、2、3、4 优缺点对比

体系对比	体系 1:梁式桥	体系 2:拱桥	体系 3:桁架桥	体系 4:悬索桥
优点	抗弯、抗扭性能好	承载力高	刚度大	跨度大
缺点	跨度小	对支座要求较高	费时	稳定性差

104.3　计算分析

本结构采用SAP2000进行结构建模及分析。计算分析结果如图 2-383 至图 2-385 所示。

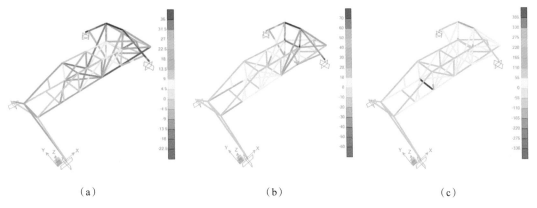

（a）　　　　　　　　　　　　（b）　　　　　　　　　　　　（c）

图 2-383　一、二（第二步）、三级荷载下应力图

（a）一级荷载；（b）二级荷载（第二步）；（c）三级荷载

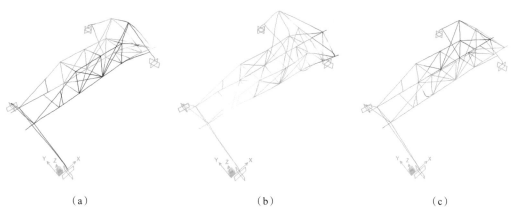

（a）　　　　　　　　　　　　（b）　　　　　　　　　　　　（c）

图 2-384　一、二（第二步）、三级荷载下位移变形图

（a）一级荷载；（b）二级荷载（第二步）；（c）三级荷载

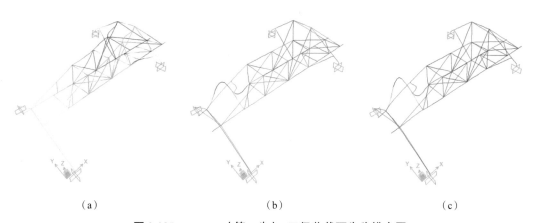

（a）　　　　　　　　　　　　（b）　　　　　　　　　　　　（c）

图 2-385　一、二（第一步）、三级荷载下失稳模态图

（a）一级荷载；（b）二级荷载（第一步）；（c）三级荷载

104.4 专家点评

模型采用下承式桁架，桥下净空容易满足，桁架高度不受限制，可实现较大高度的桁架，保证结构的刚度。Ⓑ轴两侧的桁架和斜拉杆均在各自平面内，两侧结构之间缺乏呼应，对于不均匀的 2 级加载较为不利。

105 温州理工学院

作品名称	源竹
参赛队员	沈鑫宇　罗　云　郑美馨
指导教师	周向前

105.1　设计思路

通过分析赛题，考虑斜拉桥，尽量利用竹材的抗拉性能，减少受压构件，从而达到减重的目的；考虑桁架桥，桥面具备一定的抗扭性能，整体刚度好，桥的整体受力性能好，同时桥墩需要具备较高的承载力。结构选型时遵循平面、立面均匀、对称的原则，使传力路径明确、受力合理。初步考虑斜拉桥门架方案，桥面采用下桁架，桥面与桥墩门架通过刚性连接，采用刚性的门架来控制桥面在二级偏载时发生的位移和扭转变形。由于刚性门架③轴位置必须与ⓒ轴重合，无法适应多变的荷载，经过分析对比，最后采用拉索吊架以适应灵活多变的荷载，并且加固桥面，提高悬挑端的刚度，减小悬挑端的位移，使铅球能够顺利到达桥岸离开桥面；同时支座采用格构柱，有效提高承载力，避免支座受压失稳。

105.2　结构选型

在结构定型之前，我们考虑了多种结构形式，并依次做出了多种方案。各体系优缺点见表2-100。

表 2-100　体系 1、2、3 优缺点对比

体系对比	体系 1	体系 2	体系 3
优点	结构刚度大，承载力大，抗变形能力强	自重较轻，③轴支座灵活，可变参数分析	刚度大，承载力强，自重轻，③轴支座灵活，可变参数分析
缺点	自重大	门架柱易失稳	支座节点易发生破坏，制作工艺复杂

体系 1、2、3 模型如图 2-386 所示。

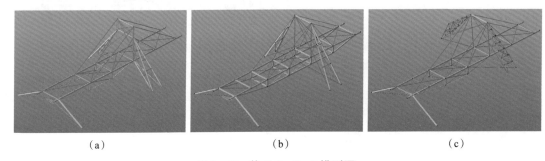

(a)   (b)   (c)

图 2-386　体系 1、2、3 模型图

（a）体系 1；（b）体系 2；（c）体系 3

105.3　计算分析

本结构采用 MIDAS Civil 进行结构建模及分析。计算分析结果如图 2-387 至图 2-389 所示。

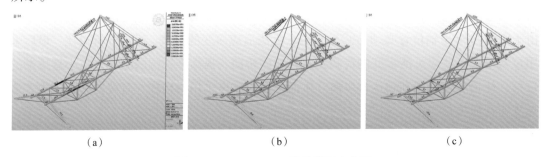

(a)   (b)   (c)

图 2-387　一、二、三级荷载下应力图

（a）一级荷载；（b）二级荷载；（c）三级荷载

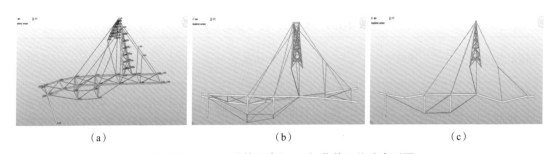

(a)   (b)   (c)

图 2-388　一、二（第二步）、三级荷载下位移变形图

（a）一级荷载；（b）二级荷载（第二步）；（c）三级荷载

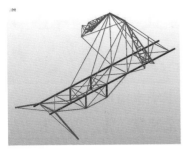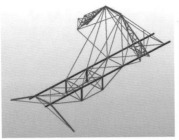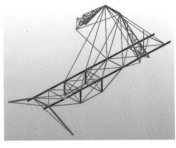

图 2-389 一、二（第二步）、三级荷载下失稳模态图

（a）一级荷载；（b）二级荷载（第二步）；（c）三级荷载

105.4 专家点评

主桥结构简单且合理，③轴处的横向结构略微复杂。Ⓑ轴两侧的桁架和斜拉杆均在各自平面内，两侧结构之间缺乏呼应，对于不均匀的 2 级加载较为不利。

106 西安建筑科技大学
华清学院

作品名称	木华水清桥
参赛队员	全晓斌　张　总　朱　誉
指导教师	万婷婷　吴耀鹏

106.1 设计思路

我们整体考虑利用三角形结构具有稳定性来进行桁架的设计，模型大量运用了三角形结构，可有效保证模型的整体稳定性和局部稳定性。模型主桥采用三角形桁架，并配合施加预应力的斜拉杆，可有效增加桥面刚度，减小桥面挠度。经过多次试算，合理选定悬挑长度，尽可能实现③轴左右两侧平衡，减小③轴桁架的侧向位移。参考实际情况中跨海大桥等，设计斜拉结构，将大部分力传递在支座处，合理利用拉压杆的组合，适当加强部分杆件的强度，以满足通过一级、二级及三级荷载的要求。

106.2 细部构造

对于上弦来说，考虑到三级加载时球对上弦的冲击力很大，采用 930 mm×2 mm×2 mm+930 mm×6 mm×1 mm 的杆件拼接而成。对于部分拉杆来说，采用 930 mm×6 mm×1 mm 的杆件来增大接触面积。部分压杆，采用 930 mm×3 mm×3 mm 杆件拼成 T 形截面或采用 930 mm×3 mm×3 mm 杆件拼成矩形截面。拼接为交错拼接，以防止受拉时将杆件破坏。

部分节点构造如图 2-390 所示。

（a）　　　　　　　　　（b）　　　　　　　　　（c）

图 2-390　部分节点构造

（a）节点 1；（b）节点 2；（c）节点 3

106.3 计算分析

本结构采用 MIDAS Civil 进行结构建模及分析。计算分析结果如图 2-391、图 2-392 所示。

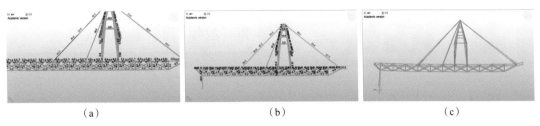

（a） （b） （c）

图 2-391 一、二、三级荷载下梁单元应力图

（a）一级荷载；（b）二级荷载；（c）三级荷载

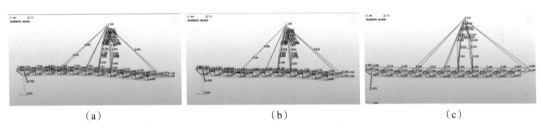

（a） （b） （c）

图 2-392 一、二、三级荷载下位移变形图

（a）一级荷载；（b）二级荷载；（c）三级荷载

106.4 专家点评

该模型的最大特点是桥梁纵向主结构采用了三角形桁架，具有较好的整体稳定性和抗扭转性能。设置了两条向③轴支座传力的路径：一是通过向上发展的"金字塔"形压杆拱；二是通过向下发展的两对拉索。为了增强"金字塔"压杆的抗失稳性能，在外面设置了撑杆。整体结构概念清晰，传力合理。

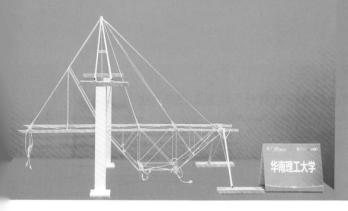

107　华南理工大学

作品名称	砼心桥		
参赛队员	李田田	杜雯婕	李泳康
指导教师	何　岸	陈庆军	

107.1　设计思路

根据赛题要求，我们首先进行结构概念设计，进行简约而不简单的结构形式设计，实现结构与艺术美的平衡。经过一系列方案对比和优化，考虑桁架斜拉体系、直角张弦体系和下承式拱结构体系，通过多次的理论分析和加载试验的综合对比，我们最终确定结构体系为能满足较小桥下净空的下承式拱结构体系。根据支座支承条件，对支座选型进行对比，我们考虑双片支座和单片支座两种形式，并利用张弦结构对支座进行局部加固，使支座能够有效抵抗弯曲变形。

107.2　结构选型

经过综合对比，我们逐一淘汰前面的选型，最后一种选型因其最高的荷载比及稳定性在诸多方案中脱颖而出，被我们选为最终参赛方案。表 2-101 中列出了三种体系的优缺点对比。

表 2-101　体系 1、2、3 优缺点对比

体系对比	体系 1：桁架斜拉体系	体系 2：直角张弦体系	体系 3：下承式拱结构体系
优点	受力均匀，适用面广	高效，易于制作	适用于桥下净空较小的参数
缺点	制作工艺复杂，传力不够直接	可能会出现局部破坏的情况	较重，制作有一定难度

体系 1、2、3 模型如图 2-393 所示。

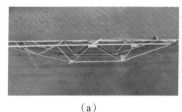
（a）

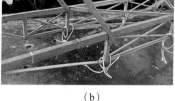
（b）

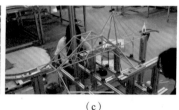
（c）

图 2-393　体系 1、2、3 模型图

（a）体系 1；（b）体系 2；（c）体系 3

107.3　计算分析

本结构采用 MIDAS Civil 进行结构建模及分析。计算分析结果如图 2-394 至图 2-396 所示。

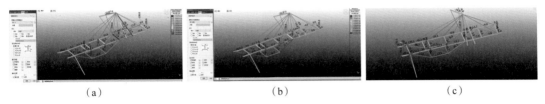

（a）　　　　　　　　　　　　（b）　　　　　　　　　　　　（c）

图 2-394　一、二、三级荷载下应力图

（a）一级荷载；（b）二级荷载；（c）三级荷载

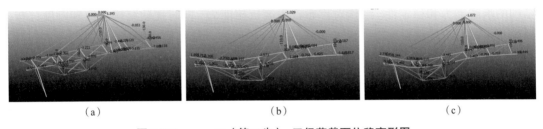

（a）　　　　　　　　　　　　（b）　　　　　　　　　　　　（c）

图 2-395　一、二（第二步）、三级荷载下位移变形图

（a）一级荷载；（b）二级荷载（第二步）；（c）三级荷载

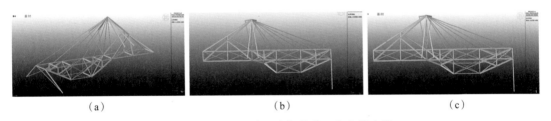

（a）　　　　　　　　　　　　（b）　　　　　　　　　　　　（c）

图 2-396　一、二（两步）荷载下失稳模态图

（a）一级荷载；（b）二级荷载（第一步）；（c）二级荷载（第二步）

107.4　专家点评

②轴、③轴之间的桥梁下部结构采用桁架，传力直接，且大部分杆件为拉杆，结构效率高；在③轴处，通过 4 根压杆将斜拉杆传递的荷载传至支座，尖顶形结构稳定性好。

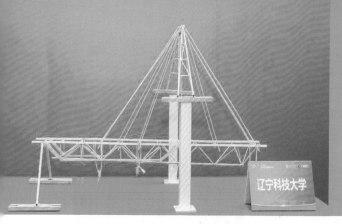

108 辽宁科技大学

作品名称	施工队
参赛队员	田　戈　　陈嘉豪　　于伟杰
指导教师	高　松　　李建强

108.1　设计思路

我们综合考虑大跨度空间结构的传力、受力特点，对结构方案进行构思，保证主体结构的承载能力和稳定性。结构对称布置提高抗扭能力，同时优化结构强度和刚度分布，加固节点区。根据赛题要求，初步设计 5 个结构体系，并且使用 MIDAS 结构计算软件，对不同的结构模型进行静载和动载的验算，对比各结构体系在强度、刚度、稳定性、整体性、制作难度、节点连接等方面的优缺点。经过多次试验和理论分析，并通过有限元进行系统优化，最终确定的方案为体系 5，将拱与主梁上梯形结构结合，整个主梁采用三角形结构，使得主梁整体性好，抵抗逆转能力强。

108.2　结构选型

我们初步选取有代表性的 5 种体系进行对比分析，各自的优缺点见表 2-102。

表 2-102　体系 1、2、3、4、5 优缺点对比

体系对比	优点	缺点
体系 1	强度大，稳定性高，形变小；主梁在空间呈三角形，刚度大，整体性强	自重大，制作工艺复杂，模型节点过多，主支架容易因为两侧拉力断裂，拉杆处易脱落
体系 2	主支架下部用竹皮连接，有效提高主支架的抗压强度；整体稳定性高，抗扭能力强；主梁用竹皮抵抗弯矩，极大减轻模型质量	自重大，制作工艺复杂，模型节点过多，对节点连接要求高，拉杆处易脱离，主梁构件减少，整体性差
体系 3	制作工艺简单，强度满足荷载要求；对称加载点用桁架连接，抗扭强度高	主梁在空间上呈平面，抗扭强度降低，易发生扭转破坏
体系 4	用高强度杆以及竹皮将主支架与主梁相连接，结构整体性强；制作工艺简单，强度满足荷载要求；连接点与桁架较少，结构整体安全性较高	主梁在空间上呈平面，抗扭强度降低，易发生扭转破坏；制作工艺复杂，难度较高
体系 5	用高强度杆以及竹皮将主支架与主梁相连接，结构整体性强；主梁在空间呈三角形，刚度大，整体性强，稳定性高；强度大，形变小	制作工艺复杂，难度较高；模型节点过多，对节点连接要求高

体系1、2、3、4、5模型如图2-397所示。

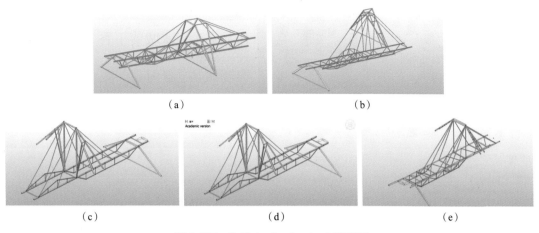

（a）　　　　　　　　　　　　　　（b）

（c）　　　　　　　　（d）　　　　　　　　（e）

图 2-397　体系 1、2、3、4、5 模型图

（a）体系 1；（b）体系 2；（c）体系 3；（d）体系 4；（e）体系 5

108.3　计算分析

本结构采用 MIDAS Civil 进行结构建模及分析。计算分析结果如图 2-398、图 2-399 所示（以体系 1 为例）。

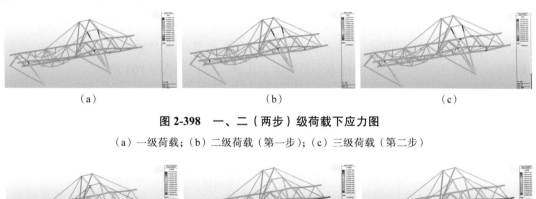

（a）　　　　　　　　　　（b）　　　　　　　　　　（c）

图 2-398　一、二（两步）级荷载下应力图

（a）一级荷载；（b）二级荷载（第一步）；（c）三级荷载（第二步）

（a）　　　　　　　　　　（b）　　　　　　　　　　（c）

图 2-399　一、二、三级荷载下位移变形图

（a）一级荷载；（b）二级荷载；（c）三级荷载

108.4　专家点评

该桥体结构采用三角形桁架结构，整体性好，抗扭性能好。③轴横向结构为向上发展的三折线拱。斜压杆采用 A 字型，提高了纵向稳定性。

109 哈尔滨工业大学

作品名称	冰城紫丁香		
参赛队员	赵丙亮	张 健	卓小兰
指导教师	邵永松	陈文礼	

109.1 设计思路

赛题以承受竖向静力和移动荷载的桥梁结构为对象，通过加入部分待定参数，赋予赛题更多的灵活性，同时增加现场设计环节，结构设计既要满足多工况承载力要求，又要满足变形要求，在充分利用材料的前提下，考虑结构形式的合理性、创新性、美观性和实用性等因素，来达到用更轻的结构承载规定荷载的要求。基于赛题要求，我们初步考虑6种不同的结构体系，并通过建模分析比较，最后确立张弦体系。

109.2 结构选型

根据赛题要求分析，重点讨论桥下净空影响，设计出同时符合 $H_{min}=-50\,mm$，$H_{min}=-100\,mm$ 以及 $H_{min}=-150\,mm$ 的体系1、2、3、4，符合 $H_{min}=-100\,mm$ 及 $H_{min}=-150\,mm$ 的体系5，符合 $H_{min}=-150\,mm$ 的体系6。各体系优缺点对比如表2-103所示。

表2-103 体系1、2、3、4、5、6优缺点对比

体系对比	体系1	体系2	体系3	体系4	体系5	体系6
优点	具有极高的强度与稳定性，且包络性强	结构整体简单，以拉杆为主，充分利用材料自身特点，结构较轻	具有较强的包络性，适用多种工况，且受力简单，无冗杂结构	具有较强的包络性，适用多种工况，具有整体性、稳定性，且杆件较少，规格简单，结构整体自重较轻	充分利用赛题要求净空，结构简单，受力明晰，具有较高的稳定性、安全性，且制作过程相对简便快捷	合理利用赛题允许净空，受力明确，结构自重较小
缺点	杆件较多，结构质量较重	结构整体稳定性较差，危险性高，且适用范围较小	结构杆件种类多，制作复杂，误差对结构影响较大	起拱过程较为困难，误差对结构影响较大	结构体系相对保守，自身质量略大	包络性差，可适用结构较少

体系1、2、3、4、5、6模型如图 2-400 所示。

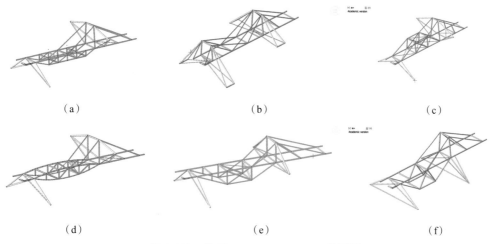

(a)   (b)   (c)

(d)   (e)   (f)

图 2-400　体系 1、2、3、4、5、6 模型图

(a)体系 1;(b)体系 2;(c)体系 3;(d)体系 4;(e)体系 5;(f)体系 6

109.3　计算分析

本结构采用 MIDAS Civil 进行结构建模及分析。计算分析结果如图 2-401 至图 2-403
所示。

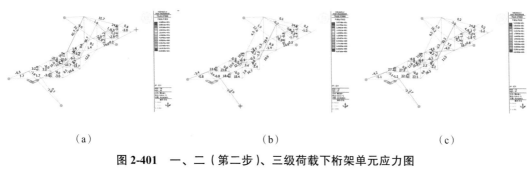

(a)   (b)   (c)

图 2-401　一、二(第二步)、三级荷载下桁架单元应力图

(a)一级荷载;(b)二级荷载(第二步);(c)三级荷载

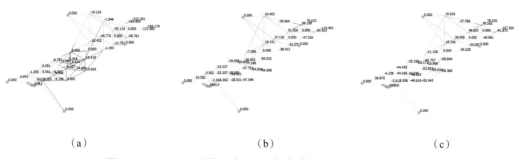

(a)   (b)   (c)

图 2-402　一、二(第二步)、三级荷载下 Z 方向位移变形图

(a)一级荷载;(b)二级荷载(第二步);(c)三级荷载

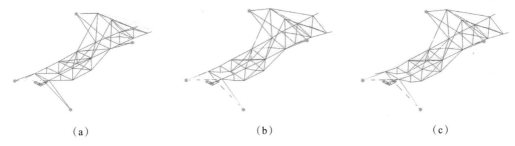

(a)   (b)   (c)

图 2-403   一、二（第二步）、三级荷载下失稳模态图

（a）一级荷载；（b）二级荷载（第二步）；（c）三级荷载

109.4   专家点评

纵向桥梁采用桁架和斜拉杆相结合的结构体系，侧立面轮廓与弯矩图相似，拉杆设置在弯矩图的受拉侧，受力合理。③轴横向结构采用凸透镜式桁架，结构刚度大。在抵抗第 2 级偏心加载方面，由于Ⓑ轴两侧的结构缺乏呼应，整体性能发挥欠佳。

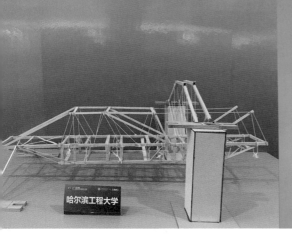

110 哈尔滨工程大学

作品名称	哈工程一队		
参赛队员	刘 睿	黄子星	张雨芊
指导教师	高 明	杨文平	

110.1 设计思路

由于赛题中荷载、桥底净空、支座高度三组参数的不确定性以及现场设计制作的灵活性，赛题极具挑战性。按照赛题模型尺寸和加载要求，我们初步建立桁架桥体系和拱桥体系，并通过仿真软件 MIDAS 进行静载受力分析，对比两个体系。根据分析结果，桁架桥结构空间大，侧向刚度小，耗费材料多；而拱桥自重大，对下方承重桥墩要求太高，制作难度太大。综合桁架制作简单、受力明确，以及拱形构造简单、刚度大、承载力好、挠度小的特点，我们确定方案为桁架拱桥体系。

110.2 结构选型

我们根据赛题要求设计了 3 种结构体系。表 2-104 中列出了 3 种体系桥梁的优缺点对比。

表 2-104　体系 1、2、3 优缺点对比

体系对比	体系 1	体系 2	体系 3
优点	结构设计简单，受力明确	弯矩将比相同跨径的梁的弯矩小很多，跨越能力较大，构造简单，较省材	结构刚度大，单点加载较大荷载优势明显，变形较小
缺点	结构空间大，制作复杂，侧向刚度小，耗费材料多	自重较大，对下方承重桥墩要求太高，且制作难度较大	结构体积较大

体系 1、2、3 模型如图 2-404 所示。

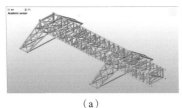

（a）	（b）	（c）

图 2-404　体系 1、2、3 模型图

（a）体系 1；（b）体系 2；（c）体系 3

110.3 计算分析

本结构采用 MIDAS Civil 进行结构建模及分析。计算分析结果如图 2-405 至图 2-407 所示。

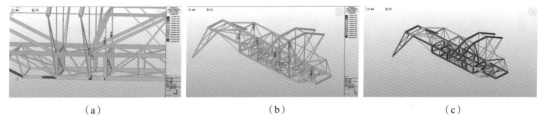

(a)   (b)   (c)

图 2-405 一、二（第二步）、三级荷载下应力图

（a）一级荷载；（b）二级荷载（第二步）；（c）三级荷载

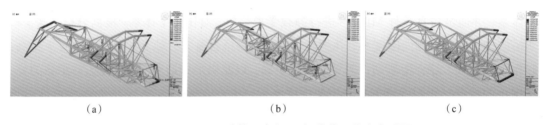

(a)   (b)   (c)

图 2-406 一、二（第二步）、三级荷载下位移变形图

（a）一级荷载；（b）二级荷载（第二步）；（c）三级荷载

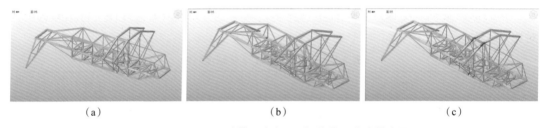

(a)   (b)   (c)

图 2-407 一、二（第二步）、三级荷载下失稳模态图

（a）一级荷载；（b）二级荷载（第二步）；（c）三级荷载

110.4 专家点评

结构体系为上拱下桁架体系，结构较为复杂，传力路径不够清晰。桁架部分上下弦杆平行，且未设置斜腹杆，缺乏传递剪力的能力。

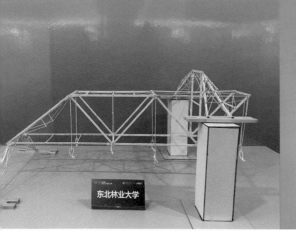

111　东北林业大学

作品名称	通堑大桥
参赛队员	尚朝阳　夏一峰　戚轶轩
指导教师	徐　嫚　贾　杰

111.1　设计思路

根据赛题对模型尺寸及加载点位置的要求，确定③轴支座顶面标高，以满足题目中对于支座高度的要求，在此基础上考虑到赛题材料数量的限制，实际模型制作的可行性，实现结构承载力满足要求且质量最轻、传力路径明确、外形美观的设计目标。根据不同工况和各种结构形式的受力特点，初步确定下承式斜拉桥体系和张弦体系两种方案。根据实际模型加载分析，最终选用悬挑端挠度小、自重较轻的张弦体系，并且对受压杆件进行加固，以提升局部受压杆件的稳定性。

111.2　结构选型

经过对 3 个备选方案的对比与初步分析，建立仿真模拟模型，总结 3 种体系各自优缺点，如表 2-105 所示。

表 2-105　体系 1、2、3 优缺点对比

体系对比	体系 1:下承式斜拉桥体系	体系 2:张弦体系 1	体系 3:张弦体系 2
优点	结构简单,传力路径明确	结构传力路径明确,体系结构简单明了	结构传力路径清晰,结构简单美观,杆件抗弯能力与稳定性强
缺点	超静定问题较多,悬挑位移较大	结构受压杆件抗弯能力不足	连接节点多,制作难度高

体系 1、2、3 模型如图 2-408 所示。

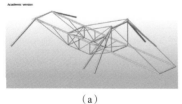

（a）　　　　　　　　　　（b）　　　　　　　　　　（c）

图 2-408　体系 1、2、3 模型图

（a）体系 1；（b）体系 2；（c）体系 3

111.3　计算分析

本结构采用 MIDAS Civil 进行结构建模及分析。计算分析结果如图 2-409 至图 2-411 所示。

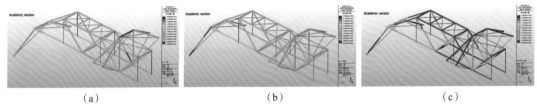

（a）　　　　　　　　　　　（b）　　　　　　　　　　　（c）

图 2-409　一、二（第二步）、三级荷载下应力图

（a）一级荷载；（b）二级荷载（第二步）；（c）三级荷载

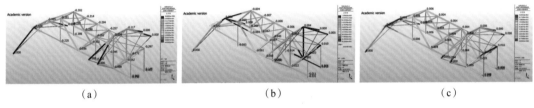

（a）　　　　　　　　　　　（b）　　　　　　　　　　　（c）

图 2-410　一、二（第二步）、三级荷载下位移变形图

（a）一级荷载；（b）二级荷载（第二步）；（c）三级荷载

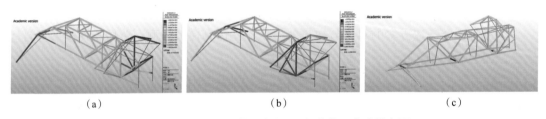

（a）　　　　　　　　　　　（b）　　　　　　　　　　　（c）

图 2-411　一、二（第二步）、三级荷载下失稳模态图

（a）一级荷载；（b）二级荷载（第二步）；（c）三级荷载

111.4　专家点评

该结构使用下承式桁架体系，桁架高度不受限制，可以实现较高的结构刚度。结构设计中的一个特点是对于部分长度较长的压杆，通过预判其弯曲失稳方向，在该方向上设置支撑，形成"超杆"，以提升压杆的抗失稳能力。

作品名称	扬帆起航	
参赛队员	刘庆涛　李阳阳	王发鑫
指导教师	李　威　胡丹丹	

112.1　设计思路

从荷载及满足桥下净空要求出发，在第一级荷载作用下位移测试点的最大允许挠度限值 $[w]$ 为 $\pm 10\,\mathrm{mm}$，桥下净空标高最小值为 $-50\,\mathrm{mm}$。根据拱结构能将荷载产生的弯矩应力大部分转化为压应力的受力特点，采用拱型结构来实现小挠度和大跨度，且满足桥下净空要求。③轴右侧的悬臂端，采用跨越能力大、质量轻、承载力高、挠度小的斜拉结构。根据竞赛规则以及加载的方式，确定结构形式为拱型与斜拉的组合桥。并针对③轴支座高度不同，初步设计 5 种设计方案，最后根据决赛参数确定竞赛方案。

112.2　结构选型

③轴线处的支座底面标高一共有 5 种情况，所以我们设计了 5 种结构体系，②轴、③轴距离 L 的值固定为 $950\,\mathrm{mm}$，所以我们每种体系只有③轴处支座的结构形式不同，其他部分结构是一样的。表 2-106 中列出了 5 种体系的优缺点。

表 2-106　体系 1、2、3、4、5 优缺点对比

体系对比	体系 1	体系 2	体系 3	体系 4	体系 5
优点	支座都以受压杆件为主体，结构整体挠度较小	该支座标高情况使支座跨中产生较大弯矩，采用张弦结构能有效地承受弯矩	将支座与桥面连接处设计为受拉构件，改变了受力形式，减小了结构质量	桥面直接与支座连接，杆件都为受拉构件，结构质量小	桥面直接与支座连接，杆件都为受拉构件，结构质量小。拉杆与桥面角度减小，使拉杆受力减小，稳定性提高
缺点	受压杆件为工字形截面杆件，耗材多，结构质量较重	支撑杆件都为箱型截面梁，结构质量较重	由于支座处结构为拉杆，刚度很小，偏心加载时桥面倾斜，结构整体稳定性稍差	由于支座处结构为拉杆，刚度很小，偏心加载时桥面倾斜，结构整体稳定性稍差	为了提高稳定性，将桥塔做高，支座柱脚对角度精度要求较高

体系 1、2、3、4、5 模型如图 2-412 所示。

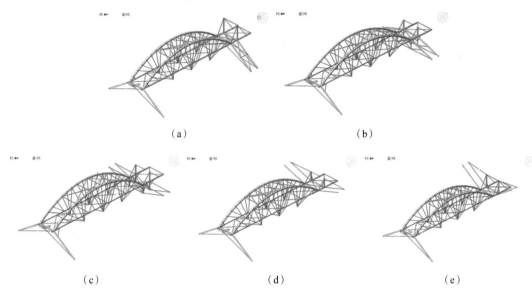

(a)   (b)

(c)   (d)   (e)

图 2-412   体系 1、2、3、4、5 模型图

（a）体系 1；（b）体系 2；（c）体系 3；（d）体系 4；（e）体系 5

112.3   计算分析

本结构采用 MIDAS Civil 进行结构建模及分析。计算分析结果如图 2-413 至图 2-415 所示。

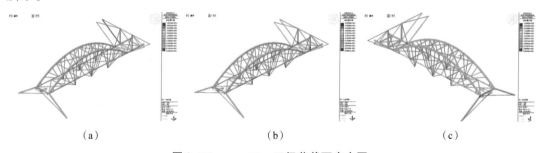

（a）   （b）   （c）

图 2-413   一、二、三级荷载下应力图

（a）一级荷载；（b）二级荷载；（c）三级荷载

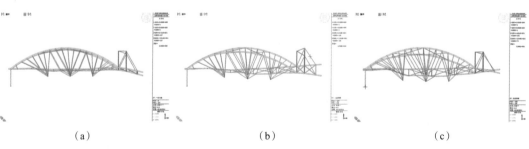

（a）   （b）   （c）

图 2-414   一、二（第二步）、三级荷载下 Z 方向位移变形图

（a）一级荷载；（b）二级荷载（第二步）；（c）三级荷载

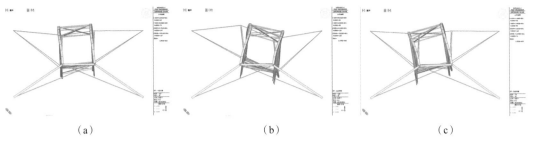

(a)   (b)   (c)

图 2-415　一、二（第二步）、三级荷载下失稳模态图

（a）一级荷载；（b）二级荷载（第二步）；（c）三级荷载

112.4　专家点评

模型采用拉杆拱作为主结构。该结构在均匀分布的竖向荷载作用下，由于拱体中主要产生压力，受力较为合理；但是对于本赛题中的不均匀加载，拱的形状未必是合理的，不可避免地在拱体内产生弯矩。为抵抗弯矩作用，拱体的用料势必会增加。

第三部分　后　　记

1 获奖名单

获奖名单见表3-1、表3-2。

表3-1 获奖名单（一）

序号	学校名称	参赛学生姓名	指导教师（或指导组）	领队	奖项
1	上海交通大学	李昕宇、陆启华、王佳乐	宋晓冰、陈思佳	宋晓冰	特等奖
2	长沙理工大学	陈雨飞、余想斌、卿磊	指导组	江河	一等奖
3	吉首大学	陆邱、莫亚龙、刘旗颂	江泽普、卓德兵	江泽普	一等奖
4	湖北工业大学	杨泽成、李民浩、张雨菲	指导组	苏骏	一等奖
5	深圳大学	曹裕超、丘景成、李荣康	指导组	熊琛	一等奖
6	兰州交通大学	郑秋松、余阳、党泽昊	杨军	杨军	一等奖
7	海口经济学院	戴晨宏、仇凯、祝建婴	指导组	符其山	一等奖
8	湖州职业技术学院	奚晴、王卓祥、张佳泉	黄昆、魏海	黄昆	一等奖
9	湖北工业大学工程技术学院	孔俞涵、芦正铭、韦靖轩	张茫茫、王婷	张茫茫	一等奖
10	武昌首义学院	陈一飞、覃小明、胡圣杰	指导组	王麒麟	一等奖
11	广州大学	陈东卫、张可顺、林志豪	暴伟、于志伟	暴伟	一等奖
12	吕梁学院	乔康乐、贾思聪、高泽宇	高树峰、宋季耘	高树峰	一等奖
13	长沙理工大学城南学院	夏圣明、张中亮、雷缮诚	指导组	李修春	一等奖
14	哈尔滨工业大学	赵丙亮、张健、卓小兰	邵永松、陈文礼	邵永松	一等奖
15	河北农业大学	付祯、吕博宇、牛广献	指导组	刘宝国	一等奖
16	昆明理工大学	农光辉、周婷婷、周航	史世伦、李晓章	史世伦	一等奖
					最佳创意奖
17	阳光学院	朱建伟、康鸿杰、徐继乾	陈建飞、程怡	陈建飞	一等奖
18	西北民族大学	李佳祺、何贵、石贺元	吴忠铁、高忠虎	曹万智	一等奖
19	重庆大学	王震、李欣荣、张宏	指导组	舒泽民	一等奖
20	温州理工学院	沈鑫宇、罗云、郑美馨	周向前	周向前	二等奖
21	重庆建筑工程职业学院	郝黎、冯杰、黄承宇	指导组	黄春蕾	二等奖
22	武夷学院	戴宏旸、何宇轩、刘千禧	指导组	雷能忠	二等奖
23	华南理工大学	李田田、杜雯婕、李泳康	何岸、陈庆军	何岸	二等奖
24	东莞理工学院	蔡梓涛、蔡明锦、谢嘉茵	指导组	刘良坤	二等奖
25	陕西理工大学	李赛、宋佳伟、黄武	闫杰、孙建伟	闫杰	二等奖

序号	学校名称	参赛学生姓名	指导教师（或指导组）	领队	奖项
26	长安大学	潘家冬、陈旭、沈新隆	王步、李悦	王步	二等奖
27	北京建筑大学	李刘欢、刘子轩、谭希学	指导组	苑泉	二等奖
28	西安建筑科技大学	王宇航、张明华、赵宜康	指导组	钟炜辉	二等奖
29	中南林业科技大学	周赛、熊焦、蒋泽星	指导组	袁健	二等奖
30	广西理工职业技术学院	韦林辰、王志辉、曾国凯	指导组	王华阳	二等奖
31	广东工业大学	郑文韬、李梓洋、郑卓彬	指导组	朱江	二等奖
32	内蒙古工业大学	王坤、梁佳辉、张沛桥	陈辉、李荣彪	陈辉	二等奖
33	南宁学院	覃涛、朱昌文、陈庆铨	指导组	黄家聪	二等奖
34	宜春学院	邹家盛、朱元浪、王榆雯	指导组	张海帆	二等奖
35	广西交通职业技术学院	秦恋佳、邓佳英、陈志成	指导组	莫品疆	二等奖
36	内蒙古建筑职业技术学院	于健康、赵健、杨晴	指导组	赵嘉玮	二等奖
37	合肥工业大学	龙洋、郑学鹏、刘铭宇	指导组	陈安英	二等奖
38	东华理工大学	卢文剑、项金明、荆鸿伟	指导组	查文华	二等奖
39	成都理工大学工程技术学院	赵飞阳、冯金、程鑫	章仕灵、姚运	李金高	二等奖
40	同济大学	吴言、刘昊辰、庞皓俊	指导组	罗烈	二等奖
41	西安建筑科技大学华清学院	全晓斌、张总、朱誉	万婷婷、吴耀鹏	万婷婷	二等奖
42	台州学院	陈鹏、杨桂林、石江涛	沈一军	沈一军	二等奖
43	中国地质大学（武汉）	蔡志蓝、杨乙飞、崔晨昊	指导组	张美霞	二等奖
44	江西理工大学	马坤宇、张光豪、周子康	指导组	吴建奇	二等奖
					最佳创意奖
45	海南大学	陈其镕、郭子培、丁睿	赵菲、秦术杰	赵菲	二等奖
46	浙江树人大学	言倩莲、许俊杰、丁思宇	指导组	姚谏	二等奖
47	天津城建大学	梁兴、屈代圣、王文博	指导组	周晓洁	二等奖
48	河南城建学院	张家诚、曾兴涛、宋毅	指导组	宋新生	二等奖
49	昆明学院	申开兴、师宇、胡一行	吴克川、余文正	吴克川	二等奖
50	江苏大学	唐晓雅、黄海瑞、华优明	王猛、张富宾	王猛	二等奖
51	华北水利水电大学	杨清华、谢海光、肖嘉辰	指导组	韩爱红	二等奖
52	哈尔滨学院	刘庆涛、李阳阳、王发鑫	李威、胡丹丹	李威	二等奖
53	西安理工大学	李晨曦、刘美琳、寇创琦	郭宏超、潘秀珍	郭宏超	二等奖
54	南京航空航天大学	陈康泽、许书艺、曹洋	指导组	程晔	二等奖
55	安徽建筑大学	张叶伟、刘国亮、张苏徽	郝英奇、康小方	郝英奇	三等奖
56	河北工业大学	邓凯文、高世晨、王浩宇	指导组	董俊良	三等奖
57	北方民族大学	陈昌能、唐家俊、侯建伟	指导组	马光明	三等奖
58	东南大学	万理、吴初恒、何佳晔	指导组	查涌	三等奖
59	东北林业大学	尚朝阳、夏一峰、戚轶轩	徐嫚、贾杰	徐嫚	三等奖

序号	学校名称	参赛学生姓名	指导教师（或指导组）	领队	奖项
60	浙江师范大学	黄皓杰、徐方俊、包建祥	吴樟荣、章旭健	吴樟荣	三等奖
61	大连海洋大学	李林强、张鑫、孙银忠	指导组	杨鑫	三等奖
62	西藏农牧学院	左明星、唐世龙、赵立帅	指导组	王培清	三等奖
63	盐城工学院	杨骑、蒋津义、潘志文	周友新、朱华	丁超峰	三等奖
64	南京工业大学	王涛、宗启帆、韩昊	指导组	徐汛	三等奖
65	中北大学	郭莉媛、任康辉、关志	郑亮、高营	郑亮	三等奖
66	华侨大学	张睿怀、李清华、杜鸿杰	指导组	杨钟祥	三等奖
67	西安科技大学	宋亮、王洋、姜春龙	指导组	任建喜	三等奖
68	四川农业大学	王太达、夏浩健、王钰淏	王学伟、魏召兰	王学伟	三等奖
69	西藏大学	旺久、王亚萍、陈昊	尹凌峰、李莉斯	尹凌峰	三等奖
70	辽宁工程技术大学	杜佳骏、刘兆龙、刘满意	指导组	卢嘉鑫	三等奖
71	河北水利电力学院	张通宇、周坤、赵国帆	指导组	葛洪伟	三等奖
72	上海师范大学	巫文康、汪志艳、黄宇凌	陈旭、李亚	陈旭	三等奖
73	青海大学	侯飞、宁晓雨、李一哲	杨青顺、张元亮	杨青顺	三等奖
74	华北理工大学	贾若彤、马啸、贾木天	指导组	武立伟	三等奖
75	宁波大学	张逸知、沈语桐、周杰	林云、盛涛	林云	三等奖
76	齐齐哈尔大学	申沙令、郑易、刘凯	指导组	屈恩相	三等奖
77	湖南大学	戴浚文、王文明、刘语涵	指导组	张家辉	三等奖
78	上海理工大学	周崇伟、RIKUKCHOL(李国哲)、RICHUNGBOM(李忠范)	指导组	彭斌	三等奖
79	贵州理工学院	周毅、龙金成、陈锐	沈汝伟	沈汝伟	三等奖
80	河北地质大学	齐乐乐、李忠林、甘凯凯	谌会芹、白文婷	谌会芹	三等奖
81	运城职业技术大学	谢李鑫、吴辰阳、宋世杰	贾昊凯、赵转	贾昊凯	三等奖
82	中国矿业大学	魏巾证、李霄钰、陶泽元	指导组	李亮	三等奖
83	黄山学院	王佳俊、葛姗姗、武圣	邓林、全伟	邓林	三等奖
84	潍坊科技学院	张凤浩、谢旭阳、江硕	刘昱辰、李萍	刘昱辰	三等奖
85	铜仁学院	吴浪、郭强、秦国烽	曾祥、杨友山	曾祥	三等奖
86	辽宁科技大学	田戈、陈嘉豪、于伟杰	高松、李建强	高松	三等奖
87	太原理工大学	张留鹏、张子健、史佳玉	王永宝、张家广	王永宝	三等奖

序号	学校名称	参赛学生姓名	指导教师（或指导组）	领队	奖项
88	长江师范学院	刘赟、李宗泽、林磊	指导组	孙华银	三等奖
89	山东科技大学	荣浩宇、周嘉、赵鑫源	指导组	刘泽群	三等奖
90	长春建筑学院	薛亚萌、曾云鑫、朱万臣	指导组	杜春海	三等奖
91	长春工程学院	白云涛、王文哲、薄智鑫	倪红光、王德君	倪红光	三等奖
92	北京工业大学	李硕、邵择睿、刘笑影	指导组	张建伟	三等奖
93	东南大学成贤学院	禹湘、张吴桐、鄢佳耀	指导组	刘美景	三等奖
94	吉林建筑大学	张文鹏、张创纪、潘东	指导组	李广博	三等奖
95	黄淮学院	娄建行、杨明浩、卢心晖	指导组	牛林新	三等奖
96	天津大学	张洪熙、胡海阔、徐连坤	严加宝、罗云标	严加宝	三等奖
97	中国农业大学	郭晨广、高阳、郭子轩	指导组	党争	三等奖
98	中国矿业大学徐海学院	田思豪、苏亚鹏、祝晨	刘玉田、谢伟	刘玉田	三等奖
99	大连理工大学	李英嘉、颜钰琳、李思瀚	指导组	郑宇辰	三等奖
100	浙江大学	乔凌、郑骥宇、杨嘉琦	指导组	陈相权	优秀奖
101	上海交通大学	蔡遥、曹璇、朱晨涛	宋晓冰、陈思佳	陈思佳	优秀奖
102	清华大学	张新豪、陈铎文、章溯	何之舟、潘鹏	何之舟	优秀奖
103	成都锦城学院	张燕宗、宋文刚、胡加杰	指导组	张爱玲	优秀奖
104	新疆大学	王梦阳、陈辉、马小宇	马财龙、韩凤霞	马财龙	优秀奖
105	新乡学院	母亚霖、常子恒、丁国浩	指导组	赵磊	优秀奖
106	厦门理工学院	万应玮、张昊、黄舒昕	指导组	王晨飞	优秀奖
107	宁夏大学	买忠福、马学林、马彦刚	指导组	包超	优秀奖
108	烟台大学	边美端、王嘉骏、李显帅	指导组	李雪梅	优秀奖
109	哈尔滨工程大学	刘睿、黄子星、张雨芊	高明、杨文平	高明	优秀奖
110	鲁东大学	裴新宇、阎家豪、马媛烁	贾淑娟、孟雷	贾淑娟	优秀奖
111	青海民族大学	罗国绪、王宝正、马成海	李双营、张韬	邵亚飞	优秀奖
112	塔里木大学	杨振赟、高鹏、龚正林	王荣、韩志强	王荣	优秀奖

表 3-2　获奖名单（二）

突出贡献奖	陆国栋、袁驷、范峰、王湛、杜新喜、付果	
秘书处优秀组织奖	陕西省西安建筑科技大学秘书处 上海市同济大学秘书处 湖北省武汉大学秘书处 辽宁省大连理工大学秘书处 山东省山东大学秘书处 黑龙江省哈尔滨工业大学秘书处 河北省石家庄铁道大学秘书处	山西省太原理工大学秘书处 浙江省浙江大学秘书处 河南省郑州大学秘书处 福建省福州大学秘书处 吉林省吉林建筑大学秘书处 湖南省湖南大学秘书处
参赛高校优秀组织奖	安徽建筑大学　　　北京建筑大学　　　长江师范学院 武夷学院　　　　　西北民族大学　　　广州大学 广西交通职业技术学院　贵州理工学院　　海南大学 华北理工大学　　　哈尔滨工程大学　　黄淮学院 中国地质大学(武汉)　长沙理工大学　　南京工业大学 江西理工大学　　　辽宁科技大学　　　宁夏大学 内蒙古建筑职业技术学院　青海民族大学　西安科技大学 烟台大学　　　　　上海理工大学　　　中北大学 四川农业大学　　　河北工业大学　　　新疆大学 西藏大学　　　　　昆明理工大学　　　台州学院 江苏大学　　　　　铜仁学院　　　　　阳光学院 重庆建筑工程职业学院		

2 参赛学校 logo

3 参与单位介绍

3.1 上海交通大学简介

上海交通大学是我国历史最悠久、享誉海内外的著名高等学府之一，是教育部直属并与上海市共建的全国重点大学。经过 125 年的不懈努力，上海交通大学已经成为一所国内一流、国际知名大学，并在新的历史节点，进一步明确了构建"综合性、创新型、国际化"世界一流大学的愿景目标。

19 世纪末，甲午战败，民族危难。中国近代著名实业家、教育家盛宣怀秉持"自强首在储才，储才必先兴学"的信念，于 1896 年在上海创办了交通大学的前身——南洋公学。建校伊始，学校即确立"求实学，务实业"的宗旨，以培养"第一等人才"为教育目标，精勤进取，笃行不倦，在 20 世纪二三十年代已成为国内著名的高等学府，被誉为"东方麻省理工"。抗战时期，广大师生历尽艰难，移转租界，内迁重庆，坚持办学，不少学生投笔从戎，浴血沙场。新中国成立前夕，广大师生积极投身民主革命，学校被誉为"民主堡垒"。

新中国成立初期，为配合国家经济建设的需要，构建新中国的高等教育体系，学校调整出相当一部分优势专业、师资、设备，支持国内兄弟院校的发展。20 世纪 50 年代中期，学校又响应国家建设大西北的号召，经历西迁与分设，分为交通大学上海部分和西安部分。1959 年 3 月，两部分同时被列为全国重点大学，7 月经国务院批准分别独立建制，交通大学上海部分启用"上海交通大学"校名。20 世纪六七十年代，学校先后归属国防科委和第六机械工业部领导，积极投身国防人才培养和国防科研，为"两弹一星"和国防现代化做出了巨大贡献。

改革开放以来，学校以"敢为天下先"的精神，锐意推进改革，率先组成教授代表团访问美国，率先实行校内管理体制改革，率先接受海外友人巨资捐赠等，有力地推动了学校的教学科研改革。1984 年，邓小平同志亲切接见了学校领导和师生代表，对学校的各项改革给予了充分肯定。在国家和上海市的大力支持下，学校以"上水平、创一流"为目标，以学科建设为龙头，先后恢复和兴建了理科、管理学科、生命学科、法学和人文学科等。1999 年，上海农学院并入；2005 年，与上海第二医科大学强强合并。至此，学校完成了综合性大学的学科布局。通过国家"211 工程""985 工程""双一流"工程的建设，学校高层次人才日渐汇聚，科研实力快速提升，实现了向研究型大学的转变。与此同时，学校通过与美国密西根大学等世界一流大学的合作办学，实施国际化战略取得重要突破。1985 年开始闵行校区建设，历经 30 多年，已基本建设成设施完善、环境优美的现代化大学校园，并完成了办学重心向闵行校区的转移。学校现有徐汇、闵行、黄浦、长宁、浦东等校区，总占地面积 300 余万平方米。通过一系列的改革和建设，学校的各项办学指标大幅度上升，实现了跨越式发展，整体实力显著增强，为建设世界一流大学奠定了坚实的基础。

上海交通大学始终把人才培养作为办学的根本任务。一百多年来，学校为国家和社会培养了逾 40 万各类优秀人才，包括一批杰出的政治家、科学家、社会活动家、实业家、工程技术专家和医学专家，如江泽民、陆定一、丁关根、汪道涵、钱学森、吴文俊、徐光宪、黄旭华、张光斗、黄炎培、邵力子、李叔同、蔡锷、邹韬奋、严隽琪、陈敏章、王振义、陈竺等。在中国科学院、中国工程院院士中，有 200 余位交大校友；在国家 23 位"两弹一星"功臣中，有 6 位交大校友；在国家最高科学技术奖获得者中，有 4 位来自交大。上海交通大学创造了中国近现代发展史上的诸多"第一"：中国最早的内燃机、最早的电机、最早的中文打字机，新中国第一艘万吨轮、第一艘核潜艇、第一艘气垫船、第一艘水翼艇、自主设计的第一代战斗机、第一枚运载火箭、第一颗人造卫星、第一例心脏二尖瓣分离术、第一例成功移植同种原位肝手术、第一例成功抢救大面积烧伤病人手术、第一个大学翻译出版机构、数量第一的地方文献等，都凝聚着交大师生和校友的心血智慧。改革开放以来，一批年轻的校友已在世界各地、各行各业崭露头角。

至 2020 年底，学校共有 33 个学院/直属系，13 家附属医院，2 个附属医学研究所，23 个直属单位，5 个直属企业。全日制本科生（国内）17071 人、全日制硕士研究生 14589 人、全日制博士研究生 9903 人，国际留学生 2513 人；有专任教师 3307 名，其中教授 1083 名；中国科学院院士 25 名、中国工程院院士 23 名（包括 1 名两院院士），国家杰出青年科学基金获得者 159 名，青年拔尖人才 27 名，长江学者青年项目 47 名，优秀青年科学基金获得者 141 名，国家重点基础研究发展计划（973 计划）首席科学家 35 名（青年科学家 2 名），国家重大科学研究计划首席科学家 14 名，国家基金委创新研究群体 18 个，教育部创新团队 20 个，国家重点研发计划项目获得者 117 名（青年项目获得者 14 名）。

学校现有本科专业 71 个，含 43 个国家一流专业建设点，1 个省级一流专业建设点，涵盖经济学、法学、文学、理学、工学、农学、医学、管理学和艺术等九个学科门类；21 世纪以来获 61 项高等教育国家级教学成果奖（其中 39 项为第一完成单位）；拥有国家级实验教学、虚拟仿真实验教学和上海市实验教学示范中心 16 个；有国家"万人计划"教学名师 2 人，国家高层次人才特殊支持计划 1 人，国家级高等学校教学名师奖获得者 9 人，上海市教学名师奖获得者 36 人，国家级教学团队 16 个，上海市教学团队 15 个；入选国家首批一流本科课程 33 门，有国家级精品视频公开课 13 门、国家级精品资源共享课 19 门、国家精品在线开放课 27 门，国家双语示范课 7 门；上海市精品课程 183

门，上海高校示范性全英语课程 53 门。学校荣获国家首批"双创示范基地"，成立学生创新中心，入选首批中美青年创客交流中心。"学在交大"正在成为新时期上海交通大学的鲜亮名片，学校办学的整体水平与国际地位不断跃上新的台阶。

学校有 17 个学科入选国家"双一流"建设学科，位列全国高校第四；11 个学科入选上海市高峰高原学科；在第四轮学科评估中，全校 25 个学科入选 A 类。全校现有一级学科博士学位授权点 47 个，覆盖经济学、法学、文学、理学、工学、农学、医学、管理学等 10 个学科门类；一级学科硕士学位授权点 56 个，覆盖 12 个学科门类；博士专业学位类别 7 个；硕士专业学位类别 31 个；38 个博士后流动站；有各类科技创新基地 129 个，其中国家级 28 个、省部级 82 个、国际合作 11 个、其他 8 个，包括：1 个国家重大科技基础设施，8 个国家重点（级）实验室，1 个国家级创新基地，1 个国家实验室，1 个国家前沿科学中心，1 个国家集成攻关大平台，3 个国家协同创新中心，1 个国家应用数据中心，5 个国家工程研究中心，2 个国家工程实验室，2 个国家级研发中心，3 个国家临床医学研究中心；18 个教育部重点实验室，11 个国际合作联合科技创新基地，4 个卫生部重点实验室，1 个农业部重点实验室，1 个国防重点学科实验室，37 个上海市重点实验室，7 个教育部工程研究中心，15 个上海市工程技术研究中心，4 个上海市工程研究中心，4 个上海市功能型平台，10 个上海市专业技术服务平台。1 个国家社科基金决策咨询点，1 个上海市重点智库，7 个上海市哲学社会科学创新研究基地，4 个上海市高校智库，3 个上海市人民政府决策咨询研究基地（专家工作室），2 个上海市软科学基地，1 个教育部高等学校软科学研究基地等。目前，正在建设一批面向世界基础科学前沿和国家战略需求的研究机构。

科学研究与科技创新水平不断提高。20 年来，获得国家科技奖 99 项，上海市奖 408 项。2019 年，由谭家华教授团队牵头、六家单位"二十年磨一剑"共同研制的"海上大型绞吸疏浚装备"获评国家科技进步特等奖，实现了历史性突破；7 个项目获得国家科技奖，总数位居全国第二；19 项成果获评教育部"三大奖"，总数位列全国第一；国家自然科学基金项目总数连续 11 年位列全国第一。2020 年学校获国家科技奖 8 项，居全国高校第二，其中一项成果获国家技术发明奖一等奖（专用项目）。教育部一等奖 7 项，居全国高校第三。上海市科学技术奖特等奖 1 项，一等奖 21 项，蝉联上海市首位；SCI 收录论文数等指标连续多年名列国内高校前茅，2019 年度达 7203 篇，2020 年度达 8239 篇；Nature、Science、Cell 等顶尖杂志的论文发表渐成常态；中国城市治理研究院等智库资政启民，影响力日益显现；立足上海，辐射全国，李政道研究所、张江科学园建设稳步推进，为上海全球科创中心建设添砖加瓦。

上海交通大学深厚的文化底蕴，优良的办学传统，奋发图强的发展历程，特别是改革开放以来取得的巨大成就，为国内外所瞩目。这所英才辈出的百年学府正乘风扬帆，以传承文明、探求真理为使命，以振兴中华、造福人类为己任，向着中国特色世界一流大学目标奋进！

3.2 上海建工集团股份有限公司简介

上海建工集团股份有限公司（以下简称"上海建工"）是上海国资中较早实现整体上市的企业。前身为创立于 1953 年的上海市人民政府建筑工程局，1994 年整体改制为以上海建工（集团）总公司为资产母公司的集团型企业。1998 年发起设立上海建工集团股份有限公司，并在上海证券交易所挂牌上市。2010 年和 2011 年，经过两次重大重组，完成整体上市。

（1）上海建工是中国建筑行业先行者和排头兵。

上海建工始终坚持改革创新，不断增强经营活力和内生动力，确保国有资产保值增值，经营业绩多年来持续保持两位数增长的稳健态势。2020 年新签合同额 3867.84 亿元，营业收入 2313.27 亿元，排名 2021 年《财富》世界 500 强第 363 位、《工程新闻记录（ENR）》全球最大 250 家工程承包商第 8 位。

（2）上海建工"五大事业群+六大新兴业务"构成完整的产业链。

"建筑施工、设计咨询、房产开发、城建投资、建材工业"五大事业群，全产业链协同联动，为客户提供高效的建筑全生命周期服务整体解决方案。

"城市更新、水利水务、生态环境、工业化建造、建筑服务业、新基建领域"六大新兴业务，全产业链绿色发展再添新引擎，积极践行"绿水青山就是金山银山"理念，助力建设"美丽中国"。

从投资、策划、设计到建造、运维、更新，全产业链服务平台为客户创造最大价值。

（3）上海建工把科技创新放在发展大局的核心位置。

积极探索行业数字化转型，坚持走"绿色化、工业化、数字化"三位一体融合发展之路，构建了数字勘测、数字设计、智能加工、智能建造、智慧工地、智慧运维等工程全周期数字化建造体系，努力成为数字化赋能的建筑全生命周期服务商领跑者。

拥有1个国家企业技术中心、1个国家工程研究中心、2个国家博士后科研工作站、8个国家认证试验室和检测机构，拥有工程装备、建筑构件、钢结构3个产业化基地。

（4）上海建工努力成为国际一流的建筑全生命周期服务商。

坚持"服务商、国家队、领跑者"三大发展目标，秉持"建筑，成就美好生活"的企业使命、"和谐为本、追求卓越"的核心价值观，推进科技创新战略、数字化转型战略、服务商转型战略，塑造卓越的"SCG"品牌，加快从"工程承包商"向"建筑服务商"转型升级。

（5）校企合作谋发展，同心筑梦育新人

2021年6月1日下午，上海交通大学、上海建工集团股份有限公司校企合作交流会在上海建工集团股份有限公司总部举行，校企双方代表就人才培养、科研孵化、党建共建、工程建设等方面展开深入交流探讨。2021年7月7日，上海交通大学与上海建工集团股份有限公司签署战略合作协议，上海建工集团股份有限公司以结构设计竞赛促进深入交流合作，向上海交通大学捐赠基金，用于支持第十四届全国大学生结构设计竞赛的筹办。

4　合影

评委合影